Andreas Schmidt (Herausgeber)
Grundkurs in Klassischer Homöopathie für Tierärzte

Grundkurs in Klassischer Homöopathie für Tierärzte

Herausgegeben von Dr. med. vet.
Andreas Schmidt

Mit Beiträgen von
Marc Bär, Renée Devaux, Wendelin Gisler, Olivier Glardon, Piero Godenzi, Bettina Keller, Hartmut Krüger, Oskar Luder, Edina Mikuschka, Andreas Schmidt, Ulrike Schnurrenberger

Geleitwort von Prof. Dr. Konrad Zerobin

Sonntag Verlag Stuttgart

Die Deutsche Bibliothek – CIP-Einheitsaufnahme

Grundkurs in klassischer Homöopathie für Tierärzte / hrsg. von Andreas Schmidt. Mit Beitr. von Marc Bär ... Geleitw. von Konrad Zerobin. – Stuttgart: Sonntag, 1995
ISBN 3-87758-058-0
NE: Schmidt, Andreas [Hrsg.]; Bär, Marc

Anschrift des Herausgebers:
Dr. med. vet.
Andreas Schmidt
Sonnhaldenstr. 24
CH-8370 Sirnach

Wichtiger Hinweis
Wie jede Wissenschaft ist die Medizin ständigen Entwicklungen unterworfen. Forschung und klinische Erfahrung erweitern unsere Erkenntnisse, insbesondere was Behandlung und medikamentöse Therapie anbelangt. Soweit in diesem Werk eine Dosierung oder eine Applikation erwähnt werden, darf der Leser zwar darauf vertrauen, daß Autor, Herausgeber und Verlag große Sorgfalt darauf verwandt haben, daß diese Angaben dem Wissensstand bei Fertigstellung des Werkes entsprechen.
Für Angaben über Dosierungsanweisungen und Applikationsformen kann vom Verlag jedoch keine Gewähr übernommen werden. Jeder Benutzer ist angehalten, durch sorgfältige Prüfung der Beipackzettel bzw. Firmenliteratur der verwendeten Präparate und gegebenenfalls nach Konsultation eines Spezialisten, festzustellen, ob die dort gegebene Empfehlung für Dosierungen oder die Beachtung von Kontraindikationen gegenüber der Angabe in diesem Buch abweicht. Eine solche Prüfung ist besonders wichtig bei selten verwendeten Präparaten oder solchen, die neu auf den Markt gebracht worden sind. Jede Dosierung oder Applikation erfolgt auf eigene Gefahr des Benutzers. Autor und Verlag appellieren an jeden Benutzer, ihm etwa auffallende Ungenauigkeiten dem Verlag mitzuteilen.
Geschützte Warennamen (Warenzeichen) werden nicht besonders kenntlich gemacht. Aus dem Fehlen eines solchen Hinweises kann also nicht geschlossen werden, daß es sich um einen freien Warennamen handele.

ISBN 3-87758-058-0

Printed in Germany 1995.
Satz: Andreas Schmidt, Sirnach
Druck: Druckerei P. Schäuble, Stuttgart-Botnang

Inhaltsverzeichnis

Geleitwort

Homöopathische Behandlungen werden in der Veterinärmedizin aus mehreren Gründen durchgeführt. So werden zum Teil von Seiten der Tierbesitzer "nicht-chemische" Therapien gefordert, insbesondere dann, wenn aufgrund eigener Erfahrungen mit allopathischen Behandlungen unangenehme Nebeneffekte aufgetreten sind. Auch landwirtschaftliche Nutztierhalter erwarten von Tierärzten vermehrt homöopathische Kenntnisse, um Absetzfristen nach Chemotherapien zu umgehen, und ebenso bevorzugen Landwirte mit bestimmten Zielvorstellungen in der Tierhaltung, z.B. sogenannte Biolandwirte, an ihren Tieren homöopathische Behandlungen. Im weiteren ist vielfach bei Tierbesitzern eine gewisse Skepsis der Schulmedizin gegenüber für ihre Forderung nach einer komplementärmedizinischen Behandlung richtungsweisend.

Die tierärztliche Homöopathie wird etwa gleichdauernd wie die humanmedizinische angewendet, wie dies Lehrbücher und Publikationen des älteren Schrifttums belegen. Wenn mit Beginn dieses Jahrhunderts die Homöopathie zurückgedrängt und in Frage gestellt wurde, so hat dies im wesentlichen zwei Gründe: Erstens haben die eklatanten Erfolge der Chemotherapie, der immunologischen Verfahren, der Hormontherapie u.s.w. bei Zugrundelegung schulmedizinischer Bewertungskriterien die Homöopathie nicht nur relativiert, sondern bezüglich ihrer Wirksamkeit sogar negiert. Und zweitens muß das unterschiedliche Krankheitsverständnis der Schul- und der Komplementärmedizin als wesentlicher Grund dafür angeführt werden, daß die Anerkennung der Homöopathie als eigenständige Behandlungsmethode noch ausgesetzt ist. Aber die Zahl der Tierärzte, die neben der offiziellen Lehrmeinung auch homöopathische Überlegungen in ihre Therapien einbringen, nimmt ständig zu, was letztlich nur dadurch begründet sein kann, daß bei bestimmten Krankheiten homöopathische Mittel nicht nur auch, sondern sogar besser wirken können.

Der vorliegende Band als Grundkurs für die klassische Homöopathie ist als Einstieg in diese Behandlungsmethode gedacht, und zwar als eine Ergänzung und nicht als Ersatz für schulmedizinische Therapien. So wird kein guter und verantwortungsvoller Homöopath bei akuten infektiösen Erkrankungen - es sei denn, er ist seiner Sache sicher - auf eine Antibiotika- oder Chemotherapie verzichten, besonders dann, wenn der Allgemeinzustand eines Tieres auf eine Beeinträchtigung dessen eigener Regulationsfähigkeit hinweist, noch wird er auf eine Substitutionstherapie dann verzichten, wenn funktionstüchtiges Gewebe inkretorischer Organe fehlt. Denn die Homöopathie ist grundsätzlich eine Regulationstherapie, welche fehlgewordene Anpassungsfähigkeit des Organismus im Sinne einer Selbstheilung korrigiert beziehungsweise fördert.

Der inhaltliche Aufbau des vorliegenden Bandes und die Auswahl der einzelnen Autoren sollen Gewähr dafür bieten können, dem Fachfremden einen Einblick in eine medizinische Denkweise zu geben, die dazu angetan ist, den eigenen medizinischen Horizont selbst dann zu erweitern, wenn er homöopathische Handlungsweisen nicht nachvollziehen kann. Denn die Homöopathie ist mehr als eine nicht-schulmedizinische Behandlungsart: Sie fordert das tierärztliche Wissen, medizinisches Können, Beobachtungsgabe sowie die Fähigkeit der Deduktion von Befunden und deren Interpretation - und sie fordert eine verantwortungsfähige Persönlichkeit, die bereit ist, die eigenen medizinischen Strategien stets neu zu überdenken.

So wünsche ich diesem in Gemeinschaftsarbeit entstandenen Band eine entsprechende Verbreitung und allen Autoren sowie dem Herausgeber die gebührende Anerkennung.

Zürich, im November 1994 Prof. Dr. Konrad ZEROBIN

Vorwort

Das Jahr 1796 gilt als Geburtsjahr der Homöopathie. In einer medizinischen Zeitschrift erschien damals der Artikel *'Versuch über ein neues Heilprincip zur Auffindung der Heilkräfte der Arzneisubstanzen'* des sächsischen Arztes Samuel HAHNEMANN. Darin wird einleitend auf die verschiedenen grundsätzlichen Möglichkeiten der praktischen Arzneikunde eingegangen. Die erste Möglichkeit, der eigentlich *königliche Weg,* welcher darin liegen würde, die Krankheitsursachen herauszufinden und zu beseitigen, sei vorläufig nicht gangbar, da man in den meisten Fällen weder die tieferen Krankheitsursachen noch Methoden zu ihrer Beseitigung kenne. Der zweite Weg würde darin bestehen, den Krankheitserscheinungen eine *chemische Gegenwirkung* entgegenzusetzen, indem man die Verstopfung durch Laxiermittel bekämpft, das Sodbrennen durch Alkalien, Blutwallungen durch Aderlaß etc.. Dadurch würde aber die Krankheitsursache nicht beseitigt, sondern nur die Reaktion des Körpers verhindert, der das Bestreben habe, durch solche Reaktionen das Übel auszumerzen. Schließlich wird der dritte Weg aufgezeigt, die Krankheit durch spezifische Mittel an der Wurzel auszureißen. Um diese Methode zu entwickeln, müßten die Wirkungen verschiedenster Arzneien an gesunden Menschen ermittelt werden, um daraus auf die Anwendung beim Kranken Schlüsse zu ziehen: *"Man ahme die Natur nach, welche zuweilen eine chronische Krankheit durch eine andere hinzukommende heilt und wende in der zu heilenden Krankheit dasjenige Mittel an, welches eine andere, möglichst ähnliche, künstliche Krankheit zu erregen imstande ist, und jene wird geheilt werden. Similia Similibus."*

Seit ihren Anfängen hat die Homöopathie immer wieder Eingang in die Tiermedizin gefunden. Im Jahre 1829 schrieb HAHNEMANN eine zwölfseitige, unveröffentlicht gebliebene *homöopathische Heilkunde der Haustiere.* Über tausend veterinärmedizinische Arbeiten folgten allein im letzten Jahrhundert, darunter natürlich auch viele Polemiken. Und es gab einige bedeutende homöopathische Tierärzte. Auch in neuerer Zeit entstand aus dem Kreis der Tierärzte eine recht umfangreiche Literatur über Alternativen zu konventionellen Behandlungsmethoden, weil erstens letztere nicht immer vollumfänglich überzeugen (unbefriedigende Therapieerfolge, Unbehagen wegen vielfach möglicher, unbekannter pharmakologischer Interaktionen, Zunahme des Anteils resistenter Bakterienstämme gegen Antibiotika, Umweltschutzgedanken, Fragen der Ethik) und weil zweitens ganz einfach das Interesse an andersartigen Methoden erwacht ist, die aus einer gewissen wissenschaftlichen Enge zu führen versprechen.

Seit den siebziger Jahren bietet der *Schweizerische Verein Homöopathischer Ärzte* an der Universität Zürich Vorlesungen an für Ärzte und Studierende der Medizin, welche auch Tierärzten offen stehen. Dozent war Jost

KÜNZLI, der große Lehrer und Förderer der klassischen Homöopathie im deutschsprachigen Raum. Grundlage des Kurses war das von KÜNZLI ins Deutsche übersetzte Buch *'Zur Theorie der Homöopathie'* von James Tyler KENT, welcher zu Beginn dieses Jahrhunderts in den USA als homöopathischer Arzt und Lehrer wirkte. Als sich 1983 einige Tierärzte in der Schweiz zur *Arbeitsgruppe für Veterinär-Akupunktur und Homöopathie* zusammenschlossen, waren eine ganze Zahl davon Hörer dieser "Zürcher" Vorlesungen. So war es ganz natürlich, daß die in Zürich und übrigens auch in Genf (Wirkungsort von Pierre SCHMIDT) gelehrte Richtung der *klassischen Homöopathie* auch in der erwähnten tierärztlichen Arbeitsgruppe vertreten war, welche in den Jahren 1987 - 89 die "Berner" Seminare durchführte mit dem Ziel, einen Ausbildungsgang in Homöopathie eigens für Tierärzte anzubieten. Die Arbeitsgruppe hat sich dadurch einen soliden Grund schaffen können, obwohl eine der Schlußfolgerungen der Veranstalter war, daß die Grundkurse der Humanmediziner, wie sie derzeit in Zürich, Bern und Genf angeboten werden, für eine vollständige Ausbildung von Tierärzten weiterhin als Basis nötig seien.

Trotzdem ist das während dieser Seminare erarbeitete Material einmalig. Es existieren im deutschsprachigen Raum zwar eine ganze Reihe von Schriften über tierärztliche Homöopathie, oft sind es recht persönliche Praxiserfahrungen einzelner Autoren, doch fehlt so etwas wie ein **Grundkurs für Tierärzte**, der Schritt für Schritt, anhand tierärztlicher Erfahrungen, in das doch sehr weitreichende, auf den ersten Blick auch widersprüchliche Gebiet der Veterinärhomöopathie einführen würde. Dazu kommt, daß in Deutschland selbst lange Zeit eine auch als *klinische Homöopathie* bezeichnete Richtung maßgebend war, die sich an dem organotropen, pathologisch-anatomischen Krankheitsverständnis der modernen Schulmedizin orientierte. Ihr Anliegen ist, *"die Sprache der Homöopathie in größtmöglicher Verständlichkeit der modernen Medizin darzustellen"* (WOLTER, 1954). Dieser Grundkurs in Homöopathie jedoch möchte, nicht durch Angleichung und Verwischung der Standpunkte, sondern gerade durch die Aufarbeitung der Widersprüche zum Kern der Sache vordringen.

Denn die Homöopathie ist nicht einfach eine Therapiemethode, die sich aus einem für den heutigen Schulmediziner verständlichen Prinzip allein ableiten ließe, dahingehend etwa, daß sie sich gleichsinnig in die Lebensvorgänge einfügt, wogegen die Schulmedizin eben gegensinnig (allopathisch) handle. HAHNEMANN bemüht sich schon 1796, als er - wie eingangs erwähnt - seine Methode erstmals öffentlich vorstellte, die Wirklichkeit in ihrer ganzen Vielfalt im Blick zu behalten. An erster Stelle erwähnt er ausdrücklich die in der heutigen Schulmedizin als Ideal geltende *Kausaltherapie.* An zweiter Stelle wird die *symptomatische Behandlung (=Allopathie)* genannt, eine Therapieform, die auch heute im Alltag noch stark im Vordergrund steht. Dadurch können zwar manche Leiden gelindert, die tieferen Krankheitsursachen aber nicht beseitigt werden. Der dritte Weg, Krankheiten durch spezifische Mittel an der Wurzel auszureißen, ohne die natürlichen Heilreaktionen des Körpers zu stören, führte schließlich zur *Homöopathie.* Diese hat gegenüber der modernen Schulmedizin eine andere - oft gegensätzliche - Konzeption von Krankheit und Krankheitsursache, welche auf einer anderen Denkmethode beruht *(Analogiedenken).* Man muß lernen, eine andere medizinische Sprache zu sprechen, eine Sprache, die zunächst beim heute an der Universität ausgebildeten Mediziner auf Widerspruch und Skepsis stößt. Auf einen kurzen Nenner gebracht: in der klassischen Homöopathie beschäftigen wir uns mit Dingen, welche die moderne Medizin ja gerade zu überwinden trachtete. Die zuvor erwähnte klinische Homöopathie ist ihr darin gefolgt, um den Preis, daß so zentrale Begriffe wie die *Lebenskraft,* die *Arzneikraft* oder die Theorie der *chronischen Krankheiten* fallengelassen werden mußten zugunsten von zweifelhaften pharmakologischen Erklärungsversuchen. Ich betone dies deshalb, weil das Sprachproblem wirklich ein ernsthaftes Hindernis sein kann und eine gründliche Auseinandersetzung verlangt, damit man Inhalt und Hintergrund der medizinischen Begriffe aus ihrer eigenen, gültigen Sicht begreifen lernt. Die klassische Homöopathie betrachtet die Krankheit als Störung des *gesamten* Organismus, sie *spricht* von der Lebenskraft, und sie steht damit im *Widerspruch* zur modernen Medizin.

In der 'Allgemeinen Pathologie für Tierärzte' (STÜNZI, 1982) ist unter *'Geschichtliche Entwicklung des Krankheitsbegriffes'* auch tatsächlich zu lesen, daß die modernen Ärzte erkannten, daß Krankheiten nicht eine Störung der mysteriösen Lebenskraft und somit eine Störung des gesamten Organismus darstellen, sondern ihren Sitz in den Zellen und der Zwischenzellsubstanz eines oder mehrerer Organe haben. Dahinter steckt ein Wissenschaftsverständnis, daß die früheren Erkenntnisse nach den Kategorien der Gegenwart und nicht nach ihren eigenen Gesetzmäßigkeiten beurteilt. Der Satz besagt aber auch, daß die früheren Ärzte offenbar das Wort *Lebenskraft* oder die Vorstellung der *Gesamterkrankung* des Organismus als völlig geläufige Begriffe im damaligen medizinischen Vokabular verwendeten. HAHNEMANN hat diese begriffliche Seite weiterentwickelt, und es geht für uns um die Frage, wie diese aus ihrem ursprünglichen Zusammenhang zu verstehen ist. Wer sich mit den Schriften und der Sprache HAHNEMANNS auseinandersetzt, wird entdecken, wie viel an genauer Beobachtung, Nachdenken und praktischer Erfahrung da hineingearbeitet worden ist. Auch wenn man anfänglich auf vermeintlich Unlogisches und Merkwürdiges stößt, so wird mit der Zeit plötzlich klar, daß das Werk als Ganzes überzeugt und Sinn macht.

Dieser Grundkurs in klassischer Homöopathie, hervorgegangen aus dem Material der "Berner" Seminare, soll als Leitfaden dienen durch das bisweilen etwas verwirrende Schrifttum der tierärztlichen Homöopathie hindurch. Er basiert auf der festen Grundlage der erwähnten Vorlesungen in *klassischer*

Homöopathie, welche die Autoren teils in Zürich, teils in Genf besucht haben. Er ist das Werk der Zusammenarbeit mehrerer Kollegen, was neben gewissen Nachteilen (Sprach- und Redefluß, teilweise fragmentarischem Charakter) aber auch seine Stärke ist: der eine ist nämlich mehr praktisch veranlagt, der andere mehr der Theoretiker, welcher über die Grundlagen nachdenken will. Wir kommen so, auch wenn inhaltliche Aussagen dabei wiederholt werden, auf verschiedenen Ebenen dem Problem näher, weil jeder seine Art der Inangriffnahme, des Zugangs zum Problem hat, mit der er seine Beobachtungen wertet und interpretiert. Bei der Überarbeitung der einzelnen Beiträge wurden Koautoren beigezogen, um einen kurzen erweiternden Kommentar zu verfassen, sei das ein Fallbeispiel, eine eigene Erfahrung, die das Gesagte präzisiert, ein Hinweis auf ein anderes Buch, welcher den Blick auf ein bestimmtes Problem richtet, oder eine andere Auffassung, welche dazu dient, etwas Wichtiges hervorzuheben oder zu differenzieren.

Das vorliegende Buch vertritt innerhalb der veterinärmedizinischen Literatur einen klaren Standpunkt. Es wird dargestellt, auf welche Weise man zu den klinischen Ergebnissen gelangt und wie methodisch gearbeitet wird. Die klassische Homöopathie wird abgegrenzt von anderen Richtungen, ohne daß wir damit in die sattsam bekannten Streitigkeiten unter den Homöopathen einsteigen wollen. Es gilt aber die Grundzüge der verschiedenen Methoden auseinander zu halten, damit es überhaupt möglich wird, das angehäufte Wissensgut zu systematisieren und aus dem jeweiligen Kontext heraus zu überprüfen. Die *klinische* oder auch die *Komplexmittel*-Homöopathie lassen sich gewiß einfacher aneignen; sie spielen in der Tiermedizin wegen der oft anzutreffenden Schwierigkeit der genügend genauen Beobachtung des Einzeltieres eine nicht zu unterschätzende Bedeutung. Wirklich befriedigende Heilungen aber erlebt man mit der kunstgerechten und gezielten klassischen Verschreibung. Die Verfasser erhoffen sich, auf diesem Wege zur Förderung dieser Disziplin innerhalb der Veterinärmedizin beizutragen.

Sirnach, im August 1994 Dr. med. vet. Andreas SCHMIDT

1 Die Stellung der Homöopathie in der heutigen Tierheilkunde

Olivier Glardon

Nach der primitiv-magischen Heilkunde des Neolithikums und einer Epoche der archaischen Medizin der großen Reiche (Babylonien, Ägypten) erscheinen am Anfang unseres Zeitalters zwei in sich geschlossene medizinische Systeme: die *hippokratische* Medizin im europäischen Westen (5. Jh. v. Chr.) und die *traditionelle östliche* oder *orientalische* Medizin im asiatischen Osten. Die Ärzte der hippokratischen Schule bemühen sich um eine präzise Beobachtung der Symptome, sie errichten eine kohärente medizinische Theorie, und sie versuchen, sich von magischen und hellseherischen Handlungen zu lösen. Zur gleichen Zeit entwickelt sich unabhängig davon die traditionelle chinesische Medizin, basierend auf den fünf Wandlungsphasen, den Funktionskreisen ("Organen") und den Energieleitbahnen mit den oberflächlichen Reizpunkten. In Indien begegnet uns der *Ayur-Veda,* basierend auf der funktionellen Dynamik von drei Regulationssystemen (Doshas), mit einer Blütezeit vom 7. Jh. v. Chr. bis 1000 n. Chr., und in Tibet entwickelt sich eine Heilkunde durch griechische, indische und chinesische Einflüsse. Im Gegensatz zu den Griechen machten die östlichen Heilsysteme bei der Therapie keinen Unterschied zwischen Tier und Mensch.

Die westliche Medizin, als Tochter der griechischen Medizin, erhält (nach Weiterentwicklungen in Byzanz und Alexandria) durch GALEN, den Leibarzt des römischen Kaisers Marc AUREL, in formaler und inhaltlicher Hinsicht eine entscheidende Prägung. Das Kernstück der galenischen Lehrsynthese ist "Hippokrates". GALEN erweckt die koische Medizin zu neuem Leben, da sie, im Gegensatz zu den hellenistischen medizinischen Doktrinen, überzeugend mit der klinischen Erfahrung in Einklang stand. Und diese *hippokratisch-galenische Tradition* wirkte fast zweitausend Jahre nach bis ins 18. Jahrhundert. Trotzdem wird sie nach und nach von medizinischen und philosophischen Schulen (arabische Medizin, Scholastik) oder durch wichtige Entdeckungen (fernöstliche Einflüsse, neue Medikamente aus Amerika) beeinflußt. Im 17. Jahrhundert beginnt sich ein Umbruch abzuzeichnen im Gefolge neuer naturwissenschaftlicher Entdeckungen. Die *Anatomie, Physiologie* und *Pathologie* erhalten neue Impulse, bedingt durch das Eindringen experimenteller Methoden bei der Erforschung des menschlichen und tierischen Körpers. Die eigentliche Wende in Forschung und Klinik geschieht dann ab 1800 (Anm. 1). Neue Untersuchungsmethoden (Perkussion, Stethoskopie, Thermometrie, Blutdruckmessung) lenken das Interesse des Klinikers auf die Diagnose der *organischen Läsion,* und in der Grundlagenforschung wird das systematische Experiment eingeführt. Das hippokratisch-galenische Lehrgebäude wird endgültig verlassen zugunsten eines sich an der organischen Läsion orientierenden Krankheitsverständnisses. Trotzdem, der Streit zwischen Materialisten und Vitalisten dauert noch weit bis ins 19. Jahrhundert, und neben der offiziellen Medizin entwickelt sich eine reiche Palette alternativer Methoden: sei es durch Anwendung pseudowissenschaftlicher Prinzipien (Magnetismus nach MESSMER, GALL'sche Phrenologie, Hydrotherapie, sogenannte romantische Medizin), sei es als in sich geschlossene medizinische Systeme wie die Homöopathie (entwickelt sich gleichzeitig mit der naturwissenschaftlichen Medizin innerhalb der westlichen Tradition) oder die traditionelle chinesische Medizin (die Akupunktur beginnt etwa ab 1820 in Europa Fuß zu fassen).

Im 20. Jahrhundert wird die naturwissenschaftliche Methode innerhalb der Human- und Veterinärmedizin weiter erfolgreich ausgebaut (Laboratoriumsmedizin), während nicht-konventionelle Therapierichtungen anfänglich weiter zurückgedrängt werden. Ab zirka 1950 zeichnet sich jedoch auch in der Tiermedizin wieder eine stärkeres Interesse an Alternativmethoden ab. So ist unser ausgehendes Jahrhundert charakterisiert durch ein Nebeneinanderbestehen von verschiedenen medizinischen und therapeutischen Systemen, welche verschiedenen Verständnissen und Definitionen von Krankheit und Gesundheit entsprechen.

Definitionen von Gesundheit und Krankheit

Die medizinische Tätigkeit, die ursprünglich nichts anderes war als eine Summe von theoretischen und praktischen Kenntnissen, welche vom Meister dem Schüler weitergegeben wurden, hat im Laufe der Zeit eine Gestaltung in ganz bestimmten Bahnen erfahren. Die Medizin wird heute als *Wissenschaft der Kenntnisse und Methoden zur Vorbeugung und Behandlung von Krankheiten, Verletzungen oder Mißbildungen* (LAROUSSE) verstanden, die als solche auf allgemein anerkannten Prinzipien beruht und welche die Ursachen des Krankwerdens und die Methoden zur Behebung der Krankheit definiert und erklärt. Zu diesem Zweck bemüht man sich in der Schulmedizin, alle Erkenntnisse und Erklärungen anhand der wissenschaftlichen Methode, wie sie damals von DESCARTES (Anm. 5) philosophisch erarbeitet und von Claude BERNARD in die Medizin eingeführt wurde, systematisch zu überprüfen. Wie gesagt, hat dies im 19. Jahrhundert auch zum Untergang der jahrtausendealten hippokratischen Tradition geführt (Anm. 2), was für das Verständnis der Homöopathie von Bedeutung sein wird. Die Verifizierung der homöopathischen Methode hat einen völlig anderen Bezug, was oft zu fast unüberwindbaren theoretischen und methodischen Mißverständnissen führt (Anm. 3).

Wenn wir in diesem Zusammenhang die homöopathische Lehre besprechen wollen, müssen wir die verschiedenen medizinischen Systeme, die heute von Bedeutung sind, miteinander vergleichen. Es ist angebracht, dabei besonders die Art und Weise, wie der Behandelnde die Krankheit betrachtet und beim Patienten die Befunde erhebt (Anm. 4), hervorzuheben.

Schulmedizin

Krankheit: Es gibt keine kohärente Theorie, welche die Dynamik der Krankheit von der Zelle bis zum Gesamtorganismus bis ins einzelne zu erklären vermag. Die Krankheit wird als Abnormität der Gesundheit gesehen, gleichsam als Verminderung oder Verlust dieser Gesundheit, welche als Kapital betrachtet wird.
Erfassen des klinischen Problems: Es werden vorwiegend diejenigen Symptome analysiert, die für bestimmte geschädigte Organe oder Körperfunktionen bedeutsam sind (diagnostische Algorithmen). Die Ursache der Krankheit wird stufenweise mittels äußerlicher Untersuchung, Spezialuntersuchungen, Laboruntersuchungen bestimmt. Es handelt sich vorwiegend um eine somatische Betrachtungsweise.
Therapeutisches Ziel: Rückkehr zum ursprünglichen Normalzustand; das Verschwinden der pathologischen Abweichungen wird als Heilung bewertet. Diese *Heilung* wird erreicht durch gezielte Eingriffe auf die krankhaften Veränderungen mittels Medikamenten oder chirurgischen Eingriffen.

Alternativmedizin

Krankheit: Mittels besonderer Konzepte wird die Krankheit und eine ihr zugeteilte regulierende Bedeutung innerhalb einer bestimmten Welt- und Naturanschauung definiert.
Erfassen des klinischen Problems: Einerseits wird die Entwicklung der Krankheit im Laufe der Zeit untersucht, andererseits wird versucht, die Art und Weise, wie der Patient individuell darauf reagiert, einzugrenzen. Dabei werden sowohl die in der Schulmedizin üblichen Symptome erhoben als auch die individuellen Reaktionen des Patienten (Konstitutionsmerkmale, Reaktionstyp) in Betracht gezogen. Besondere Untersuchungsverfahren sind z.B. die Reflexzonenprüfung, Pulsdiagnostik. Es handelt sich vorwiegend um eine funktionelle Betrachtungsweise.
Therapeutisches Ziel: Erreichen eines neuen Gleichgewichtszustandes. Das Heilverfahren besteht in einem individuellen Vorgehen, im allgemeinen unabhängig von der Krankheitsdiagnose, und hängt ab von der Natur der Krankheit und deren Verlauf. Zur Anwendung kommen Verfahren wie Akupunktur, Phytotherapie, homöopathische Präparationen, Massage usw., welche oft sogar kombiniert angewendet werden.

Volksmedizin, Naturheilverfahren

Krankheit, Erfassen des klinischen Problems: Hängt vom Praktiker ab, der die Therapie anwendet; vorwiegend symptomatische Diagnose.
Therapeutisches Ziel: Besserung des Wohlbefindens, oft als Ergänzung zu anderen Therapien, meist bei banalen oder auch chronischen Krankheiten. Methoden, die Reizwirkungen entfalten, dadurch die körpereigenen Heil- und Ordnungskräfte des Gesamtorganismus anregen. Der Naturheilverfahren bedient sich teilweise auch die Schulmedizin (Balneologie, Massage, Diätetik, Reflextherapie, Phytotherapie).

Schamanismus

Krankheit: Sie findet ihren Ursprung innerhalb einer besonderen Naturanschauung und einem besonderen Naturerleben. Neben der alltäglichen Wirklichkeit steht die innere (schamanistische) Wirklichkeit.
Erfassen des klinischen Problems: Schamanen als Heiler erhalten ihre Heilbefähigung durch Initiation oder durch Überstehen schwerer Krankheiten. Durch Trance oder Ekstase hat er Zugang zu der "anderen Wirklichkeit", aus der er die Krankheit erfassen kann.
Therapeutisches Ziel: Der Heiler versucht die Kraft (Seele) wiederherzustellen, die der Kranke verloren hat, indem er sie in der anderen Wirklichkeit in den Körper des Kranken zurückholt. Oder er muß schädliche Einflüsse (von Geistern und Seelen Verstorbener) entfernen, zu denen er in der anderen Wirklichkeit Zugang hat.

Traditionelle chinesische Medizin

Krankheit: Der Mensch (das Tier) steht zwischen Himmel und Erde, durch die Atmung (Yang) ist er mit dem Himmel, durch die Nahrung mit der Erde (Yin) verbunden. Innerhalb einer kosmischen Ordnung, die ihr Ebenbild im Organismus hat, ist er eingebunden in einen ständigen energetischen Kreislauf. Entgleisungen in diesen energetischen Bahnen (Wandlungsphasen, Funktionskreise, Energieleitbahnen = Meridiane) führen zur Krankheit.
Erfassen des klinischen Problems: Grundlage ist die unmittelbare Beobachtung, Erkennung und exakte Beschreibung und Bewertung (nicht Messung!) von gerade jetzt gleichzeitig vorhandenen funktionellen Störungen des Befindens, die möglichst direkt, noch ehe sie zu (materiell faßbaren) pathologischen Veränderungen führen, behandelt werden.
Therapeutisches Ziel: Es ist das harmonische Gleichgewicht zu erhalten oder wiederherzustellen. Zu den das Gleichgewicht erhaltenden Methoden gehören die Qi-Übungen (Qigong) sowie die Diätetik. Zur Behandlung des gestörten Gleichgewichts steht in China an erster Stelle die Phytotherapie, dann folgen Akupunktur, Moxabehandlung und physikalische Therapie.

Klassische Homöopathie

Krankheit: Ursprünglich wurde die Homöopathie als therapeutisches System entwickelt. Die Schlüsselerfahrung lag in der Beobachtung, daß eine natürliche Krankheit durch ein Heilmittel, welches bei einem Gesunden ähnliche Symptome hervorrief, beeinflußt werden konnte (Ähnlichkeitsprinzip). Beobachtungen und Erfahrungen bei der praktischen Anwendung dieses Prinzips haben zu entsprechenden theoretischen Schlußfolgerungen geführt: die Krankheit wird als innere Veränderung (Verstimmung) der Lebenskraft (Lebensprinzip) gedeutet.
Erfassen des klinischen Problems: Grundlage für die Beurteilung einer Krankheit ist erstens die klinische Erfahrung: inwiefern ist das Leiden in seiner Symptomatologie pathognomonisch und was für individuelle Besonderheiten zeichnen die Krankheit hinsichtlich Phänomenologie und Verlauf aus. Zweitens muß man sich anhand der gesamten Symptomatologie (wozu besonders auch die Gemütssymptome und konstitutionellen Besonderheiten zu berücksichtigen sind) ein "Bild" machen von der Krankheit, welches der in Frage kommenden Arznei gegenübergestellt wird.
Therapeutisches Ziel: Die durch die homöopathische Arznei induzierte künstliche Arzneikrankheit muß der natürlichen Krankheit sehr ähnlich sein. Durch das Wieder-in-Ordnung-Kommen der "Lebenskraft" wird ein Heilungsprozeß eingeleitet.

Homöopathie: eine Medizin der Lebenskraft ?

Trotz großer Unterschiede zwischen verschiedenen medizinischen Systemen ist es möglich, einige unter dem gemeinsamen Begriff der *Lebenskraft* zu charakterisieren. Allerdings muß man sich bewußt machen, daß dieser Begriff, je nachdem wer ihn benützt, ganz verschiedene Inhalte bezeichnen kann. Er taucht auf in der hippokratischen Medizin ("eingepflanzte" Lebenswärme), in der Ayur-Veda ("Bewußtsein"), in der chinesischen Medizin (Ying-Yang, Qi) oder auch bei vitalistischen Systemen, in der Anthroposophie und nicht zuletzt heute auch in Reklamen für Gesundheitsseminare. Die Lebenskraft entzieht sich der positiven Beobachtung, d.h. sie ist nicht an und für sich sichtbar für uns, sondern zeigt sich in ihren Auswirkungen auf den belebten Organismus. Was wir aber empfinden können, sind die Folgen eines Mangels an *Lebensenergie,* oder in anderen Fällen ist es die *zielgerichtete* Entwicklung von Krankheits- oder Heilungsprozessen im Laufe der Zeit. Was wir beobachten, sind Symptome und Krankheitszeichen, die in ihrem Verlauf auf diese unterschwellige Realität hindeuten.

In der Schulmedizin sind wir meist gezwungen, Symptome und Krankheitszeichen, die als *subjektiv* oder *individuell* angesehen werden müssen, auf der Seite zu lassen, weil sie mit den gängigen Forschungsmethoden nicht objektivierbar sind oder auch keinen Sinn machen. Es sind allerdings oftmals gerade die Symptome, die dem Patienten oder seinem Besitzer am meisten Probleme verursachen. Was zur Folge hat, daß wir als Therapeuten, solange wir diese für ihn wichtigen Beobachtungen nicht einordnen können, am Tierhalter vorbeireden werden.

Die Homöopathie, welche sich als Medizin der Symptome (die allerdings in ihrer Gesamtheit gesehen und gedeutet werden müssen) entwickelt hat, gibt uns die Möglichkeit, gerade subjektive Befindensveränderungen in einen Sinnzusammenhang zu stellen. Die Krankheit wird als *Verstimmung der Lebenskraft* gedeutet, die mit dem geeigneten (der Verstimmung entsprechenden) Heilmittel beeinflußt werden kann. Diese Auffassung der Lebenskraft erscheint uns heute auf den ersten Blick recht abstrakt (sie wird von HAHNEMANN oft auch *Lebensprinzip* oder *ordnende Dynamis* genannt) und ist nicht ohne weiteres gleichzusetzen mit entsprechenden Begriffen in der hippokratischen Medizin oder in der chinesischen Medizin. Trotzdem ist es wichtig anzumerken, auch im Vergleich mit anderen medizinischen Systemen, daß die Beschäftigung mit dieser (real verstandenen) Lebenskraft eine Dimension mit praktischen Folgen für das medizinische Denken und Handeln einbringt: für die Beurteilung des Patienten und des Verlaufs der Krankheit *(Prognose)* gelten in all diesen traditionellen Systemen vergleichbare Prinzipien. Deshalb ist es in gewisser Hinsicht zweckmäßig, die Homöopathie als Medizin der Lebenskraft im weiteren Sinne zu definieren. Man könnte auch, um den Gegensatz zu der uns gewohnten somatischen Medizin zu verdeutlichen, von einer *Medizin der Lebensfunktion* sprechen.

Wissenschaftliche Prüfung

Dies hat zur Folge, daß der wissenschaftliche Nachweis von Arzneiwirkungen in der Homöopathie mit den gewohnten Versuchsanordnungen nur bei ganz wenigen, eingeschränkten Fragestellungen einen Sinn ergibt. Die Kausalanalyse, die u.a. meßbare Daten (*quantitative* Bewertung) und Reproduzierbarkeit dieser Daten unter Annahme der Homogenität des Substrates verlangt, ist ungeeignet. Adäquater sind Untersuchungsmethoden, die auf *qualitativen* Bewertungen unter Annahme der Stabilität der Funktion beruhen. Tatsächlich liefern uns die Untersuchungen, die nach diesen Prinzipien durchgeführt werden, deutlich interessantere Resultate. Die Erkenntnis, daß nicht jede Untersuchungsmethode für die Überprüfung von alternativen Therapieformen geeignet ist, darf uns jedoch nicht die unbestrittenen Grundsätze jeder wissenschaftlichen Bemühung vergessen lassen: Beschreibung der positiven Beobachtungen, klare und allgemeinverständliche Formulierung der Resultate und der dabei angewandten Methode, systematische Erfassung der Probleme und Fragestellungen.

Leider muß man einräumen, daß sowohl in der Klinik wie in den Forschungsarbeiten über die Homöopathie diese Grundsätze nicht immer respektiert werden. Gelegentlich fehlt bei klinischen Arbeiten zwischen der Patientenbeurteilung, der für die homöopathische Betrachtung erstellten Symptomenliste und dem therapeutischen Entscheid die notwendige Kohärenz. Auch geschieht die Beurteilung von Behandlungsresultaten allzu oft etwas unkritisch. Eine Möglichkeit, diese Situation zu ändern, liegt in der Verbesserung der Ausbildungsmöglichkeiten in der Veterinärhomöopathie. Zudem sollten nur seriöse, gut dokumentierte klinische Arbeiten veröffentlicht werden, die das klinische Problem umfassend darstellen.

Anmerkungen (Andreas Schmidt)

1. Nach herkömmlicher Meinung (siehe STÜNZI, 1982) wurde die moderne pathologische Anatomie 1761 vom Paduaner MORGAGNI mit dessen Werk *'De sedibus et causis morborum'* begründet. Tatsächlich aber war seine Krankheitslehre noch galenistisch, und in seinem Werk sind die Befunde noch nach dem rein äußerlichen Schema *a capite ad calcem* angeordnet, dem Kopf-zu-Fuß-Schema übrigens, das in den homöopathischen Repertorien immer noch verwendet wird. Das Primat kommt den Symptomen zu, die autoptischen Befunde stehen erst an zweiter Stelle. Für das moderne Verständnis hingegen ist es gerade umgekehrt: primär sind die *organischen Läsionen,* unsere Bücher ordnen die Krankheiten nach Organsystemen. Diese Wende bringen erst die Kliniker nach 1800. Sie bemühen sich, die einzelnen organischen Läsionen zu identifizieren und voneinander abzugrenzen. Sie errichten damit eine von den herkömmlichen nosologischen Systemen völlig unabhängige neue Nosologie (vgl. Kapitel 20, S. 165).

2. Mit der konsequenten Einführung der experimentellen Methode verlieren die jahrtausendealten hippokratischen *Analogien* ihre Berechtigung. So bezeichnet Claude BERNARD z.B. die Vorstellung von der in der Herzgegend "eingepflanzten" Lebenswärme als eine Hypothese des HIPPOKRATES, die leicht umzustoßen sei, unterziehe man sie dem naturwissenschaftlichen Experiment. Für HIPPOKRATES war das niemals eine Hypothese im Sinne von Claude BERNARD, sondern eine auf dem Weg der Analogie gewonnene, durch Erfahrung tausendfach bestätigte, rationale Erkenntnis (LICHTENTHAELER, 1982).
Ein weiterer hippokratischer Analogiebegriff ist derjenige der *Entzündung.* Er enthält die Wurzel "Zunder" oder "Flamme" (inflammatio). Der Begriff ist rational im Zusammenhang mit der hippokratischen Krankheitslehre zu verstehen. Bei einem Patienten mit einer "starken" Lebenswärme führt die Entzündung als *Heilungsvorgang* zu einer *restitutio ad integrum,* ist die Lebensenergie zu schwach, ist statt der *Regeneration* eine *Degeneration* die Folge. Die Anwen-

dung von scharfen Einreibungen ist eine noch heute geübte Praxis und eine empirische Bestätigung hippokratischer Theorie. In der modernen Medizin hat der Begriff als solcher dann auch seine ontologische Berechtigung verloren. Der Autor des Kapitels *Entzündung* in der Allgemeinen Pathologie für Tierärzte (STÜNZI u. WEISS, 1982) hat dies treffend ausgedrückt: *"Will man zu einer Begriffsbestimmung der Entzündung kommen, so muß man feststellen, daß weder die anatomischen Grundlagen, noch die Ursachen, noch die Bedeutung der Entzündung irgendwie spezifisch für sie sind. Und doch ist das Ganze in seiner Erscheinung so eigenartig, daß wir uns die Heilkunde ohne den Begriff der Entzündung kaum denken können. Daher kann ein Fallenlassen des Entzündungsbegriffes* (- der Autor merkt irgendwie, daß der Analogiebegriff nicht recht in das moderne Schema paßt) *und seine Aufteilung in einzelne Komponenten* (- der Analogiebegriff bezeichnet etwas Ganzheitliches) *auch nicht in Frage kommen. Vielmehr wird der Begriff der Entzündung zweckmäßigerweise* (- der Analogiebegriff bezeichnet einen zielgerichteten Vorgang) *beibehalten"*.

3. Die wissenschaftliche Theorie beruht auf Analogiedenken oder auf experimentell gewonnenen Erkenntnissen (LICHTENTHAELER, 1982). Die erste Methode geht aus von den Erscheinungen, die andere befaßt sich mit deren materiellen Substanz. "Dicker" Eiter ist ein *Phänomen*, "leukozytenreicher" Eiter ist ein materielles *Faktum.* Die Phänomene sind die Grundlage zu den hippokratischen Analogien. Die Naturvorgänge werden deduziert aus vergleichbaren anderen Vorgängen. Diese Methode ist auch synthetisch: sie stellt stets Ganzheiten einander gegenüber, betrachtet Prozesse immer in ihrer Gesamtheit. Solche Analogien sind oft finaler Art: der Körper stößt Eiter aus, um zu gesunden; Krankheitsprozesse drücken das Bestreben des Organismus aus, die *Gesundheit* wiederzuerlangen. Die experimentelle Methode hingegen kennt materielle Fakten, sie ist induktiv und analytisch. *Finalität* gilt dem Experimentalforscher als Mythos, maßgeblich ist ihm der (kausale) Determinismus, nicht die Suche nach Zweck und Sinn.

4. *Befund/Befinden - Messung/Bewertung*: In der naturwissenschaftlichen Medizin stehen Messungen von materiellen Veränderungen ganz im Vordergrund (Analyse, Befund-Erhebung). Das bedeutet, daß Krankheit erst festgestellt werden kann, wenn sie zu Schädigungen im Organismus geführt hat, die durch apparative oder Laboratoriumsuntersuchungen nachzuweisen sind.
Grundlage vieler nicht-schulmedizinischer Systeme ist die unmittelbare Beobachtung, Erkennung und exakte Beschreibung und Bewertung von vorhandenen funktionellen Störungen des Befindens, die möglichst direkt angegangen werden. In der *chinesischen* Medizin werden idealerweise diese Störungen behandelt, bevor es überhaupt zu organischen Veränderungen kommt.

5. DESCARTES geht es beim Vergleich des menschlichen Körpers mit einer Maschine vor allem darum, diesen als separate Entität, losgelöst von nichtkörperlichen Elementen wie z.B. Gott und der Seele und frei von Aberglaube darzustellen. Daß DESCARTES' Bild des Menschen ein sehr differenziertes ist, zeigt folgendes Zitat (van SPIJK, 1991): *"Man muß wissen, daß die Seele wahrhaft mit dem ganzen Körper verbunden ist, und daß man nicht wohl sagen kann, sie befinde sich in einem seiner Teile mit Ausschluß der andern; der Körper ist einer und in gewisser Hinsicht unteilbar ... und die Seele hat von Natur kein Anteil an der Ausdehnung (res extensa) oder den Dimensionen oder den anderen Eigenschaften der Materie, woraus der Körper besteht, sondern nur am ganzen seiner Organe ..."*

Literatur

JORK, K. [Hrsg.]: Alternativen in der Medizin - Behandlungsformen zwischen Wissenschaft und Empirie. Hippokrates Verlag, Stuttgart, 1993.

LAPLANTINE, F., RABEYRON, P.-L.: Les médecines parallèles. Editions PUF, Paris, 1987.

LICHTENTHAELER, C.: Geschichte der Medizin. 3. verbesserte und ergänzte Aufl., Deutscher Aerzte-Verlag, Köln-Löwenich, 1982.

MICHAUD, J.: Médecines ésotériques, médecines de demain. Edition Denoël, Paris, 1976.

PETERSOHN, L.: Chinesische Medizin - ist mehr als Akupunktur. Haug Verlag, Heidelberg, 1985.

PORKERT, M.: Klinische chinesische Pharmakologie. Verlag für Medizin. Dr. E. Fischer, Heidelberg, 1978.

SENET, A.: Histoire de la Médecine Vétérinaire. Editions PUF, Paris, 1953.

STÜNZI, H.: Geschichtliche Entwicklung des Krankheitsbegriffes. In: Allgemeine Pathologie für Tierärzte. Hrsg: Stünzi H. und Weiss E., 8. Aufl., Parey, Berlin und Hamburg, 1982.

Van SPIJK, P.: Definitionen und Beschreibungen der Gesundheit - ein medizinhistorischer Überblick. Schweiz. Gesellschaft für Gesundheitspolitik (SGGP), Muri BE/Schweiz, 1991.

2 Zur Geschichte der Homöopathie - die verschiedenen Richtungen

G. Mingard, übersetzt und bearbeitet von Renée Devaux

Die Vorläufer

Die Homöopathie wurde 1796 unter der Feder des deutschen Arztes Samuel HAHNEMANN geboren, der im HUFELAND-Journal den Artikel *'Versuch über ein neues Prinzip zur Auffindung der Heilkräfte der Arzneisubstanzen, nebst einigen Blicken auf die bisherigen'* publizierte. HAHNEMANN entdeckte das Ähnlichkeitsgesetz jedoch nicht infolge einer plötzlichen Erleuchtung wie ARCHIMEDES in der Badewanne. Studieren wir die gesamte Medizingeschichte, so stellen wir fest, daß das *Ähnlichkeitsprinzip* bereits viel früher erahnt worden war. Im Indus-Tal in Indien fand man Zivilisationsspuren, die bis zu einer halben Million Jahre alt sind. Eine rationelle Medizin scheint dort zwischen dem 4. und 3. Jahrtausend vor Christus eingeführt worden zu sein. Im Buch *Ayurveda,* welches das Wissen der alten indischen Medizin enthält, wird das Ähnlichkeitsprinzip als Behandlungsmethode erwähnt. In dieser alten Medizin wird auch bereits der Begriff *Lebenskraft* verwendet. Die Symptome werden als individuelle Antworten auf die Krankheit angesehen und jede Störung des inneren Gleichgewichts als prädisponierender Faktor für eine Krankheit. Die konstitutionelle Behandlung ist deshalb Voraussetzung, um das Gleichgewicht wiederherzustellen. Die individuelle Behandlung ist die Regel.

Die beiden großen abendländischen Ärzte der Antike sind HIPPOKRATES (460 - 361 v. Chr.) und GALEN (129 - 201 n. Chr.). HIPPOKRATES' wesentlichster Beitrag war die Entwicklung einer logischen Methode der klinischen Beobachtung. Der große griechische Arzt insistiert darauf, den Patienten mehr als die Krankheit zu studieren. Auch er erwähnt die beiden Behandlungsmethoden: die eine gemäß den Ähnlichkeiten und die andere gemäß den Gegensätzen. *"So"*, sagt er, *"kann die Gesundheit auf zwei verschiedene Arten wiederhergestellt werden. So wird einerseits Hunger durch Nahrung, Durst durch ein Getränk, Müdigkeit durch Schlaf gestillt. Andererseits kann alles, was Strangurie erzeugt, eine solche auch bekämpfen. Dasselbe gilt für den Husten. Fieber wird unterdrückt durch das, was es erzeugt, und erzeugt durch das, was es unterdrücken kann."* HIPPOKRATES zeigt uns mit diesen Beispielen, daß er die Wirkung gewisser Heilmittel auf den gesunden Menschen kannte. GALEN, ursprünglich Grieche, lebte in Rom. Er nahm das Werk von HIPPOKRATES wieder auf und systematisierte das medizinische Wissen seiner Zeit. Da er der letzte große Arzt der Antike war, blieben seine Theorien als Dogmen bis zu HAHNE-

MANNS Epoche bestehen. Als Verfechter des Kontraritätsprinzips verschwieg er das von HIPPOKRATES erwähnte Ähnlichkeitsprinzip.

Der in Einsiedeln geborene PARACELSUS (1493 - 1541) war der große Arzt des ausgehenden Mittelalters und des Renaissance-Beginns. Er opponierte gegen die lange Herrschaft der Ideen GALENS und verwarf nicht nur das Kontraritätsprinzip, sondern verteidigte vehement das Ähnlichkeitsprinzip.

Hahnemann

Nach diesen allgemeinen Betrachtungen möchte ich die Homöopathie anhand der Geschichte ihres Begründers Dr. Samuel HAHNEMANN beleuchten. Dieser wurde am 10. April 1755 in Meißen, Sachsen, geboren, wo sein Vater als Maler in der Porzellanfabrik arbeitete. Seine überragende Intelligenz und seine Sprachbegabung zeigten sich sehr früh. Mit 12 Jahren übersetzte er fließend Lateinisch und Griechisch, später beherrschte er Französisch, Englisch und Italienisch ebenso gut wie seine Muttersprache. Dank seinem Schulmeister MÜLLER, dessen Lieblingsschüler er war, konnte er als Bürgerlicher die fürstliche Provinzschule besuchen, die für die gehobenere Schicht reserviert war. Nach vier Jahren unermüdlicher Arbeit war er hochgebildet. Da er seine Studien weiterführen wollte, zog er mit 20 Jahren ohne einen Heller in der Tasche von Meißen nach Leipzig. Mit Privatstunden in Französisch und Englisch und mit Übersetzungen hielt er sich über Wasser. Während zwei Jahren besuchte er die Vorlesungen an der medizinischen Fakultät. Da es aber weder ein Spital noch praktischen Unterricht gab, zog er weiter nach Wien, wo sich das schönste Krankenhaus Europas befand. Danach wohnte er in Erlangen, weil dort die Semestergebühren niedriger waren. 1779 beendete er sein Studium und eröffnete mit vierundzwanzig Jahren in einem Bergbaugebiet eine Arztpraxis, hatte aber nur wenig Patienten. Hier erwachte sein Interesse für die Chemie. Er war befreundete mit dem Apotheker des Ortes, der ihm die Tür zu seinem Laboratorium weit öffnete. HAHNEMANN arbeitete dort unermüdlich und ... heiratete die Tochter des Apothekers. Zur gleichen Zeit übersetzte er das Werk eines französischen Chemikers. Drei Jahre später ließ er sich in Dresden nieder. Als ein befreundeter Arzt krank war, vertrat er ihn für drei Monate am dortigen Krankenhaus. Die Freude, in einem Krankenhaus zu arbeiten, wich einer immer größer werdenden Enttäuschung über die damalige Medizin. Seit er Arzt war, enttäuschte ihn dieser Beruf täglich mehr. Es gelang ihm nur mehr unter schrecklichen Zweifeln diesen auszuüben.

Um diese Enttäuschung besser verstehen zu können, muß man sich die Heilkunst der damaligen Zeit vor Augen führen. Die Grundidee jeder Behandlung war immer noch diejenige von GALEN, d.h. jede Krankheit war an gewisse Säfte gebunden, die es galt, durch irgendeine Medizin aus dem Körper zu ziehen. Deshalb wurden Brechmittel, Purgatorien und vor allem zahlreiche Aderlässe verordnet. Dazu kam die Verabreichung von Arzneien, die eine unglaubliche Anzahl an Ingredienzen enthielten, von welchen die genaue Wirkung nicht bekannt war. Die größte Anzahl Bestandteile, die auf einem Rezept der damaligen Zeit gefunden wurde, betrug 400. Diese Mischungen zahlreicher Komponenten trugen den Namen *galenische Zubereitungen* nach GALEN. Wenn sich auch die Situation bis in unsere Tage wesentlich geändert hat, sind die galenischen Präparationen doch nicht gänzlich verschwunden. Um diese Situation besser zu beschreiben, sei hier eine Passage aus HAHNEMANNS Hauptwerk (Organon, § 54) zitiert: "*...Den Arzneien wurden nach Vermuthungen Wirkungen zugeschrieben (s. die vielen Arzneimittellehren!) welche diese innormalen Zustände aufheben, d.i. heilen sollten. Um das Maß der Selbst-Verblendung zu überfüllen, wurden (recht gelehrt) stets mehrere, ja viele, verschiedene Arzneien in so genannten Recepten zusammen gemischt, auch oft, und in großen Gaben eingegeben, und so das theuere, leicht zerstörbare Menschen-Leben, vielfach unter den Händen dieser Verkehrten gefährdet, vorzüglich, da man auch Aderlaß, Brech- und Purgiermittel zur Hülfe nahm, so wie Ziehpflaster, Fontanelle, Haarseile, Beitzen und Brennen.*"

HAHNEMANN fand Trost in der Hygiene und der Diätetik. Er schrieb eine Abhandlung über die Hygiene, als deren Wegbereiter er gilt. Die elementaren Regeln der Hygiene wurden Ende des 18. Jahrhunderts noch verkannt. HAHNEMANN begriff, daß Hygiene und Gesundheit eng miteinander verknüpft sind. Als wichtigstes beleuchtete er die Wechselbeziehung zwischen Körper und Seele und war somit ein Vorläufer der psychosomatischen Medizin.

Eine schwere Epidemie, welche auch das Leben seiner eigenen Kinder bedrohte, und gegen welche er absolut machtlos war, erschütterte ihn dermaßen, daß er plötzlich zur Überzeugung gelangte, es müsse eine Möglichkeit geben, die Krankheiten so anzugehen, daß man sie mit Sicherheit heilen könne. Wie bei vielen Entdeckungen war es der Zufall, der HAHNEMANN auf die Spur des Erfolgs brachte. Bei der Übersetzung der Materia medica von CULLEN fiel ihm eine Unstimmigkeit in der Beschreibung der Wirkung von *Chinarinde* auf. CULLEN zitierte, ohne sie zu erklären, die widersprüchlichen Resultate, die je nach verwendeter Dosis erzielt worden waren. Seit der Heilung der Frau des peruanischen Vizekönigs im 17. Jahrhundert, war die Verwendung von Chinarinde gegen intermittierende Fieber weit verbreitet, teils mit, teils ohne Erfolg.

HAHNEMANN beschloß, einen Selbstversuch zu machen. Während mehrerer Tage nahm er hohe Dosen von Chinarinde zu sich und verspürte bald die Symptome eines intermittierenden Fiebers, identisch mit genau jenen Fiebern, die eben durch Chinarinde geheilt werden konnten. HAHNEMANN drückte es folgendermaßen aus: "*Die Chinarinde, die das Fieber beseitigt, löst beim gesunden Menschen das Fieber aus."* Dies war HAHNEMANNS erste Aussage über das Ähnlichkeitsgesetz.

Er wiederholte das Experiment, machte dasselbe auch mit Quecksilber, mit der Tollkirsche, mit Digitalis und anderen Substanzen. Er fand dabei eine frappierende Übereinstimmung. Bei der Lektüre alter Autoren fand er Zeugnisse, die seine These bestätigten. Er führte seine Experimente weiter und publizierte die Ergebnisse seiner Untersuchungen 1796 im HUFELAND-Journal. Eine weitere Entdeckung ist, daß die Arzneien je nach Dosis eine unterschiedliche Wirkung haben: Baldrian zum Beispiel löst in hohen Dosen eine nervöse Erregung mit Spasmen, Hysterie und Hyperästhesie aus, während es in niedriger Dosierung eine beruhigende, antispastische Wirkung besitzt. Das Ähnlichkeitsgesetz wird durch HAHNEMANN aus der Vergessenheit geholt, der es auf Lateinisch so formuliert: *"Similia similibus"* (Ähnliches möge durch Ähnliches geheilt werden). Eine Reihe Schüler scharte sich um HAHNEMANN, machte bei seinen Versuchen mit und half dadurch, den Grundstein für HAHNEMANNS Abhandlungen über die *'Materia medica pura'* und später über die *'Chronischen Krankheiten'* zu legen.

HAHNEMANN ließ sich 1804 in Torgau nieder. Mit 50 Jahren lernte er erstmals die Zufriedenheit und das Glück eines komfortablen Heimes kennen. Er hatte die Basis zu einer neuen Behandlungsweise geliefert und wollte nicht, daß diese mit ihm zusammen wieder verschwinden würde. Im Jahre 1810 erschien das *'Organon der rationellen Heilkunde',* eine Abhandlung, in welcher HAHNEMANN seine Ideen, seine Schlußfolgerungen, die Leitprinzipien seiner Methode und die genaue Zubereitungsweise der Arzneien (auf 14 Seiten!) festhielt. Wir finden darin die drei Leitsätze, welche die Basis der homöopathischen Methode sind:

- Um eine Heilung zu erzielen, muß die größtmögliche Ähnlichkeit zwischen den Symptomen der Krankheit und denjenigen, welche die Arznei beim gesunden Organismus auslösen kann, bestehen.
- Die Wirkung einer Arznei auf den gesunden Organismus muß so gut wie nur möglich bekannt sein.
- Es gibt keine sicherere und natürlichere Methode, um die spezifischen Wirkungen der Arzneistoffe auf den Menschen herauszufinden, als diese eines nach dem anderen an gesunden Personen auszutesten und alle Veränderungen, Symptome und Zeichen minutiös festzuhalten. Man nennt dies Arzneimittelprüfungen.

HAHNEMANNS Verdienst ist es, das Ähnlichkeitsgesetz vor der Vergessenheit gerettet zu haben, vor allem aber belegt er es durch seine Experimente. Als erster hat er die Arzneiprüfungen so geordnet, daß sich daraus die spezifischen Wirkungen eines Mittels auf den Menschen systematisch ableiten ließen. Seinen Vorläufern fehlten seine großen Chemiekenntnisse und sein

Wissen um die Zubereitung der Arzneien. Diese erst haben das richtige Aufblühen der Homöopathie ermöglicht. Wie bereits gesagt, war HAHNEMANN ein Wegbereiter der Hygiene und Diätetik. Ebenso wichtig ist seine besondere Begabung, Kranke zu beobachten. Er bewunderte diese Fähigkeit bereits bei HIPPOKRATES und schrieb dazu: *"Nie war man der Entdeckung der Heilkunst näher als zu Hippokrates' Zeit. Kein Arzt hat seither sein Talent für die reine Beobachtung übertroffen. Ein einziger Zweig der Medizin fehlte ihm, sonst hätte er die ganze Kunst besessen: Die Kenntnis der Medikamente und ihres Gebrauchs."* In einem anderen Text schreibt er über die Beobachtung: *"Voraussetzung für die Beobachtung in der Medizin ist die Fähigkeit und die Gewohnheit, die Ereignisse zu packen und auf eine natürliche Art und Weise wiederzugeben, d.h. mit den gebräuchlichen Ausdrücken zu schildern. Um zu erkennen, was man bei einem Kranken beachten muß, braucht es vollständige Konzentration, man muß quasi aus sich heraustreten. Dieses Vermögen, peinlich genau zu beobachten, ist niemals ganz angeboren. Es wird zu einem großen Teil durch Übung erworben und durch die Schärfung der Sinne perfektioniert."* Weiter unten werden wir sehen, was er in bezug auf dieses Thema von seinen Zeitgenossen hielt.

Das *Organon* kam in sechs deutschen Auflagen heraus und wurde schnell in verschiedene andere Sprachen übersetzt. Die 6. Auflage von 1848 erschien erst 1921, lange Zeit nach HAHNEMANNS Tod, in Leipzig und enthält die letzten Erkenntnisse des fortwährend an der Verbesserung seiner Methode arbeitenden Arztes. Alle an ihm selbst, seinen Schülern und Verwandten durchgeführten Arzneimittelprüfungen wurden in seiner sechsbändigen *Reinen Arzneimittellehre* veröffentlicht (erschienen 1811 bis 1821). Im Jahre 1828 erschien sein großartiges Werk von den *chronischen Krankheiten.*

HAHNEMANN hatte geglaubt, daß seine Arbeiten die medizinische Welt interessieren würden, stattdessen zog er sich viele Feinde zu. Die Fakultät wollte seine Anschauungen keinesfalls zulassen. Die Apotheker schätzten ihn nicht, weil er seine Medikamente selber zubereitete. Er glaubte, seine Ideen lägen ihrer Einfachheit halber auf der Hand, aber er erntete von seinen Kollegen oft nur Skepsis. Man verzieh ihm auch die Bissigkeit seiner Reden und Schriften gegen die damalige allopathische Medizin nicht. Ein Beispiel aus dem Organon (§ 104): *"Ist nun die Gesamtheit der, den Krankheitsfall vorzüglich bestimmenden und auszeichnenden Symptome, oder mit andern Worten, das Bild der Krankheit irgend einer Art einmal genau aufgezeichnet, so ist auch die schwerste Arbeit geschehen. Die Ärzte alter Schule machten sich es hiemit in ihren Curen äußerst bequem. Da hörte man keine genaue Erkundigung nach allen Umständen des Kranken, ja der Arzt unterbrach diese sogar oft in der Erzählung ihrer einzelnen Beschwerden, um sich nicht stören zu lassen bei schneller Aufschreibung des Receptes, aus mehreren von ihm nach ihrer wahren Wirkung nicht gekannten Ingredienzen zusammengesetzt. Kein allopathischer Arzt, wie gesagt, verlangte die sämtlichen genauen Umstände des Kranken zu erfahren und noch weniger schrieb er sich etwas davon auf. Wenn er dann den Kranken nach mehreren Tagen wieder sah, wußte er von den wenigen, zuerst gehörten Umständen (da er seitdem so viele verschiedene, andere Kranke gesehen) wenig oder nichts mehr; er hatte es zu dem einen Ohre hinein und zu dem andern wieder hinaus gehen lassen. Auch that er bei fernern Besuchen nur wenige allgemeine Fragen, that als fühle er den Puls an der Handwurzel, besah die Zunge, verschrieb in demselben Augenblicke, eben so ohne verständigen Grund, ein anderes Recept, oder ließ das erstere (öfters des Tages in ansehnlichern Portionen) fortbrauchen und eilte mit zierlichen Gebehrden zu dem fünfzigsten, sechzigsten Kranken, den er denselben Vormittag noch gedankenlos zu besuchen hatte. So ward das eigentlich nachdenklichste aller Geschäfte, die gewissenhafte sorgfältige Erforschung des Zustandes jedes einzelnen Kranken und die darauf zu gründende specielle Heilung von den Leuten getrieben, die sich Ärzte, rationelle Heilkünstler nannten. Der Erfolg war, wie natürlich, fast ohne Ausnahme schlecht; und dennoch mußten die Kranken zu ihnen, theils weil es nichts Besseres gab, theils aus Etiquette, und weil es so eingeführt ist."*

Die letzte, romanhafte Episode von HAHNEMANNS außergewöhnlichem Leben soll nicht unerwähnt bleiben. Achtzigjährig zog sich HAHNEMANN nach dem Tod seiner Frau, die ihm elf Kinder geschenkt hatte, nach Köthen zurück. Eine junge Pariserin, Mélanie d'HERVILLY, die das Organon gelesen hatte, konsultierte ihn wegen einer Krankheit. Sie verliebten sich ineinander, heirateten und zogen 1835 nach Paris, wo er von seinen französischen Schülern mit einem Triumphzug empfangen wurde. Sofort widersetzte sich die offizielle Medizin seiner Niederlassung. Minister GUIZOT erteilte ihm jedoch die Praxisbewilligung und schrieb gleichzeitig folgenden bewundernswerten Text an die medizinische Fakultät: *"Hahnemann ist ein Gelehrter von hohem Verdienst. Die Wissenschaft muß für alle da sein. Falls die Homöopathie eine Phantasterei oder ein System ohne besonderen Wert ist, wird sie von selbst fallen. Wenn sie im Gegenteil einen Fortschritt bringt, wird sie sich trotz aller Schutzmaßnahmnen verbreiten, und die Akademie muß dies unterstützen, da sie die Aufgabe hat, die Wissenschaft voranzutreiben und Entdeckungen zu fördern."* HAHNEMANN wurde zu einer Pariser Persönlichkeit. Die Kutschen standen in der Straße, in welcher seine Praxis lag, Schlange. Er praktizierte acht Jahre lang und starb am 2. Juli 1843. Auf dem Friedhof Père Lachaise wurde er beigesetzt.

Entwicklung nach Hahnemann

Schon zu Lebzeiten HAHNEMANNS breitete sich die Homöopathie in verschiedenen Ländern Europas und in den Vereinigten Staaten aus. In Deutschland entbrannte ein heftiger Streit zwischen denjenigen Homöopathen, die seine Schlußfolgerungen über die Arzneiwirkung und Arzneipotenzierung teilten, und den sogenannten *kritisch-wissenschaftlichen* Homöopathen, die eine Angleichung an die damals aufkommende naturwissenschaftliche Lehre forderten.

In den Vereinigten Staaten breitete sich die Homöopathie im 19. Jahrhundert dank den unaufhörlichen Bemühungen von Constantin HERING (1800-1880) bemerkenswert schnell aus. HERING wurde in Deutschland geboren, wo er auch sein Studium absolvierte. In Leipzig wurde er Assistent bei einem Professor, der HAHNEMANN feindlich gesinnt war, und bekam den Auftrag, ein Pamphlet über die homöopathische Irrlehre zu schreiben. Bei der Durchführung dieser Arbeit wurde HERING zum glühenden Anhänger der Homöopathie und mußte schließlich sein Studium an einer anderen Universität abschließen. Später ließ er sich in Philadelphia nieder, wo er bis zu seinem Tod lebte. Siebenundvierzig Jahre seines Lebens widmete er der Ausübung der Homöopathie, den Arzneimittelprüfungen an sich selbst und an seinen Schülern sowie dem Unterricht. Er blieb mit HAHNEMANN in brieflichem Kontakt und konnte so von den Geistesblitzen und Ratschlägen des großen Meisters profitieren. 1835 gründete er das erste Lehrinstitut für Homöopathie. Ein Krankenhaus und eine Poliklinik wurden bald angegliedert. Mehrere tausend Ärzte erhielten dort ihre homöopathische Ausbildung. Das geschriebene Werk Constantin HERINGS ist ebenfalls sehr wichtig: Seine *'Materia medica'* in 10 Bänden wird immer noch mit Erfolg konsultiert.

Andere homöopathische Lehranstalten wurden gegründet. Professoren von Format lehrten dort Materia medica und führten Arzneimittelprüfungen durch. Parallel zu dieser Entwicklung schossen sogenannte eklektische Schulen aus dem Boden, in welchen Grundwissen und verschiedene Therapieformen gelehrt wurden: Allopathie, Homöopathie, Naturheilkunde, Chiropraktik.

James Tyler KENT (1849-1916) studierte an einer dieser eklektischen Schulen Medizin. Die Heilung seiner Frau durch einen homöopathischen Arzt bewog ihn, der Sache auf den Grund zu gehen. Er erhielt später den Lehrstuhl für Materia medica in Missouri und promovierte anschließend in Chicago. Mit 56 Jahren, auf dem Höhepunkt seiner Karriere, gab er am *Hahnemann Medical College* in Chicago Vorlesungen und führte dort eine Poliklinik. Seine Konferenzen zur homöopathischen Materia medica sind berühmt. Sein *Repertorium* umfaßt 1423 Seiten und erlebt immer noch Neuauflagen. Es gibt zwar heute vollständigere Repertorien, aber der "Kent" bleibt weiterhin das Standardwerk. KENT ist in der Technik der Symptomen-Individualisation, welche die Eigenart jedes Kranken charakterisiert, am weitesten in HAHNEMANNS Sinne vorgestoßen. Sein Einfluß verbreitete sich zuerst in den englischsprachigen Ländern (USA, Großbritannien, Indien). Über Lateinamerika und die Schweiz faßte die sogenannte klassische Homöopathie mit der Zeit auch in Spanien, Italien und Frankreich Fuß. Nach KENTS Tod erlitt die

Homöopathie in den Vereinigten Staaten einen massiven Rückschlag. Dies dürfte teilweise damit zu erklären sein, daß mit dem Aufkommen der Antibiotika auch die Schulmedizin große Fortschritte machte und die Homöopathie immer weniger in die neue Zeit "paßte".

Verschiedene Richtungen

Bis in unsere Tage steht die Homöopathie immer wieder im Zentrum zahlreicher Streitereien, die einerseits gegenüber der offiziellen Lehre der medizinischen Fakultäten, andererseits in bezug auf verschiedene Richtungen in der Homöopathie selbst entbrennen. Wie erwähnt, traten schon zu HAHNEMANNS Zeiten Zwistigkeiten unter seinen Schülern auf, über welche an verschiedenen Stellen im Organon zu lesen ist.

Die Uneinigkeiten, die sich in der Literatur, bei lokalen Zusammenkünften und auf den Kongressen der Internationalen Homöopathie-Liga zeigen, basieren auf dem *Unizismus,* auf der Anerkennung von HAHNEMANNS Spätwerk und den Hochpotenzen. Zudem gibt es verschiedene Strömungen, in welchen das Gedankengut des Meisters "weiterentwickelt" wurde, indem man es dem modernen klinischen Denken anzugleichen versuchte. So wurden der *Komplexizismus* (mehrere Mittel zusammen verarbeitet) und der *Pluralismus* (stufenweise Verschreibung verschiedener Potenzen desselben Basismittels, dazu Komplementär- und Drainagemittel) entwickelt. Obwohl diese Methoden manchmal schneller zum Erfolg führen, bleiben sie auf der Oberfläche und vermögen nicht in das tiefere Innere des Patienten vorzustoßen. Vieles, was gerade in der veterinärmedizinischen Literatur über die Homöopathie zu lesen ist, stammt aus solchen Schulen. Deshalb widersprechen sich in der Literatur verschiedene Aussagen oft.

Die zufriedenstellendsten Heilungen erlebt man auch in der Veterinärmedizin mit der klassischen Lehre des späten HAHNEMANN, welche von KENT weiterentwickelt wurde. Sie erfordert jedoch ein langes, intensives Studium.

Literatur

BUSCHAUER, W.: Homöopathie als Vollendung der hippokratischen Medizin. Zürcher Vorlesung 1977 - 1981. Haug, Heidelberg, 1982.

HAEHL, R.: Samuel Hahnemann (Sein Leben und Schaffen aufgrund neu aufgefundener Akten ...). 2 Bd., Schwabe, Leipzig, 1922.

SEILER, H.P.: Die Entwicklung von Samuel Hahnemanns ärztlicher Praxis, anhand ausgewählter Krankengeschichten. Haug, Heidelberg, 1988.

VOEGELI, A.: Heilkunst in neuer Sicht. 4. Aufl., Haug, Heidelberg, 1981.

3 Grundlagen der Homöopathie

Edina Mikuschka

Die Homöopathie basiert auf folgenden drei grundlegenden Prinzipien:
1. Dem Ähnlichkeitsgesetz
2. Der Arzneimittelprüfung am Gesunden
3. Der Arzneimittelpotenzierung.

Das Ähnlichkeitsgesetz

Dieses Gesetz ist die eigentliche Basis der Homöopathie und auch das wesentliche Unterscheidungsmerkmal gegenüber anderen Behandlungsmethoden. Samuel HAHNEMANN hat dieses Prinzip durch Zufall entdeckt - als er 1790 ein Pharmakologiebuch von William CULLEN übersetzte. Er ist dabei auf widersprüchliche Angaben über die Wirkung von *Chinin* gestoßen, welches man schon damals zur Bekämpfung des Malaria-Fiebers verwendet hat. Er entschließt sich daher, dieses Medikament an sich selbst zu erproben und nimmt es während mehrerer Tage ein. Er stellt fest, daß es bei ihm alle Symptome des Wechselfiebers hervorruft - genau wie bei der Malaria - obgleich man doch die Chinarinde verwendete, um das Wechselfieber zu behandeln. HAHNEMANN schließt daraus, daß die Heilwirkung des Chinins zur Behandlung des Wechselfiebers auf der Fähigkeit beruht, beim gesunden Menschen eine ähnliche fieberartige Reaktion hervorzurufen.

Diese Beobachtung wird zum Grundstein der neuen HAHNEMANN'schen Therapie und führt ihn schließlich zur Formulierung des Ähnlichkeitsgesetzes:

Organon § 26: *"Eine schwächere dynamische Affection wird im lebenden Organismus von einer stärkern dauerhaft ausgelöscht, wenn diese (der Art nach von ihr abweichend) jener sehr ähnlich in ihrer Äußerung ist."*

Das Ähnlichkeitsgesetz setzt voraus:
a) daß eine Krankheit die individuelle Ausprägung der physischen und psychischen Symptome bei dem jeweiligen Patienten bedeutet: die **Regel der Individualisierung des Patienten** *(Krankheitsbild)*
b) daß eine Substanz gefunden werden muß, welche experimentell (bei der Arzneimittelprüfung) eine ähnliche Symptomatik hervorruft, wie sie der Patient zeigt: die **Regel der Individualisierung der Arznei** *(Arzneimittelbild).*

Dieses Verhältnis der Ähnlichkeit zwischen der Ausprägung der individuellen Symptome bei dem jeweiligen Patienten einerseits und der Symptomatologie bei der Prüfung eines bestimmten Arzneimittels andererseits, wird daher zum Prinzip der Auswahl des jeweiligen geeigneten Arzneimittels. Als Kriterium der Auswahl eines homöopathischen Arzneimittels gilt somit der Ähnlichkeitsgrad zwischen dem Krankheits- und dem Arzneimittelbild. Daraus folgt, möglichst das *Simillimum* zu finden, d.h. jene Substanz, deren Symptomatologie mit der des Patienten ideal übereinstimmt.

Krankheit ist nach Hahnemann Ausdruck einer Entgleisung der *dynamischen Lebenskraft,* der Vitalkraft. Diese Störung des Gleichgewichts der Vitalkraft drückt sich im ganzen Individuum aus, sowohl in der somatischen als auch in der psychischen Sphäre: jeder Patient macht seine eigene Krankheit durch. Die individuelle Ausprägung der Krankheit wird durch die *Konstitution* (franz. *Terrain*) geprägt, d.h. von der Persönlichkeit des Patienten, also der Summe aus Erbanlagen, früheren Krankheiten, Erziehung, Lebensweise, Umwelt.

Bei der Suche nach dem *Simillimum* muß daher stets die Gesamtheit der Symptome berücksichtigt werden. Nehmen wir ein Beispiel:

> Schnupfen und Konjunktivitis sind charakteristische Symptome der infektiösen Rhinotracheitis und allen Katzen gemeinsam, welche davon betroffen sind. Verbesserung des Zustandes durch Wärme, das Suchen von Gesellschaft, die Ablehnung jeder Berührung, Steigerung des Appetits bei Fieber u.a. sind dagegen individuelle Symptome.
> Zwischen einer Katze, die einen gelben, nicht reizenden Ausfluß zeigt, deren Zustand sich an der frischen Luft bessert, die sich aber weigert zu trinken, und einer anderen, die sich weigert ins Freie zu gehen, die nahe der Heizung bleibt, deren Zunge ulzeriert ist und die Wasser in kleinen Mengen trinkt, besteht ein offensichtlicher Unterschied, obwohl die klinische Diagnose die gleiche ist (s. auch Kapitel 26).

Um das am besten geeignete Arzneimittel auszuwählen, wird der homöopathische Tierarzt daher, entsprechend dem Ähnlichkeitsprinzip, eine Liste erstellen und die Symptome bezüglich ihrer individuellen Besonderheit bewerten.

Die Arzneimittelprüfung am Gesunden

Durch die systematische Prüfung verschiedener Substanzen an sich selbst und an anderen gesunden Personen stellte Hahnemann fest, daß die regelmäßige Einnahme kleiner Mengen einer Arznei beim gesunden Individuum stets die gleichen, für diese bestimmte Substanz charakteristischen Symptome im physischen und psychischen Bereich hervorrief (vgl. Kapitel 4).

Die Gesamtheit dieser experimentell hervorgerufenen Symptome einer bestimmten Substanz stellt das *Arzneimittelbild* der entsprechenden Substanz dar. Die homöopathische *Materia Medica* ist eine Sammlung der im Experiment beim Gesunden geprüften Arzneimittel und der daraus resultierenden Symptomenbilder (franz. *Pathogenesie).*

Nehmen wir als Beispiel *Belladonna* (Gift der Tollkirsche):

a) **Belladonna in kleinsten Mengen** (*) **verabreicht**:
- intensive zerebrale Kongestion
- Kopfschmerzen
- Rötung des Gesichtes
- heißer Kopf, kalte Extremitäten
- Abgeschlagenheit
- trockener Mund
- Überempfindlichkeit auf Lärm und auf Licht
- kein Fieber, aber fiebriges Aussehen

= *Verschreibung für "Fieber"*

b) **Belladonna in etwas größerer** (*) **Dosierung**:
- zunehmende Mundtrockenheit
- Schluckbeschwerden

= *Verschreibung für "Angina"*

c) **Belladonna in einer Dosierung** (*) **nahe der Toxizität**:
- Übelkeit, Erbrechen
- Hautrötung, welche an Scharlach erinnert

= *Verschreibung für "Scharlach"*

(*) Arzneimittelprüfungen wurden ursprünglich mittels in der damaligen Medizin auch sonst verwendeten Ursubstanzen durchgeführt, die jedoch in sehr kleinen Mengen verabreicht wurden (vgl. Kapitel 2, S. 25). Natürlich wurden auch mit der Wirkung verschiedener Dosierungen Erfahrungen gesammelt. Im Jahre 1801 erschien in HUFELAND's Journal der Artikel *'Über die Kraft kleiner Gaben der Arzneien und der Belladonna insbesondere'* (vgl. Kapitel 10, S. 91). Die besondere Wirkung verdünnter bzw. potenzierter Arzneien wurde von HAHNEMANN erst später entdeckt. Die Anweisung, Arzneimittelprüfungen in der C 30 durchzuführen (vgl. Kapitel 4, S. 36), wird erstmals im Organon 5. Aufl. von 1833 festgehalten (§ 128, siehe S. 33).

Die potenzierte Arzneidosis (vgl. Kapitel 5, S. 42)

Durch verschiedene Beobachtungen und Erfahrungen erkannte HAHNEMANN auch, daß die Verabreichung eines Medikamentes in hoher Verdünnung nicht die gleichen Wirkungen zeigte wie in der Ursubstanz. Außerdem machte er die Erfahrung, daß man nach Verdünnen der Arzneien unliebsame Verschlimmerungen vermeiden konnte, die unangenehm oder sogar gefährlich sein können. Aus dieser Verfeinerung der Dosierung und der speziellen Zubereitung der Arzneien, der sogenannten *Potenzierung,* entstand schließlich die der Homöopathie eigene Dosierungslehre, die nach dem Gleichheitsgesetz ein weiterer Grundstein der Homöopathie ist:

Organon § 128 : *"Die neuern und neuesten Erfahrungen haben gelehrt, daß die Arzneisubstanzen in ihrem rohen Zustande ... lange nicht so den vollen Reichthum der in ihnen verborgen liegenden Kräfte äußern, als wenn sie in hohen Verdünnungen durch gehöriges Reiben und Schütteln potenziert eingenommen werden ... "*

Organon § 25 (abgeändert): *"Eine Substanz, welche in ihrer Einwirkung auf gesunde menschliche Körper die meisten Symptome in Ähnlichkeit zu erzeugen imstande ist, kann, in potenzierten und verkleinerten Gaben verabreicht, diese Symptome bei einem kranken Individuum heilen."*

Zusammenfassung

Der homöopathische Tierarzt wird bemüht sein, seinen Patienten in seiner Gesamtheit, als Ganzes zu behandeln. Das Symptom wird für ihn Ausdruck einer heilsamen Abwehrreaktion des Organismus; es gilt, dieses Symptom zu achten und zu bewerten, aber nicht von vorneherein zu bekämpfen. Anders gesagt: die Homöopathie hat zum Ziel, die Abwehrkraft des Organismus zu stärken, den Organismus widerstandsfähig gegen die Krankheit zu machen.

Die Auswahl des Arzneimittels hat nicht in erster Linie nach den Symptomen der Krankheit (klassische Semiologie; *pathognomonisch),* sondern vor allem nach den individuellen Besonderheiten, nach den persönlichen und eigenheitlichen Symptomen des Kranken zu erfolgen, damit eine Ähnlichkeit im homöopathischen Sinne gegeben ist.

In potenzierter Form verabreicht wird das homöopathische *Heilmittel* imstande sein, eine Krankheit auf sanfte Art, jedoch sicher, prompt und dauerhaft zu heilen, vorausgesetzt, der Patient ist noch in der Lage, angeregt durch den Impuls des homöopathischen Heilmittels und dank seiner Vitalkraft das Gleichgewicht wieder herzustellen.

Der homöopathische Tierarzt muß daher vor allem ein guter Kliniker sein, und nicht nach dem Namen einer Krankheit *(klinische Diagnose)* behandeln und verschreiben, sondern nach der Art, wie der jeweilige Kranke seine individuelle Krankheit durchmacht. Nicht zuletzt hat HAHNEMANN ja gesagt: "Es gibt keine Krankheiten, es gibt nur Kranke."

Nachtrag: Was ist das "Organon"? (Ulrike Schnurrenberger)

Das*'Organon der Heilkunst'*, meist kurz *Organon* genannt, ist das Hauptwerk von Samuel HAHNEMANN. Es ist das bedeutungsvollste Werk HAHNEMANNs neben der *'Reinen Arzneimittellehre'* und den *'Chronischen Krankheiten'*. Organon heißt auf griechisch "Werkzeug". Dieses Buch ist also ein Werkbuch oder eine Arbeitsanleitung, wie die Homöopathie ausgeübt werden sollte. HAHNEMANN setzt sich darin zunächst kritisch mit der medizinischen Lehrmeinung und den Heilergebnissen seiner Zeit auseinander und veranschaulicht dann sein neues, revolutionäres medizinisches Konzept, die Homöopathie. Den theoretischen Grundlagen folgen genaue Anweisungen zur praktischen Anwendung der Homöopathie.

HAHNEMANN hat zeit seines Lebens an der Vervollkommnung dieses Werkes gearbeitet. Im Jahre 1833 erschien die 5. Auflage; die 6. und letzte Auflage aus dem Jahre 1842 konnte erst lange nach seinem Tod 1921 herausgebracht werden. Der Originaltext ist wegen der altertümlichen Sprache für manchen schwer lesbar. Die Ausgabe von HOCHSTETTER (Haug Verlag) gibt den Inhalt des *Organon* sinngemäß wieder, aber entspricht in den Formulierungen moderner Ausdrucksweise. Ich ziehe den Originaltext jedoch vor, wie er in der von Richard HAEHL 1921 herausgegeben Ausgabe (Hippokrates-Verlag) oder in der Ausgabe des Barthel & Barthel Verlages *(Organon original)* vorliegt, weil er an und für sich doch gut verständlich und unverfälscht von sprachlichen "Verbesserungen" ist; denn eine Anpassung an die moderne medizinische Sprache ist nicht unproblematisch.

Literatur

Cours d'homéopathie vétérinaire au Centre d'Etudes S.Hahnemann, Condom, France 1981-1982.

Cours d'homéopathie du Dr. R. CASEZ, Genève 1983-1985.

Cahiers du Groupement Hahnemannien du Dr. P. SCHMIDT, Médecine et Hygiène, Genève. 10 cahiers / an.

HAHNEMANN, S. (1842): Organon der Heilkunst. 6. Aufl. / herausgegeben von Richard Haehl. Stuttgart, Hippokrates-Verlag, 1982.

KÖHLER, G.: Lehrbuch der Homöopathie, Hippokrates-Verlag, 1983.

4 Die Arzneimittelprüfung

Marc Bär

Geschichte der Arzneimittelprüfung

Der berühmte Selbstversuch HAHNEMANNS mit der damals als Arznei verwendeten *Chinarinde* ist die eigentlich erste homöopathische Arzneimittelprüfung (AMP). HAHNEMANN weilte als junger Arzt in Rumänien. Ein großes gesundheitliches Problem bildete dort zur damaligen Zeit die Malaria. Die Arznei, die man damals dagegen brauchte, war die Chinarinde. HAHNEMANN wunderte sich weshalb und konnte einzig in Erfahrung bringen, daß Chinarinde magenstärkende Eigenschaften habe. Er fragte sich, weshalb man nicht auch andere magenstärkende Arzneien brauchte und beschloß, obwohl er nicht an Malaria litt, selber täglich zweimal sechs Gramm Chinarinde zu sich zu nehmen. Als Folge der Toxizität von Chinarinde bekam er ähnliche Symptome wie die Leute, die an Wechselfieber litten. Deshalb kam er auf den Gedanken, *Ähnliches mit Ähnlichem* heilen zu können. HAHNEMANN machte später mit seinen Schülern und sich selber noch etwa hundert Selbstversuche. Die Ergebnisse dieser Arzneimittelprüfungen sind in der *'Reinen Arzneimittellehre'* und den vier Materia Medica-Bänden der *'Chronischen Krankheiten'* niedergeschrieben. Arzneimittelprüfungen wurden und werden noch immer durchgeführt. Vor einigen Jahren wurde z.B. in Großbritannien ein neues, tiefgreifendes Mittel geprüft: *Skorpion.* Und in Deutschland müssen Anwärter für das Diplom als homöopathischer Arzt eine AMP mitgemacht haben.

Aufgabe der Arzneimittelprüfung

Da wir in der Homöopathie Ähnliches mit Ähnlichem heilen, müssen wir neben den Symptomen des/r Kranken natürlich wissen, welche Symptome auf der anderen Seite, nämlich auf Seiten der Arzneimittel auftreten. Wir brauchen spezifische Informationen, wie die Arzneien wirken. Zu diesem Zweck besteht die AMP. Da HAHNEMANN die Homöopathie theoretisch und praktisch entwickelte, mußte er eine Methode zur Durchführung der AMP schaffen, und zwar eine objektiv überprüfbare Methode, um die Wirkungen der Arzneien wiederholbar feststellen zu können. Ohne eine zuverlässige Kenntnis der Wirkungen hätte er auch niemals nach dem Ähnlichkeitsprinzip heilen können. Es ist wichtig, sich dies bewußt zu machen. So leuchtet ein, daß HAHNEMANNS Prüfungsergebnisse auch heute noch von Gültigkeit sind und daß die Kritik, er sei nach bald zweihundert Jahren doch längst überholt, an der Sache vorbei geht. Es sei nochmals gesagt: Arzneimittelprüfungen dienen dazu, die Wirkungen der Arzneien zu erforschen; sie sind die Grundlage der *Materia Medica* und ein Fundament der Homöopathie.

Durchführung einer Arzneimittelprüfung

Die Anweisungen HAHNEMANNS zur AMP haben immer noch Gültigkeit. Da wir bei den Versuchen immer die gleichen Regeln anwenden sollten, richten wir uns bei der Durchführung einer AMP nach dem *Organon.* In den Paragraphen 121-141 stehen die detaillierten Anweisungen.

Das Problem jeder AMP - was natürlich auch für die Arzneiversuche in der modernen Pharmakologie gilt - ist, daß man vom Gedanken des Tier- und Menschenschutzes aus keine Versuche anstellen sollte, ohne sich die ethische Seite zu überlegen. *Grobtoxikologische* Versuche (z.B. die LD 50 Tests) haben unter Umständen Todesfolgen oder bringen irreversible Schäden mit sich. HAHNEMANN machte sich darüber schon damals Gedanken und wollte, unter anderem dieser Problematik wegen, keine Versuche mit groben Dosen anstellen.

In der Prüfung von Arzneien in allopathisch-therapeutischen oder sogar toxischen Dosen kann man die Wirkung des zu prüfenden Stoffes im homöopathischen Sinne auch nicht genügend spezifisch charakterisieren. Die Reaktion auf die Gabe verläuft oft so schnell, daß meist nur die Symptome bemerkbar sind, die von massiven Organschädigungen herrühren. Feinere Reaktionen und leichtere Befindensveränderungen, die mit einer solch schweren Störung einhergehen, werden kaum mehr wahrgenommen. Es leuchtet ein, daß jeder Reiz, der auf den lebenden Organismus einwirkt, von diesem eine Reaktion abverlangt.

Im Organon erwähnt HAHNEMANN die zwei Begriffe *Erstwirkung* und *Nachwirkung* oder *Gegenwirkung* (vgl. Kapitel 5). In der Homöopathie bringt uns vor allem die Beobachtung der Erstwirkung die nötigen Informationen. Da im Experiment mit grobtoxischen Dosen die Abfolge: Erstwirkung des Arzneistoffes → Nachwirkung des Organismus - so schnell verläuft, daß eine Unterscheidung unmöglich ist, also was der Arznei und was der Reaktion des Körpers auf die Arznei entspricht, mußte eine verfeinerte Methode zur AMP gefunden werden.

HAHNEMANN sagt uns, wir sollen die Arzneimittelprüfung in der C 30 (Potenzen, vgl. Kapitel 10) durchführen. Um mit einer einzigen Gabe Symptome hervorzubringen, braucht man allerdings sehr sensible Prüfer.

> Man gibt also solange täglich eine C 30, bis Symptome bemerkt werden. Meist ist dies nach ungefähr sechs Gaben der Fall.

Treten Symptome auf, muß mit weiteren Einnahmen ausgesetzt werden, denn viele Mittel wirken lange Zeit und können in einer solchen "Überdosierung" Schäden verursachen. Es ist sehr wichtig, daß die festgestellten Symptome ganz präzis wiedergegeben werden. Nur so haben wir für die Therapie dann die brauchbaren Eigenschaften der Arzneien aufgezeichnet. HAHNEMANN sagt uns, daß man Prüfungen nur bei solchen Personen durchführen sollte, die auch fähig sind, die auftretenden Symptome präzis und zuverlässig zu notieren. Die Symptome werden im *Kopf-zu-Fuß-Schema* aufgezeichnet (so wie auch das Repertorium von KENT aufgebaut ist, vgl. Kapitel 6). Der Prüfer muß während dieser Zeit alle Aufmerksamkeit auf sich richten können und darf deshalb während des Versuchs nicht einem körperlichen oder psychischen Streß ausgesetzt sein. Natürlich darf er in dieser Zeit keine anderen Arzneien einnehmen. Auch die Nahrungsmittel sollten so sein, daß nichts Arzneiliches zu sich genommen wird (Kamille, Kaffee, etc.). Der Prüfer muß gesund sein; eine Krankheit verhindert das genaue Beobachten der Prüfungs-Symptome. Nur diejenigen Symptome, die nicht schon unmittelbar vor der Prüfung dagewesen sind, dürfen notiert werden. Wichtig ist auch, daß sowohl das weibliche wie auch das männliche Geschlecht geprüft werden, um diesbezügliche Besonderheiten eruieren zu können.

Um sogenannte *Modalitäten* (vgl. Kapitel 12, S. 100) feststellen zu können, muß man darauf achten, wie sich die Symptome unter gewissen Bedingungen (z.B. frische Luft, Liegen auf der rechten Seite, etc.) verändern.

Da wir für die Therapie auf diese AMP angewiesen sind, müssen die zu prüfenden Stoffe in Bezug auf ihre Qualität und Herkunft genaustens standardisiert werden (z.B. Wurzeln einer Pflanze zur Zeit ihrer Vollblüte). Nur so haben wir es sowohl in der AMP als auch in der Therapie mit denselben Stoffen zu tun. Eine etwas abweichende Zubereitung kann eine Änderung der Symptome und damit eine Unstimmigkeit zwischen AMP und therapeutischer Anwendung mit sich bringen.

Folgerungen

1. Da wir Arzneimittelprüfungen nur mit genau definierten Einzelsubstanzen durchführen, ist es klar, daß auch in der homöopathischen Therapie mit Einzelsubstanzen gearbeitet werden sollte. Gemische von Mitteln oder die gleichzeitige Einnahme von mehreren verschiedenen Arzneien sind nicht dasselbe wie die Verabreichung einer Einzelsubstanz. Denn Gemische oder *Komplexmittel* sind nicht in einer eigenen AMP geprüft worden.

2. Da nach wenigen Gaben bereits Symptome einer AMP auftreten können, sei davor gewarnt, in der Therapie häufige Dosen zu verabreichen. Ob es

nun D- oder C-Potenzen (vgl. Kapitel 10) sind, wir riskieren bei einem "Zuviel" das Auftreten von Arzneisymptomen. Die Folge davon ist eine *Arzneimittelkrankheit,* die ein Patient zusätzlich zu seinem natürlichen Leiden nun wirklich nicht auch noch braucht.

Anmerkungen (Andreas Schmidt)

1. Natürlich reagieren nicht *alle* Prüfer in gleicher Weise auf die Arznei (vgl. Organon §§ 116, 129). Einige Symptome treten gehäuft auf, viele nur einmal. Deshalb sind mehrere AMP's mit möglichst vielen Teilnehmern durchzuführen, ehe die Wirkungen einer Substanz auf den Menschen hinreichend bekannt sind. *"Der Inbegriff aller Krankheitselemente, die eine Arznei zu erzeugen vermag, wird erst durch vielfache, an vielen dazu tauglichen, verschiedenartigen Körpern von Personen beiderlei Geschlechts angestellte Beobachtungen der Vollständigkeit nahe gebracht"* (Organon, § 135), denn *" die ganze krankheitserregende Wirksamkeit der einzelnen Arzneien muß bekannt sein, ... ehe man hoffen kann, für die meisten natürlichen Krankheiten treffend homöopathische Heilmittel unter ihnen finden und auswählen zu können"* (Organon, § 106). Kent wies darauf hin, daß kein Medikament als ausgeprüft gelten kann, solange wir nicht Symptome von allen Körperregionen und -organen besitzen. Gründlich geprüfte Mittel werden *Polychreste* genannt. Die Gesamtheit der beobachteten Symptome wird als *Arzneimittelbild* der betreffenden Substanz bezeichnet. Die *Materia medica* der Homöopathie ist das gesamte Wissen über die verwendeten Arzneien.

> Wenn durch die Anwendung einer Arznei am Patienten ein aus den Prüfungen bekanntes Symptom geheilt wird, gilt dieses als bestätigt. Gelegentlich verschwindet unter der Behandlung darüber hinaus ein Symptom, das bis dahin von diesem Mittel nicht bekannt war. Man kann in einem solchen Fall annehmen, daß dieses Symptom auch zum Arzneimittelbild gehört, besonders wenn dies wiederholt beobachtet wurde. Durch die klinische Anwendung wird unser Wissen über die Heilmittel also einerseits bestätigt, andererseits aber auch ergänzt und verfeinert.

In den einzelnen Arzneimittellehren finden wir deshalb sowohl Symptome aus Arzneimittelprüfungen als auch solche, die sich aus der Praxis ergeben haben. Gelegentlich spricht man auch von *reinen* und von *synthetischen* Arzneimittellehren und meint damit solche, die nur Prüfsymptome bzw. Prüfsymptome und klinisch bestätigte Symptome enthalten.

2. Mit dem Wort Arzneimittelprüfung klingt in unseren Gedanken so etwas an wie "Experiment" und "Pharmakologie". Das Besondere an der Arzneimittelprüfung der Homöopathie gegenüber dem *pharmakologischen* Experiment liegt, um es auf einen kurzen Nenner zu bringen, in der unterschiedlichen Fragestellung: auch wenn die moderne Toxikologie Symptome erhebt und beschreibt, so zielt ihre eigentliche Frage auf die Kausalursache, auf die einzelnen, die Symptome hervorrufenden pathologischen Veränderungen. Bei der Arzneimittelprüfung jedoch steht im Mittelpunkt des Interesses die *Gesamtheit* der Symptome in ihrer eigentümlichen Ausprägung, also das *Gesamtbild.* Die Frage richtet sich nicht auf die Ursache-Wirkung-Beziehungen, sondern vielmehr auf die *Analogie*-Beziehung zwischen dem Arzneimittelbild und der entsprechenden natürlichen Krankheit.

3. Wie erwähnt, sind Tierversuche für die Homöopathie untauglich, denn "*was sie [die Arzneien] Tieren eingeben, in diesen für Veränderungen erregen, lehrt bloß, was sie in diesen, jedes besonderer Natur gemäß, zu verändern vermögen, nicht aber, was sie auf den ganz verschieden organisierten und mit einem sehr abweichenden Geistes- und Empfindungsvermögen ausgestatteten Menschen wirken würden*" (HAHNEMANN, Reine Arzneimittellehre).

Umgekehrt sind wir aber in der Tiermedizin gerade auf die beim Menschen erprobten Arzneimittelbilder angewiesen, obwohl bereits HAHNEMANN Arzneimittelprüfungen bei Tieren angeregt hatte:

"*Ihm [dem erfahrenen Lehrer für die Tierarzneischulen] steht ein Versuchsstall zu Gebote mit gesunden Tieren, an welchen er die wirksamsten einfachen Arzneien unter den Augen seiner Lehrlinge auf Probe setzt, um zuerst ausfindig zu machen, welche Krankheitssymptome das gegebene Arzneimittel an mehreren dieser Tiere hervorbringt, welche besondere Art von Fieber und welche bemerkbare Veränderung es erzeugt, welches Feuer in den Augen liegt und welche innere Gefühle sie damit ausdrücken, wie die Erweiterung der Pupillen beschaffen ist, wie die Lage der Ohren, des Schweifes, wie die Stellung oder Lage des ganzen Körpers, wie die Bewegung der einzelnen Teile, das Atmen, die Feuchtigkeit der Nase oder des Mundes, die Ausleerung des Kotes und Urins, die Temperatur der einzelnen Teile, die Haut nebst ihrer Bedeckung, der Mut und die Laune des Tieres verändert wird, welche Nahrungsmittel es verschmäht oder begehrt, wie es sich gegen alle Außendinge benimmt, auf welche Weise es Schmerz in diesem oder jenem Teile anzeigt. Wenn nun alle die Krankheitssymptome, die jede der kräftigsten Arzneien erzeugt, genau bei allen den vorhandenen Tieren beobachtet und aufgezeichnet worden sind, so entsteht eine auf Natur und Erfahrung (nicht auf Behauptung und trügliche Mutmaßung) gegründete Materia medica, ein Arzneivorrat einfacher Mittel, von deren jedem man bestimmt weiß, welches seine wahren positiven Arzneiwirkungen sind*" (zit. nach WOLFF).

Dieser Weg - die Prüfung der Arzneien beim gesunden Tier - ist bis heute höchstens in Ansätzen beschritten worden. Vielmehr hat sich in der Praxis durchgesetzt, die Arzneimittelbilder des Menschen auf das Tier zu übertragen. Durchgesetzt hat sich dieses Vorgehen v.a. auch deshalb, weil diese Übertragung tatsächlich möglich ist und einfacher erscheint als eine erneute und mühsame Prüfung aller Arzneien bei den verschiedenen Tierarten. Denn, wie erwähnt, sind auch beim Menschen einerseits erst klinisch bestätigte Symptome wirklich brauchbare Symptome, und andererseits kommen aus der klinischen Anwendung neue Symptome hinzu, welche von der AMP her noch nicht bekannt waren. In der Tiermedizin arbeitet man also mit Symptomen, die vom Menschen her bekannt sind und auf das Tier übertragen werden oder mit solchen, die bei der klinischen Anwendung beim Tier bestätigt worden sind. Eine systematische Verifikation der Symptome, wie sie beim Menschen Grundlage z.B. für das Repertorium von KENT ist, steht in der Tiermedizin aber noch aus (siehe S. 218: Eine *Materia Medica Homoeopathica Veterinaria* soll in absehbarer Zeit in deutscher Sprache herauskommen).

Literatur

HAHNEMANN, S. (1842): Organon original. Bartel & Barthel, Berg am Starnberger See, 1985.

KÜNZLI, J.: J.T.Kents Vorlesungen über Hahnemanns Organon. Zur Theorie der Homöopathie. Verlag Grundlagen und Praxis, Leer/Ostfriesland, 1985.

MEILI, W.: Grundkurs in Klassischer Homöopathie. Johannes Sonntag, Regensburg, 1989.

WOLFF, H.G.: Hahnemann über die Homöopathie bei Haustieren. In: Homöopathie für Tierärzte, Bd. 1, Hrsg: Wolter, H., 2. Aufl., Schlütersche, Hannover, 1980.

5 Wirkungsweise homöopathischer Arzneien - Homöopathische Verschlimmerung

Andreas Schmidt

Natürliche Krankheit / Arznei-Krankheit

Während in der modernen Medizin der Mechanismus der Arzneiwirkung als Summe der Elementarvorgänge auf biochemischer und physikalischer Ebene (FORTH et al.) gedeutet wird, meint der *Mechanismus der Heilung* im homöopathischen Sinne (KÜNZLI) eine grundsätzlich andere Wirklichkeit; er beruht auf dem Ähnlichkeitsgesetz und damit auf einer Deutung der Wirkung vom ganzen Erscheinungsbild her. Im Organon (§§ 26, 29) lautet die Beschreibung dieses Mechanismus folgendermaßen: *"Dies [die Heilung von Krankheiten durch Arzneien, die ihnen an ähnlichen Symptomen möglichst nahe kommen] beruht auf jenem zwar hie und da geahnten, aber bisher nicht anerkannten, aller wahren Heilung zu Grunde liegenden homöopathischen Naturgesetz: Eine schwächere dynamische Affection wird im lebenden Organismus von einer stärkern dauerhaft ausgelöscht, wenn diese jener sehr ähnlich in ihrer Äußerung ist"*. Und: *"Indem eine ... Krankheit in einer besonderen, krankhaften, dynamischen Verstimmung unserer Lebenskraft (Lebensprincip) in Gefühlen und Thätigkeiten besteht, so wird bei homöopathischer Heilung dieses, von natürlicher Krankheit verstimmte Lebensprincip, durch Eingabe einer, genau nach Symptomen-Ähnlichkeit gewählten Arznei, von einer etwas stärkern, ähnlichen, künstlichen Krankheits-Affection ergriffen ..."* und ausgelöscht.

Erstwirkung / Gegenwirkung

Mit einer homöopathischen Arznei bewirken wir also im Organismus eine künstliche Arzneikrankheit, die, wenn sie etwas stärker und der natürlichen Krankheit sehr ähnlich ist, letztere überstimmt, wodurch sich eine *Heilung* anbahnen kann. Dies äußert sich nicht einfach in einem allmählichen Verschwinden der Krankheitssymptome, sondern die Heilung bedeutet, namentlich bei chronischen Krankheiten, das Ingangkommen eines Prozesses, bei dem die Entwicklung der Symptome einen bestimmten Verlauf nimmt (vgl. Kapitel 20 und 21). Oft ist im Zusammenhang mit der Wirkung homöopathischer Arzneien auch von der *Erstwirkung* und der *Nachwirkung* die Rede. Wie wir in einer kurzen Gegenüberstellung sehen werden, wird dieses Thema in der Literatur widersprüchlich abgehandelt. Dies hat damit zu tun, daß schon zu Lebzeiten HAHNEMANNS eine Richtung der Homöopathie (die *kritisch-wissenschaftliche* oder *klinische)* dessen Vorstellungen (v.a. das Spätwerk) als überholt betrachtete und sich den modernen Konzeptionen von Arzneiwirkung auf chemisch-physikalischer Grundlage zuwandte.

Nun zuerst zu Paragraph 63 des Organon: *"Jede auf das Leben einwirkende Potenz, jede Arznei, stimmt die Lebenskraft mehr oder weniger um, und erregt eine gewisse Befindens-Veränderung im Menschen auf längere oder kürzere Zeit. Man nennt sie mit dem Namen:* Erstwirkung. *Sie gehört, obgleich ein Product aus Arznei- und Lebenskraft, doch mehr der einwirkenden Potenz an. Dieser Einwirkung bestrebt sich unsere Lebenskraft ihre Energie entgegen zu setzen. Diese Rückwirkung gehört unserer Lebens-Erhaltungs-Kraft an und ist eine automatische Thätigkeit derselben,* Nachwirkung *oder* Gegenwirkung *genannt".*

Die Arzneikraft (vgl. Kapitel 10, S. 90)

Für HAHNEMANNS phänomenologische Denkweise bedeutet die *Erstwirkung* die direkte Auswirkung der Kraft einer Arznei, im lebenden Organismus gewisse Befindens-Veränderungen hervorzurufen. Die *Nachwirkung* bedeutet eine Gegenreaktion des Organismus, welcher das Bestreben hat, nach dieser von außen (durch die Arznei) in ihm bewirkten Veränderung sein Gleichgewicht wieder zu erlangen (Heilreaktion). Bei verdünnten (= potenzierten) Arzneien (im Organon ist oft von "ganz kleinen homöopathischen Gaben" die Rede) sind diese Wirkungen (Erstverschlimmerung) viel milder. Diese Entdeckung hat zu den bekannten Arznei-Verdünnungen geführt. Andererseits kann, besonders bei chronischen Krankheiten, oft erst durch Hochpotenzen eine Reaktion ausgelöst werden. Aufgrund dieser Beobachtung kommt HAHNEMANN zur festen Ansicht, daß die Arznei-Potenzierung eine *wahre Aufschließung der verborgen gelegenen specifischen Arzneikraft* bedeutet (Anm. zu § 269). NASH führt in seiner Arzneimittellehre zahlreiche Beispiele an, wo erst nach Verabreichung von Hochpotenzen eine Wirkung eintrat. Und KENT widmet der Frage, daß bei stockender Heilung nach Verabreichung einer höheren Potenz oftmals wieder eine Wirkung zu sehen ist, ein ganzes Kapitel (vgl. KENT'sche Skala, Kapitel 21).

Klassische Homöopathie / Klinische Homöopathie

STIEGELE, ein Vertreter der klinischen Homöopathie in Deutschland in der ersten Hälfte dieses Jahrhunderts, schreibt zu diesem "Verdünnungswahnsinn" folgendes: *"Wer außer oberflächlichen Schlagwörtern über die Homöopathie auch noch etwas über ihre geschichtliche Entwicklung kennt, weiß, daß eine naturwissenschaftlich-ärztliche Gegnerschaft gegen Hahnemann in seinen eigenen Reihen bei aller Anerkennung seiner überragenden Persönlichkeit aufgestanden ist. Sie hat sich innerhalb dieser therapeutischen Bewegung durchgesetzt".* Für Deutschland ist das wahrscheinlich zutreffend.

Immerhin stellt STIEGELE fest, daß diese klinische Richtung HAHNEMANN nicht mehr gefolgt ist. Er spricht ganz klar aus (das macht sein Buch lesenswert), warum das Spätwerk HAHNEMANNS ihm Mühe bereitet, wo er sein Werk anerkennt, und wo die Zäsur und Abgrenzung gemacht wird. Er stellt fest, daß sich die Paragraphen 269 ff im Organon 6. Aufl. von 1842 deutlich von allen früheren Ausgaben unterscheiden. Die Anm. 203 *("die verborgen gelegenen specifischen Arzneikräfte, die erst durch Reiben und Schütteln ihre volle Wirkung entfalten")* taucht erst in dieser letzten Ausgabe von 1842 auf. STIEGELE merkt an, daß "diese Stelle wohl den letzten Willen des großen Arztes darstellt. Sie schließt also mit einer endgültigen Fassung seiner Arzneiwirkungslehre, die damals wie heute in schroffstem Gegensatz zur allgemeinen naturwissenschaftlichen Erkenntnis steht".

Die verschiedenen Richtungen in der Homöopathie

	Klinische (kritisch-wissenschaftliche) Homöopathie	Klassische Homöopathie (Spätwerk Hahnemanns)
Arzneimittelwahl	nach den klinischen Hauptsymptomen pathognomonisch, typisch organotrop	nach den für den Kliniker nebensächlichen Symptomen: sonderlich, eigenheitlich charakteristisch
Dosierung	Verabreichung über längere Zeit (Tiefpotenzen)	eine einzige Dosis (Hochpotenz)
Verlauf	Besserung der organischen Symptome (der klinischen Hauptsymptome)	zuerst Besserung des Allgemeinbefindens, die Organsymptome verschwinden erst allmählich
Chronische Krankheiten	ohne dauernde Mittelgabe Verschlechterung	dauerhafte Wiederherstellung der Gesundheit (Ordnung)

Warum ist diese Gegenüberstellung wichtig? Wenn wir uns in der Literatur zurechtfinden wollen, sind solche grundsätzlichen Überlegungen eine unentbehrliche Hilfe. Zu gleichen Themen finden wir oft so widersprüchliche Aussagen. WOLTER übernimmt in seinem Buch *'Klinische Homöopathie in der Veterinärmedizin'* gewisse Vorstellungen von STIEGELE, ohne auf seine Thesen jedoch näher einzugehen. Eine wirkliche Auseinandersetzung mit HAHNEMANNS Organon fehlt. Dessen Schriften werden nur lückenhaft zitiert, dann, wenn eine bestimmte Meinung bestätigt werden soll. Im Bestreben, die Homöopathie der *Schulmedizin* anzugleichen, wird aus der klinischen Richtung die toxikologische Betrachtungsweise übernommen mit dem Interesse an den (chemischen) Arzneiwirkungen auf Organe und Zellen. Von der Vorstellung einer *Lebenserhaltungskraft,* die sich nicht primär an den Vorgängen in Zellen und Organen manifestiert, sondern sich in der ganzen

Erscheinungsvielfalt (Krankheits**bild**, Arzneimittel**bild**) zeigt, fehlt jede Spur; sie entspricht ja nicht den Vorstellungen der modernen Medizin. Ein Ausweg wird dadurch gesucht, daß im Zusammenhang mit den Arzneimittelbildern von "feintoxikologischen" Wirkungen die Rede ist: das Ganze wird als Summe feinster (chemischer) Teilwirkungen gedeutet, während HAHNEMANN umgekehrt dem Erscheinungsbild primär eine Veränderung der Lebenskraft zugrunde legt: die Organmanifestationen sind aus klassischer Sicht erst (sekundäre) Äußerungen der (primären) unsichtbaren Verstimmung.

Die homöopathische Verschlimmerung

Erstverschlimmerung

Wie entscheidend solche grundsätzlichen Überlegungen das klinische Denken und Handeln beeinflussen, zeigt sich bei der Besprechung der *homöopathischen Verschlimmerung* (Begriff so im Organon), die oft in der Literatur auch als *Erstverschlimmerung* bezeichnet wird. WOLTER erklärt diese folgendermaßen: *"Sie tritt auf, wenn zwar das Arzneimittel nach dem Simileprinzip gewählt, aber die Potenz für den vorliegenden Krankheitsfall entweder zu hoch oder zu niedrig ist. Das Bild der Krankheit deckt sich wohl mit dem Mittelbild der Arznei, aber der Reiz, der durch das Medikament dem Organismus gegeben wird, ist noch nicht in die für diesen Fall therapeutische Phase eingetreten. Er unterstützt das pathologische Geschehen, anstatt die regenerierenden Kräfte für die Abwehr zu stärken. Der Reiz auf den Organismus muß also verändert werden, damit er therapeutisch wirken kann"*. Als Erklärung werden verschiedene Dosis-Wirkungskurven (WOLTER, S. 16; STIEGELE, S. 50ff), die im Prinzip mit den Vorstellungen der naturwissenschaftlichen Pharmakologie arbeiten, ins Feld geführt: die Wirkungen werden auf ihre quantifizierbaren Befunde meßbarer Stoffwechselparameter reduziert, also nach dem in der Schulmedizin üblichen Schema der *Befund*-Erhebung.

Befund (objektive Messung) / **Befinden** (subjektive Bewertung)

Die Erstverschlimmerung (WOLTER) bedeutet die im Prinzip meßbare Verstärkung eines Symptoms, die dadurch zustande kommt, daß die Arznei, die je nach Dosierung eine hemmende oder fördernde Wirkung des bestimmten Symptoms hat, nicht genau dem Krankheitsfall angepaßt ist. Die Wirkung ist eine momentane, eine symptomatische, eine punktuelle. Demgegenüber ist bei HAHNEMANN immer wieder von den *Befindens*-Veränderungen (nicht meßbar) die Rede, von der künstlichen Arzneikrankheit, die den *gesamten* Organismus affiziert (nicht einzelne meßbare Parameter!) und einen Heilprozeß auslöst mit einem ganz bestimmten Symptomenverlauf.

Homöopathische Verschlimmerung

Organon, § 157: *"... ein homöopathisch gewähltes Heilmittel ... pflegt gleich nach der Einnahme eine Art kleine Verschlimmerung zu bewirken, welche so viel Ähnlichkeit mit der ursprünglichen Krankheit hat, daß sie dem Kranken eine Verschlimmerung seines eigenen Übels zu seyn scheint. Sie ist aber in der That nichts anderes, als eine, das ursprüngliche Übel etwas an Stärke übersteigende, höchst ähnliche Arzneikrankheit"*. Und jetzt kommt der wichtige Unterschied in der Bedeutung dieses Phänomens (Organon, § 158): *"Diese kleine* homöopathische Verschlimmerung, *in den ersten Stunden - eine sehr gute Vorbedeutung, daß die acute Krankheit meist von der ersten Gabe beendigt sein wird - ist nicht selten, da die Arzneikrankheit natürlich um etwas stärker sein muß als das zu heilende Übel, wenn sie letztere überstimmen und auslöschen soll"*. Demgegenüber kommt unter dem Begriff der *Erstverschlimmerung* zum Ausdruck (dies haben wir während unserer ganzen schulmedizinischen Ausbildung in uns aufgenommen), daß stärker ausgeprägte Symptome auch gleich schon eine Verschlimmerung der Krankheit bedeuten. Wir sollten den Begriff der Erstverschlimmerung (er hat sich nun zwar eingebürgert) eigentlich vergessen und uns eher an den der *homöopathischen Verschlimmerung* halten. Diese hat im Gegenteil eine sehr gute Vorbedeutung und ist oft zur Anbahnung der Genesung notwendig.

Erstverschlimmerung (WOLTER ; STIEGELE)	**Homöopathische Verschlimmerung** *(Organon, §§ 157 ff)*
negativ	sehr gute Vorbedeutung
unerwünscht	oft zur Anbahnung der Genesung notwendig
Verstärkung der Krankheit	Verstärkung der charakteristischen Symptome, doch der Kranke sagt: es geht mir schon besser

Die homöopathische Verschlimmerung, so wie HAHNEMANN und KENT dieses Kapitel lehren, bedeutet eine Verstärkung der charakteristischen Symptome, aber das Allgemeinbefinden ist schon besser. Es kommt also nicht auf irgend ein meßbares Einzelsymptom, sondern auf die *Gesamtheit der Symptome* an, und das Allgemeinbefinden (das *subjektive* Befinden) ist dabei von großer Bedeutung. Trotz größerer Schmerzen kann der Patient wieder schlafen, oder man kann Erbrechen und Durchfall beobachten, wenn die Ordnung im Organismus wieder hergestellt werden soll, offenbar ein Prozeß des Reinemachens, wie KENT bemerkt. KENT nennt in seiner Vorlesung eine ganze Reihe solcher günstiger Reaktionen, weist aber auch darauf hin, wie gefährlich es für den Patienten werden kann, wenn namentlich bei Vorliegen von fortgeschrittenen Gewebsveränderungen die Reaktion zu ungestüm verläuft (vgl. Kapitel 21). Es sei sehr diffizil dieses Kapitel zu lehren. Da, wo man z.B. eine leichte Verschlimmerung der Symptome kurz nach der Arzneigabe sieht, soll man keine weiteren Arzneigaben folgen lassen. In Fällen, wo nicht die mindeste Verschlimmerung auftritt, zeige dies oft, daß das gewählte Mittel zu wenig tief greife. Auch die Konstitution spiele eine Rolle, weil ein kräftiger Patient eben anders reagiere als ein schwächlicher. Und mit *Konstitution* meint KENT ganz einfach das, was die allgemeine Pathologie als die Summe aller positiven und negativen Dispositionen definiert. [Das hat nichts zu tun mit den Konstitutionstypen aus der klinischen Schule, die übrigens um 1920 zuerst in der Schulmedizin im Zusammenhang mit der Embryologie und der Genetik eine gewisse Rolle spielten (BEUCHELT)].

Beim Tier ist die Beurteilung der homöopathischen Verschlimmerung oft schwieriger, weil dieses seine subjektiven Symptome ja nicht mitteilen kann und man nur indirekt aus seinem Verhalten auf das Befinden schließen kann. Bei gewissen Krankheitsbildern (mit Unruhe oder erschöpfenden Prozessen) können wir oft eine Beruhigung oder einen längerdauernden Schlaf als Ausdruck des besseren Allgemeinbefindens beobachten.

Ergänzende Bemerkungen (Ulrike Schnurrenberger)

Mir scheint, dieses Kapitel ist äußerst wichtig für die homöopathische Praxis. Wenn die erste Gabe des homöopathischen Arzneimittels gegeben worden ist, beginnt die Beobachtung des Patienten. Erst eine sorgfältige Beobachtung ermöglicht es dem Tierarzt, zu beurteilen, ob er das richtige, d.h. das heilende Mittel gewählt hat und welche Prognose die Krankheit hat (s. auch Kapitel 21).

Dazu ein Zitat aus dem Buch von E. WRIGHT-HUBBARD ('Kurzlehrgang der Homöopathie'): *"Der Arzt muß in der Lage sein zu entscheiden, ob das verabreichte Arzneimittel überhaupt wirkt, und wenn, ob die Wirkung gut ist und welche Prognose zu erwarten ist. Er muß die Wirkungsdauer seiner Arzneimittel bei jedem individuellen Fall zu bestimmen in der Lage sein - kurz gesagt, wenn er seine Reise zur Heilung begonnen hat, muß er sicher sein, daß er im richtigen Zug sitzt, und daß er weiß, wann und wo er umsteigen muß. ... Der erste Anhaltspunkt ist die Verschlimmerung."*

Ich bitte die Tierhalter in der Regel, ihre Beobachtungen - bei akuten wie auch bei chronischen Krankheiten - kurz schriftlich festzuhalten, gegebenenfalls ein kurzes Tagebuch zu führen. Ist das gewählte Arzneimittel das *Simillimum,* so können wir entweder eine rasche, kurze und heftige Verschlimmerung der Krankheitssymptome bei gebessertem Allgemeinbefinden des Patienten beobachten, auf die eine rasche Besserung des Patienten erfolgt. *"Diese Art ist die wünschenswerteste, und ist ein*

Zeichen dafür, daß die Besserung lang anhalten wird und daß die strukturellen Veränderungen nicht die lebenswichtigen Organe betreffen" (E. WRIGHT-HUBBARD).

Wichtig ist dabei, daß sich der Patient im ganzen besser fühlt (der Tierpatient ist z.B. nicht mehr so unruhig oder ängstlich und zeigt wieder Appetit), obwohl die *lokalen* Krankheitssymptome vorübergehend stärker sind (z.B. eitern Drüsen vermehrt oder ein Durchfall kann schlimmer werden) oder das Fieber nochmals steigt. In der konventionellen Medizin werden solche Verschlimmerungen meist als negativ gewertet, in der Homöopathie ist eine Verschlimmerung der für die Krankheit typischen Symptome ein positives Zeichen! - In anderen Fällen beobachten wir praktisch keine erkennbare Verschlimmerung und dennoch erholt sich der Patient anhaltend. *"Das ist ideal und ein Zeichen dafür, daß keine schwere organische Erkrankung vorliegt und daß die gewählte Potenz dem Fall genau entsprach, vor allem, wenn die Symptome während der Besserung in ihrem Verlauf dem Hering'schen Gesetz folgen..."* (E. WRIGHT-HUBBARD). Bei akuten Krankheiten sieht man selten starke Verschlimmerungen, außer bei schweren, kritischen Krankheitszuständen oder bei Vorhandensein von schweren Gewebsschädigungen. Hier ist besondere Vorsicht geboten. (HERING'sches Gesetz, s. Kapitel 20).

Literatur

BEUCHELT, H.: Konstitutions- und Reaktionstypen in der Medizin mit Berücksichtigung ihrer therapeutischen Auswertbarkeit in Wort und Bild. 6., verb. Aufl., Karl F. Haug Verlag, Heidelberg, 1980.

FORTH, W., HENSCHLER, D., RUMMEL, W. [Hrsg.]: Allgemeine und spezielle Pharmakologie und Toxikologie. 2. Aufl., Bibliographisches Institut, Mannheim, Wien, Zürich, 1977.

HAHNEMANN, S. (1842): Organon der Heilkunst. 6. Aufl. / herausgegeben von Richard Haehl. Hippokrates-Verlag, Stuttgart, 1982.

KÜNZLI, J.: J.T. Kents Vorlesungen über Hahnemanns Organon. Zur Theorie der Homöopathie. Verlag Grundlagen und Praxis, Leer/Ostfriesland, 1973.

NASH, E.B.: Leitsymptome in der Homöopathischen Therapie. 11. Aufl., Karl F. Haug Verlag, Heidelberg, 1982.

STIEGELE, A.: Homöopathische Arzneimittellehre. Unveränd. Nachdr. d. Ausg. 1949, Hippokrates-Verlag, Stuttgart, 1981.

WOLTER, H.: Klinische Homöopathie in der Veterinärmedizin. Karl F. Haug Verlag, Ulm, 1954.

WRIGHT-HUBBARD, E.: Kurzlehrgang der Homöopathie. Verlag Barthel & Barthel, Berg am Starnberger See, 1983.

6 Materia Medica und Literatur zur Homöopathie

Hartmut Krüger

Grundlagen

Wer sich der harten Arbeit des Studiums der Materia Medica unterzieht, sollte zuvor wissen, zu welchem Zweck und Ziel er dies tut. Er sollte wissen, wozu ihn später diese Kenntnis befähigt und wo die Grenzen der Methode liegen. Die unverzichtbare Vorbedingung für ein erfolgreiches Studium der Materia Medica ist also eine sichere Kenntnis der Grundlagen und der Theorie der Homöopathie.

Werden Grundlagen und Theorie beherrscht, so entfallen schlagartig alle scheinbaren Widersprüche, und es entfällt gleichzeitig das Gefühl, sich auf einen unwissenschaftlichen, mystifizierenden Weg zu begeben. Die Homöopathie ist von ihren Grundlagen und ihrer Theorie her kristallklar, lehr- und lernbar und zutiefst wissenschaftlich, ehrlich und konsequent. Verfälschungen und Fehldeutungen dieser klaren Grundlagen finden sich weniger bei Gegnern als vielmehr bei Anhängern der Homöopathie und in der homöopathischen Literatur. Daher ist während des weiteren Studiums eine ständige Wiederholung der Grundlagen und Theorie notwendig.

Folgende Werke sind geeignet, Grundlagen und Theorie zu vermitteln, wobei man vorteilhaft in der angegebenen Reihenfolge vorgeht, und natürlich beim Studium die folgenden und die bereits gelesenen Werke zum Vergleich heranzieht:

E. WRIGHT-HUBBARD:	Kurzlehrgang der Homöopathie
G. KÖHLER:	Lehrbuch der Homöopathie Bd. 1
J.T. KENT:	Zur Theorie der Homöopathie
S. HAHNEMANN:	Organon der Heilkunst

Zur Auflockerung zwischendurch:

J. Compton BURNETT:	Homoeopathic Treatment, or 50 Reasons for Being a Homoeopath

Einen besonderen Platz verdient das 1986 erschienene Buch (es ist ein Lehrbuch für Ärzte aus der *heutigen* Zeit, das in 10 Sprachen übersetzt wurde):

Georgos VITHOULKAS:	Die Wissenschaftliche Homöopathie

Materia medica

Auch "lernen" will gelernt sein und braucht Methode. Wer kann mehrere hundert oder gar mehrere tausend Arzneimittel kennen, deren jedes wieder aus hunderten oder tausenden von Prüfungssymptomen besteht? Diese Aufgabe ist nur zu bewältigen, wenn man weiß, daß man "exponentiell" lernen kann, da einem die gründliche Kenntnis des ersten Mittels bereits den Zugang zu mindestens zwei weiteren Mitteln erschließt. Studiert man dann eines von diesen, so hat man automatisch wiederum Zugang zu einigen anderen Mitteln und so fort.

Constantin HERING nennt diese Lernmethode die "diagnostische"; wohl ebenso wegen ihrer Eigenschaft, dem Studierenden die Materia Medica durchsichtig zu machen wie nach dem angenehmen und wichtigen Nebeneffekt, daß man so von Anfang an gleich die Differential-Diagnose zwischen nahe verwandten Mitteln lernt.

C. HERING: Über das Studium der homöopathischen Materia Medica

"Neulinge, wenn sie nur die Mittel ansehen, meinen, es sei nicht möglich mit so vielen Symptomen eines einzigen bekannt zu werden, ähnlich einem vom Lande, der in die große Stadt kommt, und verwundert ist, wie die Leute sich so flink zurecht finden können, weil doch so viele Häuser da drinnen sind. Und doch findet sich dieser selbst in kurzer Zeit zurecht. Wie dies zugeht müssen wir beachten, es könnte einiges helfen beim Studium der Mittel. Bekanntlich weiß einer, der in sehr vielen großen Städten war, in einer neuen sich viel eher zurecht zu finden, als andere Fremde, ohne daß doch die großen Städte viel Ähnlichkeit hätten. Er muß sich unbewußt eine Methodik gebildet haben, nach der er in jeder neuen Stadt sich schnell orientieren lernt. So haben viele Homöopathiker auch eine Methodik im Mittelstudium unbewußt befolgt. Unsere Aufgabe ist es, uns dessen bewußt zu werden.

Die Methode beim Studium der ganzen Arzneimittellehre besteht darin, daß man einige Mittel sehr sorgfältig sich einprägt, und dann die nächst verwandten; und so fort fährt und die anderen immer vergleichend den ersten anfügt. Daher habe ich diese Methode eine "diagnostische" genannt. Hat man eine oder mehrere Familien nahe verwandter Mittel so bearbeitet, dann lassen sich die übrigen zunehmend leichter anreihen. Hat man einige Jahre auf diese Weise mit anhaltendem Fleiße gearbeitet, so kann man dann jedes neue Mittel nach einmaligem Lesen schon brauchen; beim einmaligen, aufmerksamen Lesen, prägt sich durch die unbewußte Vergleichung schon so viel ein, daß man bei vorkommenden entsprechenden Krankheitsfällen sehr leicht sich daran erinnert. Wer dies kann, wird auch nicht klagen über zu viele ungeprüfte Mittel, über zu wenige Symptome derselben, während er wohl gar zu gleicher Zeit wieder über die zu vielen Symptome anderer Mittel sich beklagt; es mögen noch so viele Symptome sein, er wird das Mittel zu beherrschen wissen; es mögen noch so wenige sein, er wird es verstehen, dieselben zu benutzen. Wem es aber an einer gehörigen Grundlage fehlt, dem sind alle Vermehrungen der Arzneimittellehre eine unangenehme Last; er zeigt durch seine Unzufriedenheit, daß er das Alte noch nicht beherrschen kann."

Wichtig bei diesem unbewußt-vergleichenden Lernen ist, daß sich ins Gedächtnis ungestört die "eigentümlichen Charakterzüge" (C. HERING) eines Mittels und seine "fest umrissene Persönlichkeit" (E. WRIGHT-HUBBARD) einsenken kann. Dabei habe man keine Angst davor, beim Studium des ersten Mittels bereits zwei andere erwähnt zu finden und mit ihm verglichen zu sehen! Dies ist nur scheinbar eine unzumutbare Belastung. Tatsächlich beginnen sich hier die ersten Grundsteine der breiten Basis unserer Arzneimittelkenntnis zu formieren. Keine Angst vor vergleichenden Bemerkungen, denn: "das Gedächtnis behält nichts, was ihm nicht in Verbindung gegeben worden ist" (C. HERING). HERING warnt sogar davor, jedes Mittel getrennt für sich von A-Z zu studieren, da dies zwangsläufig zum Auswendiglernen führe. Auswendiglernen beschränkt sich aber auf die Hauptzeichen der Mittel. Und "sich mit den sogenannten Hauptzeichen bekannt zu machen, ... ist der kürzeste Weg zur Praxis, aber auch der beste zu bleibender Mittelmäßigkeit" (C. HERING).

Hier, im Vorfeld der späteren eigenen Arbeit, entscheidet es sich, ob wir Vorurteile um uns auftürmen, oder ob wir offen bleiben für die Ambivalenz und dieVielseitigkeit der Mittel. Man hüte sich davor, Mittel im Gedächtnis z.B. als *Leber*-Mittel, *Herz*-Mittel oder *Frauen*-Mittel zu verankern!

Grundsätzlich ist	vorteilhaft	weniger vorteilhaft
	die kontemplative assoziative holistische pars-pro-toto -Lernmethode	die kaptative tabellarische analytische pars + pars + pars + ... -Lernmethode
Ferner ist	vorteilhaft	weniger vorteilhaft
	die Arzneimittelbilder wie ein ZEICHNER darzustellen (Skizze: Darstellung des Wichtigen)	die Arzneimittelbilder wie ein PHOTOGRAPH darzustellen (Einzelheiten: oft unwichtig, störend)

E. Wright-Hubbard: *Kurzlehrgang der Homöopathie*

"Das Wichtigste beim Studium eines Arzneimittels ist es, ein Gefühl dafür zu bekommen. Das Wesen der Homöopathie besteht in der Individualisation und darin, daß jedes gut geprüfte Medikament eine ganz fest umrissene Persönlichkeit hat; deshalb muß der Anfänger mit den verschiedenen Arzneimitteln der Materia medica vertraut werden als seien sie seine Freunde. Er muß in der Lage sein, sie aus Teilaspekten zu erkennen, selbst wenn er das ganze Arzneimittelbild nicht sieht, so wie er auch einen guten Bekannten innerhalb einer Gruppe am andern Ende des Raumes erkennen würde. Meister der Homöopathie sind so durchdrungen von den Arzneimittelbildern, daß sie die Wahl oft intuitiv treffen können; obwohl das für einen Anfänger gefährlich ist, sollte es doch das letzte Ziel sein."

Lehrbücher der homöopathischen Materia medica: Arzneimittellehren und Repertorien

In den AM-Lehren sind die einzelnen Mittel aufgeführt in alphabetischer oder anderer Reihenfolge, wobei unter jedem Mittel alle Zeichen und Symptome stehen, die von diesem Mittel in einer Prüfung am Gesunden provoziert, oder im Einsatz am Kranken beobachtet und geheilt worden sind. In den Repertorien sind die einzelnen Zeichen und Symptome in alphabetischer oder anderer Reihenfolge aufgeführt und geordnet, wobei unter jedem Symptom alle diejenigen Arzneimittel stehen, die dieses Symptom in ihren AM-Prüfungen am Gesunden provoziert oder im therapeutischen Einsatz am Kranken geheilt haben.

Arzneimittellehren

Vom Inhalt her gibt es *reine, synthetische* und *klinische* AM-Lehren. Die reinen AM-Lehren enthalten ausschließlich die in Prüfungen am Gesunden gewonnenen Zeichen und Symptome. Die synthetischen AM-Lehren enthalten darüberhinaus auch Beobachtungen, die aus dem therapeutischen Einsatz des Mittels stammen. Die klinischen AM-Lehren enthalten Hinweise auf die schwerpunktmäßige Wirksamkeit der Mittel im Hinblick auf klinische Diagnosen und definierte pathologische Zustände sowie sogenannte *bewährte Indikationen.*

Von der Form her gibt es *deskriptive* und *tabellarische* AM-Lehren, sowie Mischformen aus beiden. Die deskriptiven bieten den Vorteil der contemplativen, assoziativ-vergleichenden Lernmethode (Hering). Die tabellarischen sind übersichtlicher und ermöglichen ein schnelles Nachschlagen. Sie sind meist nach dem *Geist-Gemüt-Kopf-zu-Fuß*-Schema innerhalb eines Arzneimittelkapitels geordnet.

Das Studium der ersten Mittel kann man vorteilhaft beginnen mit deskriptiv-synthetischen AM-Lehren. Auch späterhin kann man das Studium eines "neuen" Mittels stets zuerst mit der Lektüre des Mittelbildes in einer deskriptiv-synthetischen AM-Lehre beginnen, um einen Gesamteindruck von der Stellung dieses Mittels innerhalb der gesamten Materia Medica zu bekommen. Danach kann man weitere Einzelheiten in tabellarischen AM-Lehren nachschlagen.

Folgende *deskriptiven* und gleichzeitig *synthetischen* AM-Lehren sind auf jeden Fall empfehlenswert und ergänzen sich gegenseitig:

Kent, J.T.:	Arzneimittelbilder
Nash, E.B.:	Leitsymptome in der Homöopathischen Therapie
Farrington, E.A.:	Klinische Arzneimittellehre
Dunham, C.:	Lectures on Homoeopathic Materia Medica

Eine Sonderposition nimmt die AM-Lehre von Charette *(Homöopathische Arzneimittellehre für die Praxis)* ein, die zwar schon zu den Mischformen aus deskriptiv und tabellarisch gezählt werden muß, die jedoch eindeutig mehr deskriptive Züge aufweist, nicht zuletzt wegen der in ihr enthaltenen Fallschilderungen. Sie gehört an eine der vordersten Positionen!

Von den *deskriptiv-tabellarischen* Mischformen unter den AM-Lehren sind vor allem zu nennen:

Charette, G.:	der eben erwähnt wurde
Mezger, J.:	Gesichtete Arzneimittellehre in zwei Bänden
Stauffer, K.:	Klinische homöopathische Arzneimittellehre

Als Vertreter der *tabellarisch* gegliederten AM-Lehren wären empfehlenswert:

Boericke, W.:	Homöopathische Mittel und ihre Wirkungen
Allen, H.C.:	Leitsymptome wichtiger homöopathischer Arzneimittel der Materia Medica
Barthel, H.:	Charakteristika homöopathischer Arzneimittel
Hering, C.:	Kurzgefaßte Arzneimittellehre (Guiding Symptoms)
Clarke, J.H.:	Dictionary of Practical Materia Medica (dtsch: Der neue Clarke)
Lippe, A. zur:	Grundzüge und charakteristische Symptome der homöopathischen Materia Medica

Sicher wird es manchen verwundern, daß so wichtige Werke wie Hahnemanns *'Reine Arzneimittellehre'* oder der AM-Teil der *'Chronischen Krank-*

heiten' von HAHNEMANN nicht genannt wurden. Ebensowenig wie die für das Quellenstudium der Original-Prüfungssymptome so wichtige *'Enzyklopädie'* ALLENS, oder auch die große AM-Lehre von Otto LEESER mit ihren reichhaltigen, naturwissenschaftlichen Hintergründen, und andere mehr. Sie alle sind aus Gründen der Didaktik, der Praktikabilität, des Studienaufwands an Zeit und auch aus Gründen der beschränkten Umsetzbarkeit in veterinärmedizinischen Fragestellungen nicht in diesem eng gesteckten Rahmen zu nennen. Wir müssen auf diese Werke zu gegebener Zeit zurückkommen!

Repertorien

"Erst mit dem Repertorium läßt sich solide, wissenschaftlich einwandfreie Homöotherapie treiben. - Es ist doch eine Unmöglichkeit, auch nur von hundert Polychresten alle Symptome auswendig zu wissen, das Repertorium ist die unentbehrlichste Gedächtnisstütze. - Und last but not least lehrt uns das Repertorium ganz nebenbei eine unheimliche Menge Materia Medica. Das Materia Medica-Studium ist an und für sich, wie oft geklagt wird, eine reichlich trockene Sache. Es ist jedem Anfänger anzuraten, Materia Medica- und Repertoriumsstudium gleich zusammen anzufangen, es macht die Sache viel interessanter und zugleich zieht er daraus schon anfangs großen Nutzen. Materia Medica und Repertorium gehören diesbezüglich zusammen wie zwei Zwillinge." (KÜNZLI im Vorwort zur deutschen Übersetzung des KENT'schen Repertoriums).

Ein Original-Prüfungssymptom besteht meistens aus mehreren Teilen. Es ist ein zusammengesetztes oder *vollständiges Symptom.* So enthält das Symptom: *Kältegefühl, das den Rücken aufwärts zieht, im Freien auftritt und sich beim Hereinkommen verschlimmert* (Argentum nitricum) eine Empfindung, einen Ort, eine Erstreckung und zwei Modalitäten. In den Repertorien finden wir dieses Symptom mehr oder weniger stark zergliedert an verschiedenen Stellen wieder. Das BÖNNINGHAUSEN'sche System führt diese Zergliederung extrem durch. Das KENT'sche System geht bei der Zergliederung nicht ganz so weit und bemüht sich durch Einführung zahlreicher Unterrubriken um weitgehende Beibehaltung der ehemaligen "Vollständigkeit" eines Symptoms. Noch erfolgreicher ist die "Vollständigkeit" der Symptome gewahrt in dem Repertorium von KNERR, das auf der Basis von HERINGS *Guiding Symptoms* entstanden ist, und als Ergänzung zum KENT'schen Repertorium wärmstens empfohlen werden kann. Das Synthetische Repertorium von BARTHEL / KLUNKER entspricht bezüglich der Symptomengliederung in etwa dem KENT'schen Repertorium, es umfaßt jedoch nur die Gebiete "Geist-Gemüt", "Schlaf/Sexualität" und "Allgemeines".

KENTS Repertorium hat kürzlich eine Überarbeitung und Erweiterung erfahren durch Aufnahme von zusätzlichen Rubriken und Mittelangaben aus dem *Synthetischen Repertorium* von BARTHEL /KLUNKER sowie durch Nachträge und Hervorhebungen besonders wertvoller Rubriken und Mittelangaben aus dem persönlichen Erfahrungsschatz von KÜNZLI (siehe S. 133). Als *Kent's Repertorium Generale* löst es den alten "Kent" ab. Alle übrigen Überarbeitungen und Straffungen des KENT'schen Repertoriums sind nicht ohne Einschränkung zu empfehlen.

Literaturliste

e=englisch, f=französisch, d=deutsch

a) Grundlagen und Theorie

e,f,d	HAHNEMANN, S.:	Organon original - 6. Aufl., Barthel & Barthel, Berg am Starnberger See, 1985
e,d	WRIGHT-HUBBARD, E.:	Kurzlehrgang der Homöopathie. Barthel & Barthel, Berg am Starnberger See, 1983
e,d	KENT, J.T.:	Zur Theorie der Homöopathie (Lectures on Homoeopathic Philosophy) übersetzt von J. Künzli, Verlag Grundlagen und Praxis, Leer/Ostfriesland, 1973
e,d	KÖHLER, G.:	Lehrbuch der Homöopathie - Bd 1: Grundlagen und Anwendung. 6. Aufl., Hippokrates, Stuttgart, 1994
d	MEILI, W.:	Grundkurs in Klassischer Homöopathie. Joh. Sonntag, Regensburg, 1989
e,f,d	HAHNEMANN, S.:	Die Chronischen Krankheiten (Faksimileausgabe), Barthel & Barthel, Berg am Starnberger See, 1983
e,d	VITHOULKAS, G.:	Die wissenschaftliche Homöopathie - Theorie und Praxis (The Science of Homoeopathy), U. Burgdorf, Göttingen, 1986
e	BURNETT, J.C.:	Homoeopathic Treatment or Fifty Reasons for being a Homoeopath. B. Jain Publishers, New Delhi

b) Materia medica - Arzneimittellehren

e,d	KENT, J.T.:	Arzneimittelbilder (Lectures on Homoeopathic Materia Medica). Haug, Heidelberg, 1988
e,d	NASH, E.B.:	Leitsymptome in der Homöopathischen Therapie. 16. Aufl., Haug, Heidelberg, 1991
e,d	FARRINGTON, E.A.:	Klinische Arzneimittellehre (Clinical Materia Medica). 3. Aufl., U. Burgdorf, Göttingen, 1985

e	DUNHAM, C.:	Lectures on Homoeopathic Materia Medica. B. Jain Publishers, New Delhi
d	MEZGER, J.:	Gesichtete Homöopathische Arzneimittellehre (2 Bd.). 10. Aufl., Haug, Heidelberg, 1993
f,d	CHARETTE, G.:	Homöopathische Arzneimittellehre für die Praxis. &. Aufl., Hippokrates, Stuttgart, 1991
d	STAUFFER, K.:	Klinische Homöopathische Arzneimittellehre. 11. Aufl., Joh. Sonntag, Regensburg, 1993
d	GERD-WITTE, H.:	Kompendium der homöopathischen Arzneisymptome. 2. Aufl., Haug, Heidelberg, 1990
e,d	BOERICKE, W.:	Handbuch der homöopathische Materia Medica (Pocket Manual of Homoeopathic Materia Medica). Haug, Heidelberg, 1992
e,d	ALLEN, H.C.:	Leitsymptome wichtiger homöopathischer Arzneimittel der Materia Medica (Keynotes). 3. Aufl., Verlag Burgdorf, Göttingen, 1992
d	BARTHEL, H.:	Charakteristika homöopathischer Arzneimittel. Barthel & Barthel, Berg, 1984
d,f	LATHOUD, J.A.:	Materia Medica, 3 Bd.. Barthel & Barthel, Berg am Starnberger See, 1994
e,d	LIPPE, A. zur:	Grundzüge und Charakteristische Symptome der Homöopathischen Materia Medica. Burgdorf, Göttingen, 1992
e,d,f	JULIAN, O.A.:	Materia Medica der Nosoden. 7. Aufl., Haug, Heidelberg, 1991

c) Materia medica - Repertorien

e,f,d	KENT, J.T.:	Kent's Repertorium der homöopathischen Arzneimittel. Haug, Heidelberg Repertory of the homoeopathic Materia Medica. World Homoeopathic Links, New Delhi
e,d	KÜNZLI, J.:	Kent's Repertorium Generale. Barthel & Barthel Publishing Corp., Berg am Starnberger See, 1987
e	KNERR, C.B.:	Repertory of Hering's Guiding Symptoms of our Materia Medica. B. Jain Publishers, New Delhi
d	BÖNNINGHAUSEN, C.:	Therapeutisches Taschenbuch. Jungjohann, Neckarsulm, 1992
e,,f,d	BARTHEL / KLUNKER:	Synthetisches Repertorium. Haug, Heidelberg, 1973; Synthetic Repertory. B. Jain Publishers, New Delhi, 1990
e	WARD, J.W.:	Dictionary of Sensations "As If". B. Jain Publishers, New Delhi

d) Arzneimittellehren mit klinischem Repertorium

f,d	Gallavardin, J.P.:	Psyche und Homöopathie. 3. Aufl., Barthel & Barthel, Berg am Starnberger See, 1991
e	Tyler, M.:	Pointers to Common Remedies. B. Jain Publishers, New Delhi
e,d	Dewey, W.A.:	Homöopathie in der täglichen Praxis. 3. Aufl., Barthel & Barthel, Berg, 1992
e,d	Clarke, J.H.:	Clarke's Taschenbuch homöopathischer Verordnungen. Volksheilkunde, Bochum, 1981

e) Veterinärmedizinische Homöopathie (Anmerkung des Hrsg.)

Wie in Kapitel 4 (S. 39) erwähnt, ist in der Veterinärmedizin die Homöopathie noch keineswegs in gleich systematischer Weise erarbeitet und überprüft wie dies für die Humanmedizin z.B. im Kent'schen Repertorium als Ergebnis langjähriger Arbeit niedergelegt ist (s. auch S. 218: Eine *Materia Medica Homoeopathica Veterinaria* soll in absehbarer Zeit in deutscher Sprache herauskommen). Die folgende Aufzählung bedeutet eine Aufzählung von Berichten, die aus der tierärztlichen Praxis oder durch theoretische Auseinandersetzung mit der Homöopathie entstanden sind. Sie geben viele wertvolle Hinweise für die tierärztliche Praxis, ersetzen jedoch nicht das gründliche Studium der (klassischen) Homöopathie durch die zuvor erwähnten humanmedizinischen Werke. Die Arzneimittel sind meist im Sinne der klinischen Arzneimittellehren dargestellt, also im Hinblick auf klinische Diagnosen und definierte pathologische Zustände. Für die klassische Homöopathie interessiert aber vielmehr die charakteristische Symptomatik. Für das Studium der Mittel gilt es, sich dieser Problematik bewußt zu sein (vgl. Kapitel 8).

d	King, G.:	Veterinärhomöopathie. Schlütersche, Hannover, 1992
f	Quinquandon, H.:	Homéopathie vétérinaire, Biothérapies. Editions du Point Vétérinaire, 1983
	Del Francia, F.:	Omeopatia veterinaria - Principi e Terapia. Edizioni di red./Studio redazionale, Como
e,d	Day, Chr.:	The homoeopathic Treatment of small animals. C.W. Daniel Comp., Saffron-Walden Homöopathischer Ratgeber Heimtiere. BLV, München, 1992
d	Ferreol	Veterinär-Repertorium. Barthel & Barthel Publishing, New York, 1991
e,d	Mac Leod, G.:	A veterinary Materia Medica and Clinical Repertory. C.W. Daniel Comp., Saffron-Walden.
d	Rakow, B. u. M.:	Bewährte Indikationen der Homöopathie in der Veterinärmedizin. 2. Aufl., Joh. Sonntag, Stuttgart, 1995

d,e WOLFF, H.G.: Unsere Katze / Unsere Hunde - gesund durch Homöopathie. 6. / 10. Aufl., Sonntag, Stuttgart, 1994

d,e WOLTER, H.: Klinische Homöopathie in der Veterinärmedizin. 5. Aufl., Haug, Heidelberg, 1991

d WOLTER, H.: Homöopathie für Tierärzte, Bd. I-VII. Schlütersche, Hannover / Gilliar, Waghäusl, 1980-1983

f) Zeitschriften (Veterinärhomöopathie)

e,f Dynamis. *Int. Journal for Veterinary Homoeopathy, Ed. Similia, Paris*

d Zeitschrift f. Ganzheitliche Tiermedizin. *Haug, Heidelberg*

d Dtsch. Journal f. Homöopathie. *Barthel & Barthel, Berg am Starnberger See* (einzelne veterinärmedizinische Beiträge)

e Homoeopathic Links *(Int. Journal for Classical Homoeopathy). Bantigerstr. 37, CH-3006 Bern* (gelegentlich tiermedizinische Beiträge)

Anmerkung (Bettina Keller)

Wer sich Zeit nehmen kann und sich die Ratschläge von E. WRIGHT-HUBBARD zum Studium der Arzneimittel zu Herzen nimmt, ist mit dieser Bücherliste sehr gut beraten. Das gründliche Studium der Materia Medica ist immer noch wichtigste Voraussetzung für eine erfolgreiche homöopathische Tätigkeit. Für den täglichen Praxisgebrauch genügen mir einige wenige Bücher, die ich sehr oft konsultiere, der Rest der Bibliothek dient mir zum Nachschlagen bei diesem oder jenem Fall. Unentbehrlich sind mir das inzwischen fertiggestellte "Repertorium Generale" von KÜNZLI und das "Synthetische Repertorium" von BARTHEL-KLUNKER. Zur Differenzierung von Mitteln nach der Fallaufnahme lese ich in den Arzneimittelbüchern von PHATAK, KENT und CLARKE nach. Als Ergänzung zur Liste über die Theorie darf sicher SANKARANS "Spirit of Homoeopathy" nicht fehlen. Rajan SANKARAN hat sich in den letzten Jahren auch in Europa durch seine immer gut besuchten Seminare über die Kunst der Fallaufnahme, Wertung und Interpretation von Symptomen, Gebrauch des Repertoriums, einen Namen gemacht.

CLARKE, J.H.: Dictionary of practical Materia Medica. B. Jain Publishers, New Delhi, 1990.

HERING, C.: Über das Studium der homöopathischen Materia Medica. Deutsches Journal für Homöopathie 4/83, 253-263.

PHATAK, S.R.: Materia Medica of homoeopathic Medicines. B. Jain Publishers, New Delhi, 1991.

SANKARAN, R: The spirit of Homoeopathy. Rajan Sankaran, Bombay, 1991.

7 Heilmittel für akute fieberhafte Zustände

Ulrike Schnurrenberger

In der Homöopathie erlaubt die *klinische Diagnose* allein nicht, das Heilmittel zu wählen. Die Diagnose Bronchitis, Zystitis, Azetonämie oder Fieber z.B. reicht nicht aus, ein homöopathisches Medikament zu verschreiben. Dem Anfänger in der Homöopathie wird dies merkwürdig vorkommen. Durch unsere Ausbildung an der Universität haben wir uns so sehr daran gewöhnt, uns bei der Wahl der Therapie ganz auf die anatomisch-pathologische Diagnose zu stützen. So ist auch in der heutigen Medizin die Heilungsmöglichkeit in der Tat in großem Maße von der Sicherheit der Diagnose abhängig.

Der Homöopath aber muß sich von dieser Denkweise lösen. Sicher ist die Krankheitsdiagnose auch für ihn von Interesse. Mit ihrer Hilfe kann er den Verlauf der Krankheit einschätzen und eine Prognose stellen. Für die Wahl des heilenden Arzneimittels hat sie aber kaum eine Bedeutung. Ihn interessiert das pathologische Detail, die lokale Veränderung, nur am Rande. Die Auswirkung der Krankheit auf den gesamten Organismus steht für ihn im Vordergrund. Der Homöopath möchte die geschwächte Abwehrkraft des Organismus fördern und stärken und nicht einzelne störende Krankheitssymptome beseitigen. Durch den Reiz des homöopathischen Arzneimittels wird der kranke Körper also darin trainiert, mit der Krankheit selbst fertig zu werden.

Jeder Patient macht eine Krankheit auf eine ganz individuelle, ihm eigene Art und Weise durch. Der Homöopath beobachtet genau, wie der Organismus auf den krankmachenden Einfluß reagiert, und wählt danach die passende Arznei. Es gibt folglich kein allgemein anwendbares Mittel gegen Grippe, Schmerzen, Husten oder Fieber. Wenn ich Ihnen nun eine kleine Auswahl von Arzneimitteln vorstelle, die bei einem akuten, fieberhaften Zustand - der Name der Krankheit spielt hier keine Rolle - in Frage kommen könnten, so nur, um Ihnen an einem Beispiel zu zeigen, wie der Homöopath nach dem Ähnlichkeitsgesetz die Symptome des Mittels mit denen des Kranken in Beziehung setzt. Erst, wenn sich die Gesamtheit der Krankheitssymptome mit den Symptomen des Heilmittels decken, ist das Heilmittel voll wirksam.

Für die ersten drei Arzneimittel, die ich besprechen möchte - *Aconitum, Belladonna* und *Ferrum phosphoricum* - sind plötzlich auftretende, heftige Krankheitszustände typisch. Nun kann man aber nicht, wie in der Schulmedizin, entweder das eine oder das andere Mittel verschreiben. Man muß beim Patienten auch die anderen Symptome erforschen, besonders jene Symptome, durch die sich die Heilmittel voneinander unterscheiden.

Typ und Gemütsverfassung:

Der Kranke, der *Aconitum* benötigt, ist schrecklich unruhig und ängstlich. Besonders nachts kann er ganz unbegründete, unerklärliche Angstzustände haben. Beim Menschen kann das so weit gehen, daß er im akuten Krankheitsfall Todesängste entwickelt.

Belladonna-Patienten dagegen benehmen sich eher heftig und impulsiv. Sie leiden unter wilden Halluzinationen, schlagen, beißen um sich und sind gewalttätig. Dabei sind sie äußerst empfindlich: sie können leichte Berührung, Erschütterung, kalte Luft oder Geräusche kaum ertragen.

Beim *Ferrum phosphoricum*-Patienten handelt es sich nicht, wie bei *Aconitum* und *Belladonna,* um einen kräftigen, robusten Typ. Er ist schwächlich, blaß und sehr sensibel. Aus seiner Schwäche heraus ist er sensibel, gereizt und unruhig. Wir finden bei einem solchen Patienten niemals diese heftigen, "vulkanartig" ausbrechenden Symptome von *Aconitum* und *Belladonna.*

Typisch für *Aconitum* ist also die **Unruhe**. Es gehört mit *Arsen* und *Rhus toxicodendron* zu den "unruhigsten" Mitteln der Arzneimittellehre. Für *Belladonna* ist das **wilde Delirium** charakteristisch. Mit *Hyoscyamus* und *Stramonium* gehört es zu den führenden Deliriummitteln. Daneben wird es auch als **Kopfmittel** bezeichnet, weil alles Blut in den Kopf zu schießen scheint. Beim Menschen ist der Kopf folglich dunkelrot und heiß, während der übrige Körper eher kalt ist. Die Karotiden klopfen sichtbar. Die Gemütssymptome von *Ferrum phosphoricum* sind nicht so ausgesprochen.

Ursache, die die Krankheit ausgelöst hat (Causa):

Aconitum kommt dann typischerweise in Frage, wenn die Krankheit durch einen kalten Tag mit Nord- oder Ostwind, durch trockene Kälte also, entsteht, oder nachdem der Patient kalter Zugluft ausgesetzt war. Das Fieber tritt plötzlich, spätestens aber 1 Tag nach Einwirkung dieser Einflüsse auf.

Belladonna kommt eher dann in Frage, wenn der Patient rauher, trockener Kälte ausgesetzt war oder der Kopf naß und kalt geworden ist (typisch ist eine Erkältung nach dem Haareschneiden. Bei Schafen, Hunden und Pferden, die frisch geschoren wurden, einmal darauf achten!). Daneben sind Krankheitszustände, die sich bei schönem Wetter oder durch Sonneneinwirkung entwickelt haben, eher typischer für *Belladonna* als für *Aconitum.* Bei *Ferrum phosphoricum* kann auch kalte Luft der Auslöser der Krankheit sein.

Fiebersymptome

Bei *Aconitum* finden wir eine trockene Hitze verbunden mit starkem Durst nach großen Wassermengen. Die Haut ist rot und heiß, brennend. Das Fieber tritt abends auf oder ist abends und gegen Mitternacht am höchsten. Die ängstliche Unruhe dabei wurde schon beschrieben. *Belladonna* hat im Unterschied zu *Aconitum* während der Fieberhitze meist keinen Durst (normalerweise erwartet man in der Fieberhitze Durst). Das Blut schießt in den Kopf. Dieser ist dunkelrot, heiß und die Karotiden pulsieren und klopfen sichtbar. Der Körper dagegen ist kalt. Während oder nach der Hitze ist der Patient schweißgebadet. Der Fieberverlauf ist immer intermittierend mit steilen, unregelmäßigen Zacken. Das Fieber ist nachmittags am höchsten. Im heftigen Delirium sind die Augen glänzend rot und die Pupillen erweitert.

Das Fieber von *Ferrum phosphoricum* ähnelt wohl am ehesten dem von *Aconitum.* Die Unruhe und Angst sind nicht so ausgeprägt. Während im Froststadium Durst vorherrscht, kann er im trockenem Hitzestadium fehlen. Der Kranke ist blaß (beim Menschen ist eine Blässe mit roten Wangen typisch). Entsprechend der vorherrschenden Schwäche des Patienten ist der Puls schwach, weich und rasch, nicht voll und gespannt wie bei *Aconitum.* Bei der kleinsten Anstrengung geraten die Patienten in Atemnot, und die Krankheitszustände sind oft von gastrischen Störungen, von Übelkeit und Erbrechen, begleitet.

Bryonia, Gelsemium

Nun zu den Mitteln, welche ich bis jetzt unberücksichtigt gelassen habe, *Gelsemium* und *Bryonia.* Bei diesen Mitteln entwickeln sich die Krankheitszustände immer langsam. Der Patient, für den *Gelsemium* in Frage kommt, ist übernervös, erregbar und schwach. Er zittert vor Schwäche. Dieses Symptom ist so ausgeprägt, daß *Gelsemium* auch "Zittermittel" genannt wird. Die Schwäche erinnert uns an *Ferrum phosphoricum.* Der *Bryonia*-Patient dagegen hat an sich eine robuste, kräftige Konstitution (wie *Aconitum* und *Belladonna).* Beide, *Gelsemium* und *Bryonia,* sind apathisch, haben einen stumpfsinnigen Ausdruck und möchten in Ruhe gelassen werden. Der Kranke, der *Gelsemium* benötigt, ist träge, schläfrig und zittrig. Er ist vor Schwäche wie gelähmt: die Beine sind "wie Watte", die Augenlider sinken herab, die Zunge ist schwer und das Schlucken fällt ihm schwer. Der *Bryonia*-Patient dagegen ist sehr reizbar, ärgerlich und mürrisch und braust bei der geringsten Störung auf. Jede Bewegung oder Erschütterung verschlechtert den Zustand des Patienten und seine Schmerzen. Dies ist das auffälligste Symptom von *Bryonia* überhaupt. Starker Druck dagegen lindert die Schmerzen, weil dadurch Bewegung verhindert wird. Der Patient liegt daher auch gern auf der kranken, schmerzhaften Seite.

	ACONITUM napellus (Sturm- oder Eisenhut	Atropa BELLADONNA (Tollkirsche)	FERRUM PHOSPHORICUM (Eisenoxidphosphat)	GELSEMIUM sempervirens (wilder Jasmin)	BRYONIA alba (weiße Zaunrübe)
KRANKHEITSVERLAUF	PLÖTZLICH heftig, "Vulkan" → Sturmhut	PLÖTZLICH heftig, "Vulkan"	PLÖTZLICH	LANGSAM schleichend	LANGSAM
TYP KONSTITUTION GEMÜTSVERFASSUNG	junge, robuste, kräftige Konstitution (praktisch nie im Greisenalter indiziert) empfindlich auf Wetterwechsel äußerste UNRUHE mit schrecklicher, unerklärlicher ANGST, besonders nachts (TODESFURCHT)	robuste, kräftige Konstitution "Verstandesmenschen" WILDE DELIRIEN mit Schlagen, Beißen, Zähneknirschen GEWALTTÄTIG (Hyos., Stram.) ÜBEREMPFINDLICH gegen Berührung, Erschütterung, kalte Luft, Schmerz	schwächliche Konstitution, blaß Mangel an Widerstandskraft friert leicht nervöse Reizbarkeit sehr sensibel	erregbare, übernervöse, schwächliche Typen Zittern aus Schwäche STUMPFSINNIGER Ausdruck, träge, SCHLÄFRIG, apathisch Möchte allein gelassen werden ÜBERNERVÖS, "Lampenfieber" Angst nach Schreck	kräftige, robuste Konstitution eher mager STUMPFSINNIGER Ausdruck, leicht reizbar, ZORNIG, mürrisch Möchte in Ruhe gelassen werden Unruhe, doch Bewegung verschlechtert
CHARAKTERISTISCHES	UNRUHEMITTEL (Acon., Ars., Rhus-t.)	DELIRIUMMITTEL (Hyos., Stram.) "Kopfmittel"		ZITTERMITTEL	BEWEGUNG verschlechtert
AUSLÖSENDE URSACHE	1) Einwirkung TROCKENER KÄLTE (Nord- und Ostwinde, Zugluft) 2) Erkältung nach NASSEN FÜßEN 3) Folgen von SCHRECK, Furcht	1) rauhes, trockenes Wetter SCHÖNES Wetter, SONNENHITZE 2) Erkältung, nachdem der KOPF KÄLTE UND NÄSSE ausgesetzt war	KALTE LUFT	1) Einwirkung von FEUCHTWARMEM Wetter, NEBEL, FÖHN, im Sommer, Wechsel HEIß -> KALT 2) Folgen von Schreck, Erregung	1) WARMWETTEREINBRUCH, heißes Wetter, SOMMER, auch KÄLTE 2) Folgen von Ärger
FIEBERSYMPTOME	1) starkes Frösteln 2) trockene Hitze und GROßER DURST auf große Wassermengen Haut ROT, heiß, brennend <u>Fieberspitzen</u>: ABENDS, gegen Mitternacht <u>Puls</u>: voll, hart, schnell, gespannt	1) starkes Frösteln und Blässe 2) brennende HITZE, meist durstlos Kopf DUNKELROT (Blut schießt in den Kopf) HEIßE SCHWEIßE während/nach Hitze; rote, glänzende Augen, ERWEITERTE PUPILLEN <u>Fieberspitzen</u>: NACHMITTAGS <u>Puls</u>: KLOPFEND (Karotiden!), veränderlich INTERMITTIERENDES Fieber mit steilen Zacken	1) FRÖSTELN 2) TROCKENE HITZE mit/OHNE DURST ANÄMIE mit ROTEN WANGEN, ATEMNOT, GASTRISCHE BESCHWERDEN <u>Fieberspitzen</u>: NACHTS <u>Puls</u>: rasch, weich SCHWACH	DURSTLOSIGKEIT in Frost und Hitze GROßE SCHWÄCHE, ZITTERN 1) FRÖSTELN IN WELLEN 2) brennende HITZE und reichliche, erschöpfende Schweiße zum Schluß ERWEITERTE PUPILLEN (Bell.) <u>Fieberspitzen</u>: NACHMITTAGS (15 - 17 Uhr)	1) FRÖSTELN und DURST 2) TROCKENE HITZE und GROßER DURST nach kaltem Wasser, trinkt große Mengen in großen Abständen Reichliche, scharfriechende, warme SCHWEIßE <u>Fieberspitzen</u>: NACHMITTAGS (15 - 16 Uhr) oder ABENDS (ab 21 Uhr) <u>Puls</u>: schnell, HART, gespannt (Acon.)

Fortsetzung ...	ACONITUM	BELLADONNA	FERRUM PHOSPHORICUM	GELSEMIUM	BRYONIA
MODALITÄTEN a) Verschlimmerung	- trockene Kälte, besonders KALTER WIND (Ost-/Nordwind, Zugluft) - abends, NACHTS - durch WÄRME (warmer Raum, Zudecken, warmes Wetter) - durch Berührung - durch Geräusche	- RAUHES, TROCKENES Wetter - SCHÖNES Wetter, SONNENHITZE - NACHMITTAGS (15 Uhr) oder nach Mitternacht - durch Berührung - durch BEWEGUNG, ERSCHÜTTERUNG - durch Lärm	- KALTE LUFT - NACHTS - durch Berührung - durch BEWEGUNG, Erschütterung, ANSTRENGUNG	- FEUCHTWARMES Wetter, Nebel, Föhn, SOMMER, Wetterwechsel heiß -> kalt - NACHMITTAGS (15-17 Uhr) - durch ERREGUNG - durch HEIßE GETRÄNKE (Schluckstörungen)	- WÄRME, SOMMER, HITZE, warmer Raum, Zudecken - ABENDS (19 Uhr), NACHTS (ab 21 Uhr) - durch GERINGSTE BEWEGUNG, ERSCHÜTTERUNG
b) Besserung	- FRISCHE LUFT	- STEHEN - Schwitzen	- langsames GEHEN - WÄRME (ausgenommen Kopf- und Zahnschmerzen) - 4-6 Uhr morgens	- fortgesetzte BEWEGUNG - FRISCHE LUFT - SCHWITZEN - URINAUSSCHEIDUNG	durch absolute RUHE - durch STARKEN DRUCK - Liegen auf der SCHMERZHAFTEN SEITE - durch KÄLTE - Schwitzen
c) Seitenbeziehung	LINKS	RECHTS	RECHTS		

Während bei den bisher besprochenen Mitteln *(Aconitum, Belladonna, Ferrum phosphoricum)* die Krankheitszustände vorwiegend durch trockene Kälte ausgelöst werden, sind bei *Gelsemium* und *Bryonia* meist warme Witterungseinflüsse verantwortlich (bei *Gelsemium* eher feuchte Wärme, Föhn, Nebel). Aber auch Gemütserregungen wie plötzliche Erregung und Schreck *(Gelsemium* und *Aconitum)* oder Ärger *(Bryonia)* können die Krankheit auslösen.

Die Fiebersymptome von *Gelsemium* sind denen von *Belladonna* ähnlich. Wir finden auch hier die Durstlosigkeit, die heißen Schweiße, das intermittierende Fieber mit Fieberspitzen am Nachmittag und die erweiterten Pupillen (bei mangelndem Durst während des Fiebers muß man vor allem an *Apis, Gelsemium, Ferrum phosphoricum* und *Belladonna* denken). Der Verlauf des Fiebers ist aber niemals so stürmisch wie bei *Belladonna.* Der Patient ist im Gegenteil sehr erschöpft und zittert vor Schwäche. Durch Schwitzen oder Ausscheidung großer Urinmengen fühlt sich der Patient wohler.

Das Fieber von *Bryonia* kommt dem von *Belladonna* sehr nahe. Auch hier verlangt der Patient oft nach großen Mengen kalten Wassers; der Puls ist voll, hart und gespannt wie der von *Aconitum.* Abweichend von *Aconitum* können die Fieberspitzen auch am Nachmittag vorkommen (wie bei *Gelsemium),* und es können reichliche, warme, scharfriechende Schweiße auftreten (ebenfalls *Gelsemium).*

Praxisbeispiele (von Oskar Luder)

Aconitum-Fall

An einem Februartag abends um 19 Uhr ruft mich ein Bauer an, seine Kuh habe heute bei der Abendfütterung plötzlich mit Fressen aufgehört. Sie zeige eine verstärkte Atmung und habe eine Körpertemperatur von 39,5° C. Mein Besuch erfolgt um 21 Uhr. Die Körpertemperatur ist unterdessen auf 40,8 °C gestiegen. Die klinische Untersuchung ergibt einen pochenden Puls von 100 / Minute, eine erhöhte Atemfrequenz sowie ein verstärktes inspiratorisches Vesikuläratmen. Fremdkörperproben negativ, Pansentätigkeit leichtgradig herabgesetzt, Euter o.B. und Schalm-Test negativ. An diesem Nachmittag hatte um ca. 15 Uhr das Wetter rasch umgeschlagen und ein ziemlich starker Wind geweht. Die kranke Kuh stand direkt unter einem Kippfenster, und während der Untersuchung des Tieres zieht mir der Wind unangenehm in den Rücken. Diagnose: "Erkältung" (Atemwegserkrankung).

Bei der Untersuchung fallen mir folgende Symptome auf: die Kuh drängt sich trotz meiner Anwesenheit mehrmals zum Tränkebecken und trinkt in großen Zügen. Sie hat offensichtlich großen Durst. Sie zeigt einen ängstlichen Blick, ist unruhig und scheint mit sich selbst beschäftigt zu sein, denn sie nimmt kaum Notiz von ihrer Umgebung und wehrt sich auch nicht gegen die Untersuchung. Das Pulsieren der Jugularis ist deutlich sichtbar, die Skleral- und Konjunktivalgefäße sind stark injiziert. Das Tier schwitzt nicht. Sowohl das Verhalten der Kuh und die Lokalsymptome als auch das perakute Auftreten des Fiebers nach Luftzug (Causa) weisen auf *Aconitum* hin.
Therapie: *2 x 5 Globuli Aconitum C 30* im Abstand von ca. 1 Stunde.
Verlauf: Die Kuh frißt am nächsten Morgen mit Appetit, die Körpertemperatur ist auf 38,6° C gesunken und die Milchmenge ist normal.

Bryonia-Fall

Abends um 18.30 Uhr telefoniert ein Bauer wegen eines Kalbes mit Fieber. Es habe die Milch zwar heute abend noch getrunken, sei aber sehr apathisch. Das Kalb befindet sich zusammen mit anderen Kälbern in einem Freilaufstall. Beim Betreten des Stalles beginnen die anderen Kälber übermütig herumzurennen, nur das kranke Tier bleibt liegen. Es macht einen extrem kranken Eindruck. Es ist völlig apathisch und stützt den Kopf auf dem Boden auf. Nur mit Mühe gelingt es, das Kalb zum Aufstehen zu bewegen. Während der Untersuchung bleibt das Tier stehen; auch beim Fiebermessen muß es nicht festgehalten werden, es vermeidet jegliche Bewegung. Trotz dieses Zustandes hat es noch gut getrunken (Durst!).

Die klinische Untersuchung ergibt beidseitigen mukopurulenten Nasenausfluß, normale Puls- und Atemfrequenz und verstärktes in- und exspiratorisches Vesikulärat-

men. Die Körpertemperatur beträgt 40,5°C. Auffallend sind die schwachen Atemexkursionen. Dem Landwirt war bereits am Morgen aufgefallen, daß das Kalb weniger lebhaft war und häufig alleine in einer Ecke stand. Diagnose: akute Bronchitis.
Therapie: *5 Globuli Bryonia C 200* aufgrund folgender Symptome:

- will alleine gelassen werden
- Abneigung gegen Bewegung; diese verschlimmert (Atembewegungen)
- Durst bei Fieber
- auffallende Apathie
- langsamer Verlauf (bereits am Morgen etwas unwohl, am Abend schwer krank).

Verlauf: Das Kalb weist am nächsten Morgen eine Temperatur von 39,2°C auf, und der Allgemeinzustand ist wieder gut. Nach 2 Tagen hat man dem Kalb nichts mehr angemerkt.

Literatur

LATHOUD, J.-A.: Materia Medica. Barthel & Barthel, Berg am Starnbergersee, 1986.
NASH, E.B.: Leitsymptome in der Homöopathischen Therapie. 11. Aufl., Karl F. Haug Verlag, Heidelberg, 1981.
STAUFFER, K.: Klinische Homöopathische Arzneimittellehre. 11. Aufl., Verlag Joh. Sonntag, Stuttgart, 1993.

8 Das Studium dreier beispielhaft ausgewählter Arzneimittel

Andreas Schmidt

Wenn wir uns in der Homöopathie mit Krankheitsbildern bzw. Arzneimittelbildern beschäftigen, müssen wir zwei Dinge stets berücksichtigen:

1. **Das Ähnlichkeitsgesetz**, das wir uns an dieser Stelle einmal mit dem Wortlaut des § 7 aus dem Organon vor Augen halten: *"Da man an einer Krankheit ... sonst nichts wahrnehmen kann, als die Krankheitszeichen, so müssen ... es auch einzig die Symptome sein, durch welche die Krankheit die, zu ihrer Hülfe geeignete Arznei fordert und auf dieselbe hinweisen kann - so muß die* ***Gesamtheit dieser ihrer Symptome*** *(dieses nach außen reflectierende Bild des innern Wesens der Krankheit, d.i. des Leidens der Lebenskraft) das Hauptsächlichste oder Einzige sein, wodurch die Krankheit zu erkennen geben kann, welches Heilmittel sie bedürfe (das Einzige, was die Wahl des angemessensten Hülfsmittel bestimmen kann) - so muß, mit einem Worte, die Gesamtheit der Symptome für den Heilkünstler das Hauptsächlichste, ja Einzige sein, was er an jedem Krankheitsfalle zu erkennen und durch seine Kunst hinwegzunehmen hat, damit die Krankheit geheilt und in Gesundheit verwandelt werde"*.
Keine Pathologie, Pathophysiologie oder pathogenetischen Überlegungen sind primär nötig, um eine Krankheit als Verstimmung der Lebenskraft (als das nach außen reflektierte **Bild** ihres inneren Wesens) zu erkennen, sondern in der Gesamtheit der Symptome zeigt sich die Krankheit als das, was sie ist *(= phänomenologischer Krankheitsbegriff)*. Das ist insofern bedeutsam, als man sich für das klinische Denken in der Homöopathie fast vollständig lösen muß von dem uns gewohnten Begriff der Krankheit als Ausdruck einer oder mehrerer *organischer Läsionen,* die oder deren Folgen zu beheben als Bestreben der modernen Medizin gilt. In der Homöopathie besteht das Hauptsächlichste der Krankheit demgegenüber in ihrer *Phänomenologie* (dem *Bild),* die einem möglichst ähnlichen Arzneimittelbild gegenüberzustellen die Hauptaufgabe ist, weil damit (nach dem Ähnlichkeitsgesetz) die Krankheit geheilt werden kann.

2. **Die Arzneimittelprüfung** als die Methode, welche die für den homöopathischen Gebrauch der Arzneien nötigen Ergebnisse zu Tage fördert. Im Wortlaut von § 143: *"Hat man nun eine beträchtliche Zahl einfacher Arzneien im gesunden Menschen erprobt und alle die Krankheits-Elemente und Symptome sorgfältig und treu aufgezeichnet, so hat man dann erst eine* wahre Materia Medica - *eine Sammlung der ächten, reinen, untrüglichen Wir-*

kungsarten der einfachen Arzneistoffe für sich, einen Codex der Natur, worin von jeder so erforschten, kräftigen Arznei eine ansehnliche Reihe besonderer Befindens-Veränderungen und Symptome, wie sie sich der Aufmerksamkeit des Beobachters zu Tage legten, aufgezeichnet stehen, ... welche mit einem Worte, künstliche Krankheitszustände enthalten, die für die ähnlichen natürlichen Krankheitszustände die einzigen, wahren, homöopathischen, das ist, specifischen Heilwerkzeuge darreichen, zur gewissen und dauerhaften Genesung".

Die Arzneimittelprüfung bringt eine ansehnliche Reihe von Veränderungen hervor, die zusammen das *reine* Arzneimittelbild (vgl. Kapitel 4, Seite 38) ergeben. *"Von einer solchen Arzneimittellehre sei alles Vermuthete, bloß Behauptete, oder gar Erdichtete gänzlich ausgeschlossen; es sei alles reine Sprache der sorgfältig und redlich befragten Natur"* (Organon, § 144). Bemerkenswert ist auch die Feststellung (Organon, § 128), daß die Arzneien den vollen Reichtum ihrer Wirkungen erst dann äußern, wenn sie in hohen Verdünnungen zur Prüfung verwendet werden (30ste Potenz). Es sind die Befindensänderungen, die Symptomatik an sich, welche das Arzneimittelbild ausmachen und weniger die pathologischen Resultate von Arzneistoffen, wie sie aus der Toxikologie bekannt sind; nicht organische Läsionen oder pathophysiologische Parameter stehen hier zur Sprache. Nach KENT kann daher auch eine echte homöopathische Verschreibung nicht auf Pathologie, auf pathologisch-anatomische Zustände abgestützt getroffen werden, denn die Arzneimittelprüfungen wurden nie bis zu pathologisch-anatomischen Resultaten vorangetrieben.

Für das Erlernen von Arzneimittelbildern ist es hilfreich, sich beim Studium der einschlägigen Werke gewisse Fragen zu stellen. Die Arzneien sind bekanntlich ja für den Gebrauch in der Veterinärmedizin nicht an Tieren geprüft worden. Andererseits stellen die gängigen Arzneimittellehren nicht Zusammenstellungen nur der *reinen* Wirkungen aus den Prüfungen dar, sondern es sind *synthetische* Arzneimittellehren mit Einbezug der klinischen Erfahrungen. Ja, solche Symptome aus den Prüfungen, die nur bei den Arzneimittelprüfungen aufgetreten sind, klinisch aber nicht verifiziert werden konnten, sind im KENT'schen Repertorium z.B. gar nicht enthalten. Für die Tiermedizin arbeiten wir mit vom Menschen auf das Tier übertragenen Symptomen. Diese müßten eigentlich, damit man eine Materia Medica wirklich für Tiere erhalt, einzeln verifiziert werden

Ich möchte bei der Kurzbesprechung der folgenden drei Mittel *(Cocculus, Nux vomica, Ipecacuanha)* auch auf gewisse Probleme der in der Literatur dargestellten Mittelbilder hinweisen. Für die Besprechung der drei Arzneien dienten mir folgende Quellen:

WOLTER, H. [Hrsg.]: Homöopathie für Tierärzte

NASH, E.B.: Leitsymptome in der Homöopathischen Therapie

v. FELLENBERG-ZIEGLER, A.: Homöopathische Arzneimittellehre

Cocculus

Cocculus indicus, Kokkelstrauch; einhäusige Schlingpflanze; Indien, Ceylon.

Wirkung auf das Cerebrospinalsystem, indem es große Schwäche dieser Organe erzeugt; Schwäche der Nackenmuskeln mit Schwere des Kopfes, die Muskeln scheinen den Kopf nicht tragen zu können. Lähmender Schmerz im Kreuz, mit krampfhaftem Ziehen über die Hüften, was am Gehen hindert. Die Knie knicken vor Schwäche zusammen; wankt beim Gehen und droht auf die Seite zu fallen. Bald sind die Füße, bald die Hände eingeschlafen. Die Hand zittert beim Essen, und um so mehr, je höher sie gehoben wird. Bald die eine, bald die andere Hand scheint gefühllos und eingeschlafen. Die Fußsohlen schlafen während des Sitzens ein. Anfälle von lähmiger Schwäche mit Rückenschmerz.

Erschöpfung, charakterisiert durch Verworrenheit oder Betäubung, durch Essen oder Trinken verursacht; drehender Schwindel beim Aufrichten im Bett, der zwingt, sich wieder niederzulegen. Migräne mit Übelkeit und Neigung zum Erbrechen. Alle Symptome werden besonders durch Fahren (Wagen, Schiff) verschlimmert (Fahrkrankheit, Seekrankheit).

Gefühl von Leere im Kopf, Bauch, in den Därmen, in der Brust, im Herzen, im Magen. Metallischer Mundgeschmack. Üble Folgen von Schlaflosigkeit, Nachtwachen und Überarbeitung.

Diese kurze Zusammenfassung wirft erstens einmal die Frage der Relevanz für die Tiermedizin auf. Das Mittel soll eine gute Wirkung haben bei der Fahrkrankheit, bei Hunden vornehmlich, die das Autofahren nicht vertragen (RAKOW). Auch bei Lähmungserscheinungen (Schwein: Kontraktion der Hinterbeine; Kuh: Kreuzlähme post partum) soll das Mittel in Frage kommen (v. FELLENBERG-ZIEGLER).

Bezüglich Darstellung des Arzneimittelbildes fällt folgende Problematik auf: In der Schriftenreihe 'Homöopathie für Tierärzte' wird folgender Aufbau gewählt: **1.** *Name, Herkunft, Botanik;* **2.** *Inhaltsstoffe, Zusammensetzung;* **3.** *Pharmakologie, Toxikologie;* **4.** *Homöopathie;* **5.** *Arzneimittelbild beim Tier.* Der Abschnitt *Arzneimittelbild beim Tier,* der für uns eigentlich am interessantesten wäre, ist recht dürftig und gibt im wesentlichen nur einige klinische Indikationen an. Dies kennzeichnet für viele Arzneien die Situation in der Tiermedizin. Eine charakteristische Symptomatik (Befindensveränderungen), wie wir sie für die *homöopathische* Anwendung brauchen würden, ist nicht oder bloß in Ansätzen erarbeitet. Ausführlich geht die erwähnte Darstellung hingegen auf die Pharmakologie und Toxikologie von *Cocculus* ein, also auf die Wirkung der Arznei auf die Teile (Organe) des Körpers, auf die Organotropie, welche uns für die *homöopathische* Verschreibung leider wenig Charakteristisches hergibt. Diese Erklärung der Wirkungen auf die Organe ist in klinischen Arzneimittellehren (vgl. Kapitel 6, S. 43) weit verbreitet. Diese führt uns aber noch nicht zu den Besonderheiten, welche ein Mittel wirklich charakterisieren.

Interessant ist eine Bemerkung von NASH, von dem ich die Kurzfassung des Arzneimittelbildes von *Cocculus* zur Hauptsache entnommen habe, gerade zu dieser Frage: *"Wir könnten die ganze Wirkung dieses Mittels auf das Nervensystem in einem Wort zusammenfassen, nämlich Erschöpfung; jedoch was hat das für den Zweck des Verordnens auf sich? Viele Mittel entkräften furchtbar, aber jedes hat seine besondere Art der Erschöpfung, und wenn man Leute, wie ich einen bewährten Chirurgen in einem homöopathischen Kolleg, sich rühmen hört, sie verschrieben nur nach physiologischen Gründen, ohne jede Rücksicht auf die Symptomatologie, so kann ich nur sagen, daß solche Männer von der Kunst, homöopathisch zu verordnen, wenig oder nichts verstehen trotz ihrer sonstigen Vorzüge. Nach der Lehre Hahnemanns steht die Symptomatologie beim wissenschaftlichen Verordnen an der Spitze, wie auch der pathologische Zustand sein mag. Neben den Symptomen, welche die allgemeine Erschöpfung und Rückenmarksstörung begleiten, haben wir noch folgende charakteristische Symptome: Verworrenheit oder Betäubung, durch Essen oder Trinken vermehrt. Schwindel, wie von Verwirrung und Vergiftung des Geistes ..."*

Also bedeutet das Erlernen der Arzneimittelbilder höchstens am Rande *Pharmakologie / Toxikologie* und dementsprechende Erklärung der Symptome (z.B. Wirkung auf das vegetative Nervensystem), zur Hauptsache aber Unterscheidung von anderen Mitteln mit ähnlicher Symptomatik aufgrund der Charakteristika aus dem *Gesamt*-Arzneimittelbild. Sehr lesenswert zu dieser Frage ist ein Artikel von Constantin HERING (ein Schüler HAHNEMANNS, der die Homöopathie nach Amerika brachte), der im "Deutschen Journal für Homöopathie" 4/83, S. 253 ff nachgelesen werden kann: *Über das Studium der homöopathischen Materia Medica.*

Ipecacuanha

Uragoga Ipecacuanha, Brechwurzel; tropisches Brasilien.

Steht an der Spitze aller Mittel gegen Übelkeit. Beständiges Übelsein, der Kranke hat durchaus keine Erleichterung durch Erbrechen. Magenstörungen durch unbekömmliche, gemischte Kost verursacht; wenn die Nahrung heraus ist, aber die Übelkeit trotzdem fortbesteht. Zunge ganz rein oder leichter Belag. Stühle gegoren, schaumig wie Bierhefe; oder grasgrün, schleimig oder wäßrig; oder ruhrartig, mit mehr oder weniger Blut.

Erkrankungen der Atmungsorgane. Husten in Begleitung von Übelkeit. Hochgradige Atembeklemmung mit Keuchen und starkem Druck und Beängstigung um die Herzgrube. Atembeschwerden entweder durch übermäßige Schleimanhäufung oder durch Verkrampfung (vgl. Anmerkung S. 72). Blutungen aus der Nase, dem Magen, dem Rektum, dem Uterus, der Lunge und der Harnblase, aus allen Körperöffnungen. Blut hellrot und nicht zersetzt. Blutungen akut und profus.

Wechselfieber mit beständiger Übelkeit in einem oder allen Stadien. Dieses Symptom haben viele weitere Mittel wie: *Ars., Ign., Caps., Nux-v., Nat-m., Rhus-t., Podo.,* usw.(*). *Arsenicum* hat starken Durst während der Hitze, *Nux vomica* kann während der Hitze nicht die geringste Entblößung vertragen, ohne zu frieren. Das zeigt, wie verschieden die Mittel sind und wie sorgfältig und gewissenhaft die Auswahl der Mittel sein muß.

In der Arzneimittellehre von v. Fellenberg-Ziegler folgt am Schluß der meisten Mittel ein Abschnitt über die Anwendung beim Tier. In der Einleitung wird ausgeführt, daß durch die Kenntnis der Mittelwirkung auf die Tiere sich der Gesichtskreis des Homöopathen erweitere und es ihm möglich mache, sowohl nach Analogie des Menschen mit den Tieren, als auch umgekehrt, ärztlich zu handeln. Dadurch, daß bei den Tieren nur die objektiven Krankheitssymptome erkannt werden könnten und einzig die Wahl des Mittels bestimmten, würden jene auch bei den Krankheiten des Menschen an Wert gewinnen. Unter *Ipecacuanha* stehen leider nur wieder klinische Indikationen (oder symptomatische Indikationen) ohne nähere Beschreibung und Charakterisierung. Bei "Blutmelken" z.B. soll *Ipecacuanha* spezifisch sein (was heißt spezifisch?), während Ferreol in seinem (bloß fragmentarischen) Veterinär-Repertorium unter der Rubrik: *Milch-rot* eine ganze Reihe von Mitteln *(Acon., Ars., Bell., Ip., Phos.)* angibt (*).

Ich glaube, es kommt doch wieder auf das möglichst *vollständige* Krankheitsbild an und was dieses für die Mittelwahl charakterisiert. Weitere Abschnitte in der hier besprochenen Arzneimittellehre betreffen die *Wirkungsdauer* (höchstens 4 - 5 Tage, meist nur 12 - 24 h), die *Anwendung* (hauptsächlich in niedrigen Potenzen: D 4 - D 2), die *Antidotierung (Ant-t., Arn., Ars., Chin., Cupr., Nux-v.)* und die *Vergleichsmittel.* Wenn wir fragen, wie diese Angaben von v. Fellenberg-Ziegler entstanden sind, worauf sie fußen, so geht dies aus der Lektüre des Buches nicht klar hervor.

(*) Bedeutung der Arzneimittelbkürzungen: siehe S. 94 f

Betreffend *Wiederholung der Mittel* wird ausgeführt, daß man schon längst die abstrakte Regel HAHNEMANNS verlassen habe, in jedem Falle nur eine einzige Mittelgabe anzuwenden. Ich möchte demgegenüber auf die Ausführungen in Kapitel 17 hinweisen.

Viele Angaben sind aus der Literatur übernommen. Ganz anders bei NASH (vgl. S. 73). Dieser berichtet von seinen eigenen Erfahrungen (mit der 200. Potenz). Sie verdienen unsere Beachtung, weil diejenigen Symptome eben konkret charakterisiert werden, die für die Anwendung des Mittels anzeigend sind: *"... Ferner finden wir die Übelkeit in Begleitung von Husten bei Erkrankungen der Atmungsorgane. Auch bei Blutungen und Fiebern ist es oft angezeigt.* [*Ipecacuanha* wird in der Folge von weiteren Blutungsmitteln hinsichtlich Charakteristik abgegrenzt, ebenso als Mittel bei Wechselfieber]. *Kurz, wir können nichts Besseres tun, als Herings Angaben benutzen: Beständige elende Übelkeit fast bei allen Beschwerden, als wenn sie aus dem Magen kämen, mit leerem Aufstoßen, Ansammlung von viel Speichel, Übelkeit und Brechwürgen, durch nichts erleichtert..."* . Die Wirkung auf solche Zustände kann ich aus eigener Erfahrung beim Tier bestätigen.

Ambivalenz der Ganzheit

Offenbar gibt es verschiedene Wege, eine Arzneimittellehre aufzubauen. Es scheint nicht egal zu sein, ob man mit Hochpotenzen oder Tiefpotenzen arbeitet, ob man v.a. klinische, auf Organsysteme bezogene Symptome herausarbeitet oder ob man sich auf die charakteristischen und besonders auffälligen Symptome abstützt. Dahinter stecken verschiedene Zielrichtungen (*klinische / klassische* Homöopathie), die wir erkennen und auseinanderhalten müssen, um uns besser in den Widersprüchen der Literatur zurecht zu finden. Alles läuft unter dem Namen *Homöopathie,* in vielen Teilen sind sich solche Arzneimittelbilderbeschreibungen auch ähnlich, aber, wie so oft, liegt der Unterschied zumeist in den Details. NASH gibt verschiedentlich Hinweise dazu. Die praktischen Konsequenzen sind manchmal sehr weitreichend.

Nux vomica

Strychnos nux vomica, Brechnuß; Ostindien.

Überempfindlichkeit, jedes harmlose Wort beleidigt, jedes geringe Geräusch erschreckt; ängstlich und außer sich; sehr eigene, vorsichtige und hitzige Person, die leicht erregt und zornig wird, oder von gehässiger, boshafter Gemütsart.
Hypochondrie bei studierten Leuten, die zuviel zu Hause sitzen, mit Unterleibsbeschwerden und Hartleibigkeit.

Häufiger und erfolgloser Drang auszuleeren oder Abgang nur geringer Mengen von Stuhl nach jedem Versuch. Fühlt sich schlechter morgens bald nach dem Erwachen, auch nach geistiger Anstrengung; nach Essen und in kalter Luft. Besser in der Ruhe. Nach dem Essen saurer Geschmack, ein oder zwei Stunden danach Magendrücken, Sodbrennen, Gespanntheit um die Taille.

Bei Fieber große Hitze, der ganze Körper brennend heiß, besonders das Gesicht rot und heiß, dennoch kann der Patient sich nicht bewegen oder im geringsten entblößen, ohne zu frösteln. Kopf- und Rückenschmerzen. Patient bekommt Rückenschmerzen entweder im Liegen und muß sich aufrichten, oder er dreht und krümmt den Körper im Stehen. Schmerzen meist in der Kreuzbeingegend. Hexenschuß.

In der Schriftenreihe 'Homöopathie für Tierärzte', Bd. 1, behandelt WOLFF *Nux vomica* und gibt unter Indikationen folgendes an: Dyspeptische Zustände nach Alkohol-, Kaffee-, Nikotin- und Medikamentenabusus. Spastische Obstipation, Koliken im Magenbereich, gastrische Kopfschmerzen, Stockschnupfen, Ischias, Muskelrheumatismus.

NASH sagt im Zusammenhang mit einer ähnlichen Beschreibung folgendes: *"Dies ist eine allzu allgemeine Fassung. Richtiger würde man sagen, daß Nux vomica in solchen Fällen oft nützen wird. In Wahrheit wird es in den Fällen von Nutzen sein, in welchen der Gebrauch solcher Mittel, Gewürze, Pillen usw. einen Zustand herbeigeführt hat, der den bei der Prüfung von Nux vomica erzeugten Symptomen gleicht, d.h. in Fällen, in welchen es homöopathisch ist, in keinem anderen. Tatsache ist, daß diese Dinge oft einen solchen Zustand hervorrufen, und das ist der Grund, warum so viele Ärzte meist ausnahmslos in Fällen, die aus den Händen von Allopathen kommen, als erstes Nux vomica verordnen, ohne den Fall genauer zu untersuchen. Jedoch ist das unwissenschaftlich. Wir haben ein Heilgesetz, und es gibt Fälle, in denen der Nux-vomica-Zustand nicht vorhanden ist, sondern ein anderes ähnliches Mittel gegeben werden muß. Es ist keine Entschuldigung, zu sagen: Nun, ich wußte nicht, was gegeben worden war, denn Nux vomica wird weder die Wirkungen eines Arzneigiftes aufheben noch den Krankheitszustand heilen, sofern es nicht homöopathisch angezeigt ist, besonders wenn es in der dynamischen Form (der Hochpotenzen) gegeben wird.*
Ich zitiere zwei weitere charakteristische Symptome aus Hering, in welchen die Naturen geschildert werden, die für die Wirkung von Nux vomica besonders empfänglich sind: "Überempfindlichkeit, jedes harmlose Wort beleidigt, jedes geringe Geräusch erschreckt, ängstlich und außer sich, sie können nicht die geringste, selbst passende Arznei vertragen". Und "für sehr eigene, vorsichtige, hitzige Personen, die leicht erregt und zornig werden, oder von gehässiger, boshafter Gemütsart".

Dies ist ein anschauliches Bild von dem, was man "nervöses" Temperament nennt, und die Praxis bestätigt den Wert dieser sich auf das Temperament beziehenden Indikationen für dieses Mittel; jedoch gibt es noch eine Anzahl von Mitteln, die ebenso deutlich dieses sog. nervöse Temperament haben, so Cham., Ign., Staph. und andere. Deshalb würde kein Arzt berechtigt sein, Nux vomica allein auf das Temperament hin zu verordnen, sei die Indikation auch noch so deutlich. Der ganze Fall muß passen."

Bei WOLFF sind die Angaben dann tatsächlich sehr vage, das Mittel wird erwähnt bei Verstopfung mit gleichzeitigem vergeblichen Drang und bei Bandscheibenschäden beim Dackel. Zwei Indikationen, die ich bestätigen kann, aber eben nur, wenn der ganze Fall paßt. Wenig hilfreich scheint mir die von WOLTER gemachte Aussage, *Nux vomica* sei ein Typmittel für Kühe, wenn infolge unphysiologischer Haltung der Verdauungstrakt gestört sei. Etwas Typisches ist eben noch lange nicht ein Charakteristikum, wie z.B. die gehässige, boshafte Gemütsart, die man tatsächlich manchmal bei Kühen beobachten kann (sie schlagen gezielt!). Dann kann *Nux vomica* Verdauungsbeschwerden heilen, wenn die Symptomatik auch sonst paßt.

Schlußbemerkungen

Die Darstellung eines Arzneimittelbildes hängt ganz davon ab, wie man die Homöopathie versteht und wie man damit arbeitet. Werden die Wirkungen der Mittel auf Organe und Organsysteme bezogen verstanden, führt dies zu einer anderen Bewertung der Symptome als bei einer phänomenologischen Betrachtung, bei welcher das Eigenheitliche, das Besonders-ins-Auge-Springende, das Charakteristische (s. Organon, § 153) von Wichtigkeit ist. Das Wesen der Krankheit als *Verstimmung der Lebenskraft* zeigt sich in den charakteristischen Erscheinungen *(Phänomenologischer Krankheitsbegriff)*. Ich möchte dazu eine Passage aus dem *'Paragranum'* von PARACELSUS anfügen: *"Wie kan dan ein arzt in humoribus die krankheiten suchen und iren ursprung melden aus denselbigen, dieweil sie von der Krankheit werden geboren und gemacht, und nit die krankheit von inen. der schnee macht den winter nit, der winter aber macht den schnee. dan im hinweg tun des schnees get der winter nit hinweg; ob schon kein schnee im lande lege, noch ist der winter. also sollen ir die krankheiten dermaßen aus den öbern erkennen"*.

Anmerkungen (Oskar Luder)

Zu *Ipecacuanha*: Die Schleimansammlungen auf der Lunge können so massiv sein, daß sie z.B. bei einer Bronchitis selbst ohne Stethoskop deutlich wahrgenommen werden können. Beispiel: zwei Kälber mit akuter Bronchitis weisen folgende Symptome auf: Körpertemperatur normal, feuchter Husten, Dyspnoe, angestrengte Atmung, rasselnde Atemgeräusche, welche bereits vom Stallgang aus hörbar sind. Die Lungenauskultation ergibt extrem laute Rasselgeräusche über der ganzen Lunge. Eine Gabe *Ipecacuanha C 30* heilte beide Kälber innerhalb von zwei Tagen. Es sei darauf hingewiesen, daß auch *Tartarus emeticus* Rasseln auf der Lunge hat. Es paßt aber nicht für die akute Phase einer Bronchitis, sondern für die Endphase, wenn große Erschöpfung besteht und die Lungen zu versagen drohen.

Zu NASH: Neben den Arzneimittelbildern von NASH dürfen diejenigen von KENT nicht unerwähnt bleiben. KENT verfügte über hervorragende Kenntnisse auf dem Gebiet der Materia Medica und hat viele Arzneien selbst geprüft. Manchem mag KENTS Sprache etwas altmodisch vorkommen. Die einzelnen Arzneimittel werden aber äußerst genau beschrieben und von vergleichbaren Arzneimitteln unterschieden. KENTS Arzneimittelbilder sind wie diejenigen von NASH erlebte (und nicht abgeschriebene) Materia Medica. Seinen Beschreibungen verdanke ich auch die Heilung der beiden Kälber mit *Ipecacuanha.*

Literatur

FELLENBERG-ZIEGLER, A. von: Homöopathische Arzneimittellehre. 19. erw. Aufl., Karl F. Haug Verlag, Heidelberg, 1982.

FERREOL: Veterinär-Repertorium. Barthel & Barthel Publishing, New York, 1991.

HAHNEMANN, S. (1842): Organon der Heilkunst, 6. Aufl. / herausgegeben von Richard Haehl. Hippokrates-Verlag, Stuttgart, 1982.

HERING, C.: Über das Studium der homöopathischen Materia Medica. Dt.J.f.Hom. **2**, 253-263.

KENT, J.T.: Kents Arzneimittelbilder / Vorlesungen zur Materia medica. 7. Aufl., Karl F. Haug Verlag, Heidelberg, 1988.

KÜNZLI, J.: Kents Vorlesungen über Hahnemanns Organon. Zur Theorie der Homöopathie. Verlag Grundlagen und Praxis, Leer/Ostfriesland, 1973.

NASH, E.B. (1898): Leitsymptome in der Homöopathischen Therapie. 11. Aufl., Karl F. Haug Verlag, Heidelberg, 1982.

PARACELSUS (1530): Paragranum. Ed. Sudhoff, 8.Bd., Berlin, 1924.

RAKOW, B.: Cocculus. In: Homöopathie für Tierärzte, Bd. 3, Hrsg: Wolter, H., Verlag W. Gilliar, Waghäusel, 1981.

SCHMIDT, A.: Untersuchung über die Brauchbarkeit von "Metrovetsan" zur Therapie der Anoestrie des Rindes - Eine Auseinandersetzung mit dem Schrifttum "Homöopathie für Tierärzte". R.G.Fischer, Frankfurt, 1988.

WOLFF, H.G.: Nux vomica. In: Homöopathie für Tierärzte, Bd. 1, Hrsg: Wolter, H., Schlütersche, Hannover, 1980.

WOLTER, H.: Klinische Homöopathie in der Veterinärmedizin. Karl F. Haug Verlag, Ulm, 1954.

9 Drei weitere Arzneien aus der Materia Medica

Marc Bär

Anleitung zum Studium der Materia Medica

Sich genügend Kenntnisse in der Materia Medica anzueignen, ist für einen homöopathisch arbeitenden Tierarzt ein Muß. Gerade in akuten Fällen ist es notwendig, die Arzneien im Kopf gespeichert zu haben. Erstens kann man so schneller zum Erfolg kommen als ohne Wissen und zweitens kann man sofort einige Mittel ausschließen und andere in die nähere Auswahl einbeziehen. Wenn wir dazu nicht fähig sind, braucht man zu viel Zeit, vor allem bei akuten Fällen.

Ich möchte Ihnen zeigen, wie ich mir die Mittelbilder aneigne. Ich nehme mehrere Bücher und lese in allen jeweils dasselbe Mittel durch. Gleichzeitig schreibe ich mir eine Kurzfassung, indem ich vom Kopf bis zum Fuß alle wichtigen Symptome geordnet notiere. Will ich dann später das Mittel repetieren, muß ich nicht wieder stundenlang lesen, sondern kann mir in zehn Minuten das Gedächtnis auffrischen. Folgende Bücher benutze ich dazu:

ALLEN, H.C.: Keynotes and Characteristics with Comparisons
KENT, J.T.: Lectures on Homoeopathic Materia Medica
LATHOUD, J.-A.: Materia Medica
NASH, E.B.: Leitsymptome in der homöopathischen Therapie

Für die folgende Arzneimittelbesprechung habe ich noch folgende Bücher konsultiert:

CHARETTE, G.: Homöopathische Arzneimittellehre für die Praxis
QUINQUANDON, H.: Homéopathie vétérinaire, Biothérapie (vergriffen)

Colocynthis (Kürbis)

Physiologische Wirkung

Colocynthis (Coloc.) verursacht in toxischen Dosen im Verdauungskanal starke, sehr schmerzhafte Durchfälle. Diese kolikartigen Durchfälle werden durch die Wirkung von Coloc. auf die Nerven (Plexus und Nervenäste) im Magen-Darmtrakt hervorgerufen.

Symptome von Colocynthis

Allgemeines
Verschlimmerung: nach dem Essen und Trinken; abends und nachts.
Besserung: durch starken Druck.
Die *Schmerzen* sind heftig, sie kommen sehr schnell, vergehen auch wieder plötzlich. Der Mensch empfindet die Schmerzen stechend-schießend, sie laufen oft entlang der Nervenbahnen. Durch die Schmerzen tritt bald ein Zustand der Schwäche ein, trotzdem ist der Patient ruhelos.

Gemüt
Der Colocynthis-Patient ist oft zornig und reizbar. Beschwerden können durch *Erniedrigung,* Kummer und Zorn ausgelöst werden. Während der Schmerzen will der Patient alleine gelassen werden.

Verdauungstrakt
Die Koliken sind gut erkennbar, da sehr schmerzhaft. Typisch ist das Verhalten: durch Druck im Bereich des Abdomens wird Linderung verschafft. Eine Colocynthis-Kolik erkennt man dadurch, daß das Tier *sich zusammenkrümmt* (obwohl auch andere Mittel dieses Symptom haben können). Bei Koliken meist Erbrechen / Durchfall; diese Symptome sind aber deutlich weniger wichtig als die Schmerzen.

Extremitäten
Schießende Schmerzen das Bein hinunter, typischerweise hinten links. Hauptangriffspunkte Hüfte und / oder Knie hinten links.

Conium Maculatum (Großer oder gefleckter Schierling)

Physiologische Wirkung

Der attische Philosoph SOKRATES wurde dazu verurteilt, den Schierlingsbecher zu trinken. Den Todeskampf beschrieb uns PLATON: sein Körper wurde von unten nach oben kalt und gelähmt bis er nicht mehr atmete. In toxischen Dosen bemerkt man zuerst Kraftlosigkeit, dann Lähmung. Angriffspunkte sind die motorischen Nerven. Ebenfalls durch Muskellähmung treten Akkomodationsstörungen und weitere Augenbeschwerden auf. In geringeren Dosen verabreicht, das heißt bei der homöopathischen Arzneimittelprüfung, wirkt Conium auch auf die Drüsen (Mamma) und die Haut.

Symptome von Conium

Allgemeines

Conium soll vor allem bei älteren Tieren angezeigt sein. Zentrales Thema von Conium (im somatischen und psychischen Bereich) ist die Lähmung und Schwäche.
Verschlimmerungen: Kälte; rechte Seite mehr betroffen; körperliche und geistige Anstrengungen; nachts; wenn der Kopf tief liegt.
Besserung: Bewegung mit Maß; Wärme; Druck; in der Dunkelheit.
Conium-Beschwerden kommen langsam, sind daher oft zuerst nicht zu bemerken, erst bei fortgeschrittener Erkrankung.

Gemüt

Dominanzverhalten, Streitsucht. Jede Aufregung schwächt, allgemein große *Schwäche,* auch des Denkvermögens. Mag nur noch seiner Routinearbeit nachgehen. Alles Neue, Ungewohnte schwächt und ist zuviel.

Kopf

Schwindel beim Abliegen, beim sich Drehen während des Liegens. Tiere haben solchen Schwindel, daß sie umfallen und zwar vorzugsweise nach rechts.

Auge

Photophobie (Aversion auf Licht), v.a. Kunstlicht und zwar bei Augenentzündungen in keinem Verhältnis mit der relativ leichten Entzündung. Paralyse der Augenlider. Akkomodationsschwierigkeiten.

Drüsen

hart und vergrößert, krebsig entartet; Entzündungen oder Tumoren nach Stoß oder Verletzung; *Mamma: Tumoren, Knoten*; Schmerzhaftigkeit vor und während der Regel.

Sexualorgane

Brunst schwach, evtl. unterdrückt, kurz und zu spät. Harte und evtl. krebsig vergrößerte Hoden. Auch Ovarien und Uterus können die typische Drüsensymptomatik aufweisen. "Alte Jungfern", *unterdrückte Libido.*

Husten

Anfallsartiger trockener Husten, durch Abliegen und nachts schlimmer.

Harnorgane

intermittierender Urinabgang, evtl. wegen Prostata (Drüse!).

Extremitäten

aufsteigende Lähmungen, Lähmungen von hinten nach vorne. In leichten

Fällen können sie sich vor dem Stadium der Ataxie in *Anlaufschwierigkeiten* äußern. Die Extremitäten sind kalt. Zittern und Zucken der Gliedmaßen. Schmerzen werden durch "Hängenlassen" der Beine gebessert. Vergleiche: Meerschweinchenlähme (hilft oft, wenn auch z.T. palliativ).

Opium (Papaver somnium - Mohn)

Physiologische Wirkung

Macht schnell süchtig, wobei die anfänglich euphorische Wirkung rasch nachläßt. Stattdessen bemerkt man verschiedene Symptome, die bei Opiumvergifteten oft *entgegengesetzt sind* (der eine leidet an Schläfrigkeit, der andere an Schlaflosigkeit).
Die primäre Wirkung starker Dosen zeigt sich in den Bildern, wie wir sie in der Homöopathie auch benutzen: komatöser Schlaf; dunkelrotes Gesicht und Zunge; Miosis; Schmerzabwesenheit; Blasen- und Afterlähmung. In geringeren Dosen treten eher entgegengesetzte Wirkungen ein.

Symptome von Opium

Allgemeines
Verschlimmerung: Wärme, Schlaf.
Besserung: kalte Getränke oder Speisen; Spazieren.
Schmerzlosigkeit. Reaktionsmangel auf Arzneimittel, ob allopathisch oder homöopathisch. Herabgesetzte Empfindungsgabe bis zur Paralyse. *Somnolenz oder schlaflose Schläfrigkeit.*

Gemüt
keine Klagen, läßt alles über sich ergehen. Will nichts. *Folgen von Angst oder Schreck.* Falls das Tier noch reagiert wirkt es ängstlich.

Gesicht
rot und heiß. Lähmungen.

Kopf
Blutanstrom zum Kopf, daher die Röte und ZNS-Symptomatik.

Augen
Im Koma rot und halboffen. *Miosis.*

Stuhl / Rectum
Inaktive Därme, umgekehrte Peristaltik oder Paralyse. *Verstopfung.* Stuhl hart, rund und schwarz. Trotz vollem Enddarm kein Stuhlzwang.

Harnorgane
trotz voller Blase unvollständige Entleerung. Schmerzlos.

Fieber
Apathie; langsamer, voller oder auch schneller Puls. Der Patient zeigt kein Leiden.

Haut
Ulzera die träge sind, d.h. sich nicht ausbreiten und schmerzlos sind.

Atmung
Verlangsamt, droht auszusetzen (z.B.im Schlaf).

Literatur

ALLEN, H.C.: Keynotes and Characteristics with Comparisons. B. Jain Publishers, New Delhi.

KENT, J.T.: Lectures on Homoeopathic Materia Medica. B. Jain Publishers, New Delhi, 1987.

LATHOUD, J.-A.: Materia Medica. Barthel & Barthel, Berg am Starnberger See, 1985.

NASH, E.B.: Leitsymptome in der Homöopathischen Therapie. 16. Aufl., Haug, Heidelberg, 1991.

CHARETTE, G.: Homöopathische Arzneimittellehre für die Praxis. 6. Aufl., Hippokrates, Stuttgart, 1991.

QUINQUANDON, H.: Homéopathie vétérinaire, Biothérapies. Editions du Point Vétérinaire, Maisons Alfort, 1983.

10 Arzneimittelherstellung, Potenzierung und Gabenlehre

Ulrike Schnurrenberger

Die homöopathischen Arzneien

Die homöopathischen Mittel stammen hauptsächlich aus dem Reich der Pflanzen, der Tiere und der Mineralien und werden mit ihrem lateinischen Namen bezeichnet.

Zu den **Pflanzen**, die verwendet werden, gehören sowohl einheimische als auch exotische Pflanzen; es sind auch sehr giftige Pilze darunter.

Pflanzliche Mittel sind z.B.:

Aconitum napellus	=	Sturm- oder Eisenhut
Arnica montana	=	Arnika, Bergwohlverleih
Atropa belladonna	=	Tollkirsche
Bryonia alba / dioica	=	Zaunrübe
Pulsatilla pratensis	=	Küchenschelle
Secale cornutum	=	Mutterkorn
Agaricus muscarius	=	Fliegenpilz

Üblicherweise nennt man nicht den vollen lateinischen Namen, sondern spricht kurz von *Aconitum, Belladonna, Bryonia* etc.
Dies gilt natürlich auch für die Stoffe tierischer oder mineralischer Herkunft und für die Nosoden.

Bei den **Tierstoffen** werden entweder ganze kleine Lebewesen (z.B. Insekten), tierische Gifte oder Körperausscheidungen gewisser Tierarten verwendet.

Tierische Mittel sind z.B.:

Apis mellifica	=	Honigbiene
Bufo rana	=	Rückensekret der Kröte
Formica rufa	=	Ameise
Lac caninum	=	Hundemilch
Lachesis muta	=	Buschmeister (brasilian. Schlange)
Sepia officinalis	=	Inhalt Tintenfischbeutel
Tarantula hispanica	=	Tarantelspinne

Arzneistoffe **mineralischer Herkunft** sind Metalle und ihre Salze und Mineralien, z.B.:

Arsenicum album	=	Arsenige Säure = Arsenik
Argentum metallicum	=	Silber
Aurum	=	Blattgold
Cuprum	=	Kupfer
Graphites	=	Graphit, Reissblei
Kalium carbonicum	=	Kaliumkarbonat
Natrium muriaticum	=	Meersalz
Sulfur	=	Schwefelblumen

In zweiter Linie verwendet die Homöopathie Krankheitsstoffe, die sogenannten *Nosoden,* die entweder aus Erregerkulturen oder Krankheitsprodukten gewonnen werden. Die Nosoden sind auch am gesunden Menschen geprüft worden. So werden sie auch nach dem homöopathischen Prinzip bei ähnlichen Krankheitszuständen eingesetzt.

Nosoden sind z.B.:

Tuberculinum	=	Tuberkelbazillenkultur
Medorrhinum	=	aus Trippergift
Carcinosinum	=	aus Krebsmaterial
Pyrogenium	=	fauliges Rindfleisch

Es gibt mehr als 1000 solcher homöopathischer Mittel, von denen ungefähr fünfzig am häufigsten zur Anwendung kommen. Die Ausgangssubstanzen werden in einer ganz bestimmtem Art und Weise aufbereitet. Sie werden stufenweise verdünnt und gleichzeitig rhythmisch verschüttelt (flüssige Substanzen) bzw. intensiv verrieben (feste Stoffe). Diese Verbindung von fortlaufender Verdünnung und Verschütteln bzw. Verreiben nannte HAHNEMANN *Potenzierung* (von lat. potentia = Kraftentfaltung). Das Endprodukt der homöopathisch hergestellten Arznei nennt man *Potenz.* Wenn also ein Mittel z.B. 30 Mal verdünnt und dabei verschüttelt oder verrieben wurde, dann spricht man von der 30. Potenz der Arznei (z.B. von *Arnica C 30* oder *D 30).* Die Bedeutung der Buchstaben C bzw. D wird weiter unten erklärt.

Verdünnt man die zum großen Teil giftigen Ausgangssubstanzen, so verringert sich ihre Toxizität, aber leider auch ihre Heilkraft (vgl. Anmerkung auf S. 90). HAHNEMANN fand heraus, daß die Heilkraft durch den Potenzierungsprozeß hingegen viel stärker wurde, daß sich also *neue Kräfte* dabei entfalteten. Selbst wenn die Verdünnung so weit fortgeschritten war, daß von dem Ausgangsstoff kein Molekül mehr darin erwartet werden konnte, so wirkte das Mittel immer noch, und zwar bei bestimmten Krankheitszuständen noch viel besser! (Nach den heute gültigen Kenntnissen der Chemie ist jenseits der LOSCHMIDT'schen Zahl nicht mehr mit Sicherheit mit der Anwesenheit von stofflich faßbaren Molekülen zu rechnen).

Gerade die für unsere Begriffe "substanzlosen" Arzneien bewirken auch heutzutage verblüffende Heilerfolge - zum Ärgernis für jene, die nur an das Materielle glauben. Es wirkt also nicht in erster Linie die Wirksubstanz selbst auf den Organismus, sondern der von dieser potenzierten Substanz ausgehende Impuls oder Reiz. HAHNEMANN sprach von der *"geistartigen"* Wirkung der potenzierten Arzneien. (Das Wort "Medikament" oder lateinisch "Medica mente" bedeutet: "Heile durch den Geist"... Der gedankliche Ansatz HAHNEMANNS sollte uns daher gar nicht so fremd sein!).

Das Potenzierungsverfahren

Benötigt werden jeweils der arzneiliche Ausgangsstoff und ein neutraler Trägerstoff. Es gibt drei verschiedene Potenzarten, die sich im Verdünnungsverhältnis unterscheiden: die C-, die D- und die Q-Potenzen. Die Zahl hinter der Ziffer C, D oder Q (z.B. D 12, C 200 oder Q 3) bezeichnet die Anzahl der vorgenommenen Verdünnungsschritte oder den Verdünnungsgrad.

Flüssigkeiten = Dilutionen

Zunächst wird die *Urtinktur* der Ausgangssubstanz hergestellt. Dazu vermischt man den frisch gepreßten Pflanzensaft oder das Tierextrakt mit gleichen Teilen hochgradigen Alkohols. Dadurch wird die Ausgangsflüssigkeit haltbar. Potenzierte Arzneien sind bei geeignetem Aufbewahren praktisch unbegrebzt *haltbar* (s. Anm. zu § 272 im Organon).

Zur Herstellung von **Centesimal**- oder **C-Potenzen**, die Potenzierungsart, welche HAHNEMANN verwandte, gibt man 1 Tropfen der Urtinktur in ein sauberes Glasfläschchen und fügt 99 Tropfen Alkohol hinzu. Nun wird das Fläschchen mindestens 10 mal kräftig gegen eine feste, federnde Unterlage gestoßen - HAHNEMANN empfahl als geeigneten Gegenstand ein mit Leder eingebundenes Buch. Nach diesem Verschüttelungsvorgang befindet sich definitionsgemäß die **C 1** des Ausgangsstoffes im Fläschchen. Zur Herstellung der C 2, dem nächst höheren Verdünnungsgrad, nimmt man dann einen Tropfen der C 1, gibt ihn in ein neues, sauberes Fläschchen, fügt wiederum 99 Tropfen Alkohol hinzu, verschüttelt den Inhalt in gleicher Art und Weise und erhält so die **C 2**.

In analoger Weise wird stufenweise weiter verdünnt und verschüttelt. Bei jedem Potenzierungsschritt findet eine "Informationsübertragung" vom arzneilichen Ausgangsstoff auf das Verdünnungsmedium statt.

Während das Verdünnungsverhältnis von Arzneisubstanz zu Verdünnungsmedium (Alkohol) von einer Potenzstufe zur anderen bei den C-Potenzen 1:100 beträgt, liegt bei den **Dezimal-** oder **D-Potenzen** ein Verdünnungsverhältnis von 1:10 vor. Ein Tropfen der Urtinktur wird diesmal mit 9 Tropfen Alkohol vermischt. Die D-Potenzen wurden erst später von dem nach Amerika ausgewanderten Arzt Constantin HERING entwickelt. Sie haben sich eigentlich nur in Deutschland durchgesetzt.

Je nachdem, wieviele Schüttelschläge beim Potenzierungsvorgang vorgenommen werden, wirken die Medikamente erfahrungsgemäß unterschiedlich. Schüttelt man 10 mal pro Verdünnungsschritt, wie oben angegeben, dann wirken sie sanfter und milder, aber nicht so tiefgreifend, schüttelt man z.B. jeweils 100 mal, dann wirken sie sehr schnell und hart.

Wird nach der Methode HAHNEMANNS für jeden Potenzierungsschritt, wie oben beschrieben, jedesmal ein neues Glasfläschchen verwendet, so spricht man von **Mehrglaspotenzen**, wird aber dasselbe Gefäß nach jedem Potenzierungsschritt ausgeleert und erneut gefüllt, um die nächste Verschüttelung vorzunehmen, so spricht man von **Einglas-** oder **Korsakoffpotenzen** (nach dem Erfinder der Methode). Die Herstellungsmethode wird mitunter dadurch gekennzeichnet, daß hinter der Ziffer C (für C-Potenzen) ein H (CH = Mehrglaspotenzen nach HAHNEMANN) bzw. ein K (CK = Einglaspotenzen nach KORSAKOFF) steht. Beide Verfahren werden oft auch kombiniert angewendet (z.B. bis zu der C 30 als Mehrglaspotenzen und ab der C 30 Weiterpotenzierung mit der Einglasmethode).

Verreibung fester Stoffe = Triturationen

Möchte man feste Stoffe, z.B. Mineralien, Salze oder ganze kleine Lebewesen verarbeiten und potenzieren, so gibt man bei der Herstellung von C-Potenzen 1 Teil des Ausgangsstoffes in einen sauberen Mörser, fügt in drei Schritten 99 Teile Milchzucker hinzu, verreibt das Ganze dabei eine Stunde lang intensiv und erhält so die C 1. Ein Teil der C 1 mit 99 Teilen Milchzucker in entsprechender Weise verarbeitet ergibt die C 2 usw.. Ab C 4 läßt sich die Trituration durch Auflösung von einem Gewichtsteil der C 3 in etwas destilliertem Wasser und Hinzufügen von 99 Tropfen Alkohol als Dilution weiterverarbeiten. Bei jedem Potenzierungsvorgang findet eine "Informationsübertragung" von der Arzneisubstanz auf das Verdünnungsmedium (Alkohol oder Milchzucker) statt.

Quinquagintamillesimal- oder Q-Potenzen

Die Q-Potenzen, auch LM-Potenzen genannt, nehmen eine Sonderstellung ein. Bei ihrer Herstellung ist der Verdünnungsschritt von einer Potenzstufe zur nächsten 1:50'000, wobei zwei neutrale Träger, Alkohol und Rohrzuckerkügelchen, von einer Potenzstufe zur andern hintereinander verwendet werden. Die Q-Potenzen zeichnen sich durch eine spezielle Wirkungscharakteristik aus. Sie können, ganz im Gegensatz zu den anderen Hochpotenzen, öfter eingenommen werden, ohne daß der Heilungsverlauf gestört wird, und sie wirken ausgesprochen sanft. Q-Potenzen werden nur in flüssiger Form verabreicht und müssen jedesmal vor der Einnahme durch drei bis zehn Schüttelschläge von Mal zu Mal etwas höher potenziert werden. Da jede der einzelnen Gaben aufgrund der Nachpotenzierung stets um ein Geringes von der Kraftentwicklung der vorherigen Gabe abweicht, handelt es sich nicht um eine wiederholte Gabe der gleichen Potenz, sondern um eine Neudosierung von gering abweichender Stärke. Die Q-Potenzen haben Bedeutung für Patienten, die entweder unter einer schulmedizinischen Dauermedikation stehen, die langsam ausgesetzt werden soll, oder die unter sonstiger schädlicher Dauerbelastung sind, sowie bei gefährlichen akuten Zuständen oder bei schweren Gewebsveränderungen.

Potenzhöhe und Gabenfolge (vgl. Kapitel 17)

In der homöopathischen Literatur wird häufig zwischen Tief-, Mittel- und Hochpotenzen unterschieden. Eine solche strenge Abgrenzung und Unterteilung der Potenzgrade ist willkürlich oder sogar irreführend. Es sollen an dieser Stelle nur einige grundsätzliche, allgemeine Bemerkungen zu tiefen und hohen Potenzen gemacht werden. In der Praxis haben sich zur Behandlung akuter und chronischer Krankheiten bei Mensch und Tier bestimmte Potenzstufen bewährt, da sie die besten Wirkungen zeigten. Bei den tieferen Potenzen ist die 6., die 12. und die 30. Potenz, bei den höheren die 200., die 1000. (auch römisch M geschrieben), die 10'000. (= römisch XM) und die 100'000. (= römisch CM) am gebräuchlichsten.

Der akute Fall läßt sich sowohl mit einer tiefen als auch mit einer hohen Potenz behandeln, den chronischen Fall dagegen wird der erfahrene Therapeut mit der höheren Potenz angehen. Die Höhe der zu wählenden Dosis hängt auch von der augenblicklichen Verfassung und Belastbarkeit des Patienten ab. Ist seine Lebenskraft sehr geschwächt, sind lebenswichtige Organe geschädigt oder in ihrer Funktion eingeschränkt, wird man sich vorsichtshalber für eine vergleichsweise niedrige Potenz entscheiden, in einem chronischen Fall z.B. für eine C 200. Tiefe Potenzen wirken im Vergleich zu höheren erfahrungsgemäß kürzer und müssen daher häufiger gegeben werden.

Grundsätzlich ist aber zu bemerken, daß die Gabe eines homöopathischen Mittels unabhängig von der Potenzhöhe nie wiederholt werden sollte, solange Zeichen einer Wirkung vorhanden sind!

Dies kann nicht oft genug betont werden, denn hier werden viele Fehler gemacht. Bei zu früher Wiederholung der Mittelgabe kann die Heilung sogar verhindert oder in die Länge gezogen werden, obgleich das verabreichte Mittel das richtig gewählte war (Q-Potenzen bilden hier eine gewisse Ausnahme, worauf später eingegangen werden soll). Bleibt dagegen der Krankheitszustand des Patienten unverändert schlecht oder verschlimmert er sich sogar anhaltend, so wird der behandelnde Tierarzt die Mittelgabe nochmals überdenken und gegebenenfalls ein neues Medikament verabreichen.

Eine kurzzeitige Verschlimmerung bei sonst gebessertem Allgemeinbefinden ist nicht tragisch und sogar als gutes Zeichen zu werten. Auf keinen Fall sollte das Mittel gewechselt oder das gleiche noch einmal wiederholt werden. Diese sogenannte *homöopathische Verschlimmerung* ist ein Zeichen dafür, daß das gewählte homöopathische Mittel die Kraft hat, die Krankheit zu überwinden (vgl. Kapitel 5 und 21). HAHNEMANN sagt dazu: *"Ein homöopathisch gewähltes Heilmittel ... pflegt gleich nach der Einnahme ... eine Art kleiner Verschlimmerung zu bewirken, welche so viel Ähnlichkeit mit der ursprünglichen Krankheit hat, daß sie dem Kranken eine Verschlimmerung seiner eigenen Krankheit zu sein scheint."*

In akuten Fällen mit heftigem Krankheitsverlauf wird der Homöopath bereits nach 10 bis 20 Minuten das Mittel wechseln oder nachdosieren, wenn keine Besserung eintritt; bei Krankheiten mit mildem Verlauf wird er zirka 24 bis 72 Stunden abwarten. Bei chronischen Krankheiten dagegen kann die Wirkung eines Mittels bei der Gabe einer hohen Potenz oft erst nach einer Frist von 35 bis 42 Tagen objektiv beurteilt werden, gelegentlich noch später.

Tauchen während der Behandlung eines chronischen Leidens beim Patienten alte Symptome von früher durchgemachten Krankheiten wieder auf (z.B. ein alter Hautausschlag, ein hartnäckiger Husten, eine früher durchgemachte Halsentzündung), dann muß man unbedingt abwarten und nichts dagegen unternehmen! Ein solcher Krankheitsverlauf bedeutet, daß der Patient auf dem besten Weg zu einer echten, dauerhaften Heilung ist (HERING'sche Regel, siehe Kapitel 20 und 21).

Wird ein Tier nach längerer Zeit, nach Wochen, Monaten oder vielleicht Jahren, von derselben Krankheit wieder befallen, welche man durch ein gewisses Mittel schon einmal behoben hatte, so ist das gleiche Mittel in der gleichen Potenz zu wiederholen. Tritt dieser Fall wiederum nach Verstreichen einer längeren Zeit ein, so wird zur nächst höheren klinisch bewährten Potenzstufe gewechselt, also von der 30. Potenz auf die 200., von der 200. auf die 1000. usw. (sogenannte "KENT'sche Skala", vgl. Kapitel 21).

Arzneiformen und Verabreichung der Arznei

Welche Arzneiform man auch wählt, für die Verabreichung ist die Größe eines Tieres oder einer Tierart von untergeordneter Bedeutung.

Dilutionen sind flüssige Zubereitungen unter Verwendung von verdünntem (30 %igem) Äthylalkohol. Da sie stark nach Alkohol riechen und schmekken, gibt man am besten 5 Tropfen in einen Löffel Wasser und gießt die Flüssigkeit auf die Zunge oder seitlich ins Maul. Man kann die Tropfen beim Großtier z.B. auch auf etwas trockenes Brot geben und so verabreichen.

Globuli sind Streukügelchen aus Saccharose oder Lactose, die mit einer Dilution befeuchtet und anschließend getrocknet wurden. Dabei werden 100 Teile von unarzneilichen Zuckerkügelchen mit einem Teil Dilution gleichmäßig befeuchtet. Die Befeuchtung oder Imprägnierung geschieht in drei Schritten mit einem Trocknungsvorgang dazwischen. Globuli sind bei Kleintieren am einfachsten zu verabreichen. Ohne sie mit den Händen zu berühren, streut man 1 bis 2 Globuli direkt auf die Zunge oder die Maulschleimhaut, wo sie haften bleiben und sofort resorbiert werden, d.h. zur Wirkung kommen. Globuli lassen sich auch gut in etwas Wasser auflösen und mit Hilfe eines Plastik- oder Hornlöffels oder einer Einmalspritze einflößen. Notfalls kann man einen kleinen Trick anwenden. Man streut die zerpulverten Globuli auf ein kleines Stück mit Butter bestrichenes Brot, wo das Pulver auf der Butter haften bleibt. Bei wählerischen Hunden kann man das trockene Brot vorher mit einer Scheibe Wurst einreiben.

Es wurde bereits darauf hingewiesen, daß **Q-Potenzen** eine Sonderstellung einnehmen. Q-Potenzen werden folgendermaßen verabreicht:

In eine leere, saubere 150 ml Flasche füllt man 10 ml Trinkalkohol, dann wird die Flasche mit Leitungswasser aufgefüllt. Nun geben Sie die gewählte Q-Potenz (2 bis 3 Globuli) hinzu. Der Tierbesitzer soll die Flasche jeden Tag zehnmal kräftig gegen ein Buch schlagen und danach einen Eßlöffel (nicht aus Metall) voll in ein Glas Wasser geben. Jetzt wird kräftig umgerührt, ehe der Patient einen Teelöffel voll davon erhält. Der Rest des Inhaltes wird ausgeschüttet. Vor der nächsten Einnahme wir die Lösung wieder neu zubereitet. Ein bis zwei Wochen gibt man solchermaßen die Arznei, dann wird die Potenzstufe erhöht.

Triturationen sind pulverförmige Verreibungen aus Milchzucker, welche als Pulver oder in Wasser aufgelöst verabreicht werden können.

Tabletten sind gepreßte Triturationen oder imprägnierte Einzelgaben. Sie enthalten also nur den Wirkstoff und Milchzucker. Am besten zerpulvert man sie auf einem Stück Papier und läßt das Pulver auf die feuchte Zunge gleiten, wo es haften bleibt und resorbiert wird. Oder man gibt sie (z.B. beim Rind) in den Mundwinkel und streichelt das Tier an Backe / Unterkiefer, bis das Mittel aufgenommen worden ist.

Ampullen sind alkoholische Verdünnungen zu Injektionszwecken. Es muß aber betont werden, daß es nicht notwendig ist, homöopathische Medikamente zu injizieren. Bei bissigen Hunden jedoch oder Tieren, die schwierig zu handhaben sind, kann die Injektion die Lösung der Wahl sein.

Salben und **Wundpuder** enthalten 4% Wirksubstanz eingemischt in die galenische Grundlage (z.B. Vaseline bei Salben; Puder = Trituration).

Homöopathische Mittel werden am besten nüchtern gegeben, mindestens aber eine halbe Stunde vor oder nach der Futter- oder Wasseraufnahme.

Ferner ist zu beachten, daß die Wirkung der homöopathischen Arzneien durch andere Medikamente abgeschwächt oder zunichte gemacht werden kann. Hier sind besonders folgende Medikamente und Arzneien zu nennen *(sogenannte chemische Antidote,* vgl. Kapitel 23):

- Cortison in jeder Form (Injektionen, Salben usw.)
- Antibiotika
- Opiumabkömmlinge
- Barbiturate
- DMSO
- scharfe Einreibungen
- kampferhaltige Mittel
- Jod und Jodabkömmlinge
- Pfefferminze
- Kamille (Tee, Tinktur)
- Menthol (auch mentholgetränkte Flohhalsbänder)
- Insektizide.

Vorsichtshalber sollten in dem Zeitraum der homöopathischen Behandlung keine Entwurmungen, Impfungen oder Röntgenbestrahlungen vorgenommen werden. Auch sollte man sich vor Augen halten, daß jede Unterdrückung eines Hautausschlages durch Salben, besonders durch cortisonhaltige Salben, innere Folgen haben und chronische Krankheiten, z.B. Asthma, Herzleiden oder Rheuma hervorrufen kann.

> Homöopathika müssen vor Licht und Wärme geschützt und fern von anderen Medikamenten (z.B. kampferhaltigen Salben!) *aufbewahrt* werden. Die Mittel sollen nicht mit Metallöffeln, sondern mit Gefäßen oder Löffeln aus Glas, Plastik oder Horn verabreicht werden.

Die Veterinärhomöopathie bedient sich derselben homöopathischen Arzneizubereitungen wie die Humanhomöopathie. Homöopathische Einzelmittel sind apothekenpflichtig, zum Teil auch rezeptpflichtig. Die Rezeptpflicht bezieht sich auf giftige Ausgangssubstanzen wie z.B. *Belladonna* (Tollkirsche), *Arsenicum* (Arsen), *Mercurius* (Quecksilber) bis zur D 4, ausnahmsweise bei sehr giftigen Substanzen bis zur D 6. Ab D 4 bzw. D 6 sind auch diese Mittel gewöhnlich rezeptfrei. Auskunft über die Rezeptpflicht von homöopathischen Mitteln geben Apotheken und Firmen, die Einzelmittel herstellen. Auf der Verpackung von Einzelmitteln findet sich kein Hinweis, gegen welche Krankheiten das Mittel eingesetzt werden kann.

Homöopathische Pharmakopöe (H. Krüger / A. Schmidt)

Die Herstellung der empfindlichen homöopathischen Präparate soll mit neutralen und sterilen Geräten möglichst an einem reinen, staubfreien Arbeitsplatz (Laminar Flow) erfolgen. Die Beschreibung der Ausgangsmaterialien und der zur Potenzierung bzw. Verreibung verwendeten Hilfsstoffe folgt im wesentlichen den Vorschriften der *Pharmakopöe*; die in der französischen bzw. deutschen Pharmakopöe festgelegten Vorschriften weichen erheblich voneinander ab, besonders in Bezug auf die Herstellungsvorschriften und Extraktionsmethoden der Ursubstanzen

Hahnemann selbst hat keine geschlossene homöopathische Pharmakopöe hinterlassen. Vielmehr finden sich zahlreiche grundsätzliche Vorschriften zur Herstellung homöopathischer Mittel im *Organon,* in der *Reinen Arzneimittellehre* und den *Chronischen Krankheiten.* Dieser Umstand führte in der Praxis zu beträchtlichen Schwierigkeiten, die durch die ablehnende Haltung der Apotheker noch vermehrt wurden. In Leipzig wurde Hahnemann zudem nach zehnjähriger erfolgreicher Praxis das *Selbstdispensierrecht* verweigert, was ihn dazu bewog, sich nochmals auf Wanderschaft zu begeben. In Köthen wurde ihm durch Herzog Ferdinand von Anhalt-Köthen die Selbstabgabe ausdrücklich erlaubt. Andere deutsche Länder folgten dem liberalen Beispiel Köthens. Nur so ist es zu verstehen, daß die homöopathischen Ärzte zunächst die besseren Kenntnisse in den Grundregeln der homöopathischen Pharmazie besaßen als die Apotheker. Die Verfasser der ersten homöopathischen Pharmakopöen waren auch ausschließlich Ärzte. Dies änderte sich in der 2. Hälfte des 19. Jahrhunderts. Die Apotheker mußten sich in ihrem eigenen Interesse der Herstellung homöopathischer Arzneien zuwenden. Sie waren bald in der Lage, die Arzneien besser herzustellen als der vielbeschäftigte homöopathische Arzt. Die erste wirklich bedeutende Pharmakopöe stammt denn auch von einem Apotheker, dem Dresdner Carl Gruner. Neu an dem Gruner'schen Arzneibuch war die Aufnahme der Dezimalskala, die von Hahnemann selbst bekanntlich ja nie verwendet wurde.

Die gesamte weitere Entwicklung trägt den Stempel des Werkes des Apothekers Willmar SCHWABE, der 1866 in Leipzig eine "Homöopathische Centralofficin" gründete. Im Jahre 1872 wurde von ihm die *Pharmacopoea homoeopathica polyglotta* herausgegeben, zunächst in deutscher, englischer und französischer Sprache, später folgten italienische, spanische, portugiesische und russische Ausgaben. In Deutschland wurde diese Ausgabe vom Zentralverein homöopathischer Ärzte zur Normalpharmakopöe erklärt. Sie erschien in mehreren Auflagen als *Deutsches homöopathisches Arzneibuch.* Das SCHWABE'sche Arzneibuch wurde 1934 in abgeänderter Auflage durch Verordnung des Reichsgesundheitsamtes als verbindlich für das damalige Reichsgebiet erklärt, bis es am 1. Juli 1979 durch das amtliche homöopathische Arzneibuch (HAB 1) abgelöst wurde.

Ausgangsstoffe zur Arzneiherstellung

Die Ausgangsmaterialien sind wie erwähnt pflanzlicher, tierischer oder mineralischer Herkunft. Daneben spielen auch bestimmte *Nosoden* (hergestellt aus Krankheitsprodukten) eine Rolle und andere biologische Produkte. In der klassischen Homöopathie selbst sind es nur ganz bestimmte wenige Nosoden, die aufgrund der in der Arzneimittelprüfung gewonnenen Erkenntnisse eingesetzt werden (vgl. Kapitel 21, S. 192).

Pflanzliche Ausgangsstoffe werden in frischem Zustand zermörsert und mit einem gleich großen Teil von 95 %igem Alkohol während 24 Stunden vor Licht geschützt versetzt. Exotische Pflanzen werden meist in getrocknetem Zustand mit 2 Teilen Alkohol vermengt. Die ganze Pflanze wird zu Beginn der Blüte gepflückt, Blätter bei ihrer größten Entwicklung vor der Blüte, Rinde und Holz beim Saftanstieg und Wurzeln vor der Lignifikation. Tierische Ausgangsstoffe werden in Alkohol oder in einem Alkohol-Wasser-Glyzerin-Gemisch durch Mazeration gewonnen. Mineralische Stoffe werden je nach Löslichkeit zuerst durch Trituration verarbeitet.

Die Vorschriften von HAHNEMANN selbst können in den oben erwähnten Quellen nachgelesen werden. Erlaubt sei der Hinweis, daß die vom späteren HAHNEMANN bevorzugte Präparation der Arzneipflanzen die Frisch-Trituration war. Er hatte nämlich erkannt, daß mit allen anderen Präparationen nur Fraktionen ins Medikament gelangten; bei Alkohol-Extraktion z.B. gingen die Schleimstoffe durch Ausfällung verloren, bei Trocknung und anschließender Extraktion die ätherischen Öle etc.. Außerdem hatte er erkannt, daß die extrahierten *Urtinkturen* empfindlich und nur *begrenzt lagerfähig* waren. So war sein Ziel, möglichst alle Stoffe, auch die stark wasserhaltigen oder flüssigen, der Trituration bis mindestens zur C 3 zu unterwerfen (s. Organon, § 271). Ausnahmen (z.B. *Causticum Hahnemanni)* bestätigen nur diese Regel.

Potenzierung

HAHNEMANN hat nie mit D-Potenzen gearbeitet, sondern verwendete lange Zeit nur die C-Potenzen. Erst gegen Ende seiner Tätigkeit kam er auf die Q-Potenzen, die erstmals im Organon 6. Aufl. von 1842 (herausgegeben 1921) erwähnt sind. In Amerika war zu Beginn unseres Jahrhunderts demnach nur die 5. Auflage des Organon im Gebrauch. Q-Potenzen werden erst in neuerer Zeit wieder verwendet. HAHNEMANN hat mit der Zahl der Schüttelschläge lebenslang experimentiert, aber es ist eindeutig die Tendenz zu erkennen, eine unterschiedliche Zahl von Schüttelschlägen bei der C-Potenzierung und der Q-Potenzierung durchzuführen. Bei den C-Potenzen ging er von den ursprünglich 100 Schüttelschlägen immer mehr ab, je mehr er sich bei der Therapie den höheren Potenzen (C 30) zuwandte; 100 Schläge schienen ihm eine zu gewaltige Rasanz der Wirkungsentfaltung zu verursachen, die mit seinem Prinzip der sanften Heilung nicht vereinbar war. Nach einigem Hin und Her reduzierte er schließlich auf etwa 20 Schüttelschläge (zwischenzeitlich sogar auf nur 2-3 Schüttelschläge) pro Potenzstufe. Bei den Q-Potenzen hielt er dagegen die 100 Schläge für wichtig und für vereinbar mit dem Ideal der sanften Heilung. Wir sollten nicht unerwähnt lassen, daß HAHNEMANN die C 30 bzw. Q 30 als die oberste Stufe seiner Arbeits-Skala ansah; die noch höheren Potenzen der Centesimal-Skala wurden in der KENT'schen Schule in Amerika weiterentwickelt.

Q-Potenzen (Verabreichung siehe S. 85)

HAHNEMANN selbst hat diesen neuartigen Dynamisationen, das Resultat fortwährender Verbesserungsbestrebungen in puncto Herstellung und Potenzierung, keinen besonderen Namen gegeben. Wir bezeichnen sie heute wegen dem dabei verwendeten Verdünnungsverhältnis von 1:50'000 als Q-Potenzen (oft auch LM-Potenzen genannt). Die 6. Auflage des Organon bietet im § 270 und in den dazugehörigen Anmerkungen eine genaue Arbeitsanweisung, in den §§ 246 - 248 wird die Verordnungsweise und Dosierung erklärt. Um den oft sehr großen Zeitraum zwischen zwei Arzneigaben zu verkleinern und um die Behandlungsdauer einer Kur abzukürzen, hat HAHNEMANN zunächst mit Wechselmitteln gearbeitet (vgl. Fußnote zu § 246 in der 5. Aufl. des Organon), bis er entdeckte, daß sogar tägliche Gabenwiederholungen selbst hoher Potenzen dann möglich sind, wenn die Arzneikügelchen in gehörig Wasser aufgelöst und vor jedem Einnehmen etwas geschüttelt, d.h. weiterpotenziert werden. Hinter dieser scheinbar so einfachen Anweisung standen jedoch "mühsame Versuche und Gegenversuche" des über 80jährigen HAHNEMANN. Zuerst mußte er nämlich neue Verdünnungsverhältnisse und neue Schüttelzahlen dafür ermitteln, daß die Arzneien auch bei Gabenwiederholung und ständiger Weiterpotenzierung immer noch milde und verträglich blieben. Er empfiehlt schließlich zur Herstellung der Originalpotenz 100 Schüttelschläge.

Die Schwierigkeit bei der Verwendung von Q-Potenzen in chronischen Fällen bestand anfänglich darin, daß die ersten drei bis vier Stufen in der Therapie nicht den Erwartungen entsprachen, weswegen mitten in die Skala hineingesprungen wurde, und nicht lege artis von der Q 1 beginnend aufgestiegen wurde. Dieses Herausgreifen einzelner Potenzstufen, so der Q 6, Q 12 und v.a. der Q 18 hat zwar bewiesen, welche immensen Kräfte in diesen Potenzen stecken, hat aber gleichzeitig diese Methode in den Händen unerfahrener Therapeuten zu einem "Pröbeln" mit meist enttäuschenden Ergebnissen degradiert. Eine der mögliche Ursache dieser "Enttäuschungen" mit den niederen Q-Potenzen könnte in der Herstellung dieser Präparate gelegen haben: HAHNEMANN forderte ja die Verwendung einer Trituration in C 3 als Ausgangspunkt für die Herstellung der Q 1. Für viele Arzneien ist in den Pharmakopöen die Extraktion und nachfolgende flüssige Potenzierung oder die Auflösung und weitere Verschüttelung vorgesehen bzw. zulässig. Es ist denkbar, daß sich die Hersteller von Q-Potenzen solcher handelsüblicher C3-Präparationen als Vorpotenzen für ihre Q-Potenzen bedienten, statt die fraktionierte *Triturationsmethode* (vgl. Organon, § 270 u. Anmerkung) zu praktizieren. HAHNEMANN hatte die Vorteile der Trituration bezüglich Kraftentwicklung einerseits und unverfälschter Arzneieigenschaften andererseits lange erkannt und praktizierte sie für den eigenen Gebrauch als von ihm so genannte "Schnellmethode", mittels derer er nicht nur Blattgold und Eisenspäne, sondern auch Schwefel und hochreaktiven Phosphor ebenso selbstverständlich in Milchzucker eintriturierte wie frische Pflanzen- und Tierkörperteile. Nach seinen Stellungnahmen in den §§ 266-270 müssen wir voraussetzen, daß diese Triturationen ein unverzichtbarer Teil der Herstellung aller HAHNEMANN'schen Q-Potenzen waren und sind. Die Garantie eines Herstellers, Q-Potenzen nach den Angaben HAHNEMANNS zu liefern, sollte sich also auch und besonders auf die Behandlung der Ausgangssubstanzen und der Vorpotenzen beziehen.

Zur Dosierungslehre (Andreas Schmidt)

Die Auffassung von der "geistartigen" (dynamischen) Arzneikraft und die Arzneipotenzierung gehören zum Spätwerk HAHNEMANNS und gründen auf den mit "verdünnten" Arzneien gemachten Erfahrungen (s. Organon, § 20). Aufschlußreich ist es, die Dosierungslehre in ihrer geschichtlichen Entwicklung zu verfolgen. Als 1796 zum ersten Mal in HUFELAND's Journal über das *'neue Heilprincip'* berichtet wurde, war lediglich in einer Anmerkung von der Dosierung die Rede: *"Will man, wie der behutsame Arzt sollte, allmählich zu Werke gehen, so giebt man dies gewöhnliche Mittel nur in der Gabe, wo es die von ihr zu erwartende künstliche Krankheit kaum merkbar äußere und steigt allmählich in der Gabe, so daß man gewiß seyn kann, daß die beabsichtigte innerliche Veränderung des Körpersystems kräftig genug erfolge, obgleich mit Äußerungen, die den natürlichen Krankheitssymptomen an Heftigkeit weit nachstehen; so wird man gelind und sicher heilen"*. Von Verdünnungen ist da noch keine Rede; im Gegenteil, man solle die Arzneigabe allmählich steigern, damit die künstliche Krankheit auch kräftig genug sei, die natürliche Krankheit auszulöschen.

Eine interessante Beobachtung beschrieb HAHNEMANN um das Jahr 1798, *"daß nämlich kräftige Heilsubstanzen, ohne die die Arzneikunde gelähmt bliebe, bei gewissen Körperzuständen sowie bei Idiosynkrasie oder sonst sehr reizbaren Personen, schon bei einem kleinen Übergewicht in der Gabe, heftige Folgen auslösen könnten"*. Er machte die Erfahrung, daß man nach Verdünnung solche unliebsamen Erstverschlimmerungen vermeiden konnte. An einigen Stellen in seinen Veröffentlichungen ließ er bereits durchblicken, daß er kleinere, ja "unglaublich" kleine Gaben an Stelle der damals gebräuchlichen für empfehlenswert hielt. Im Jahre 1801 erschien der Artikel *'Über die Kraft kleiner Gaben der Arzneien und der Belladonna insbesondre'*. Darin ist von der besonderen Empfindlichkeit des kranken Organismus die Rede. Über die Zubereitung der Arzneien ist zu lesen: *"Die harte Granpille findet im gesunden Körper sehr wenig Berührungspunkte ... Unendlich anders ist es mit der Auflösung, und zwar mit der innigen Auflösung. Diese, so dünn wie sie wolle, sie berührt bei ihrem Durchgang doch weit mehr Punkte der lebendigen Faser und erregt weit stärkere Zufälle, als die ... kompakte Pille vermag"*. Damit ist die *dynamische Arznei-Wirkung* in Ansätzen bereits angesprochen, auch wenn es noch Jahre dauert bis zu der eigentlichen Arznei-Dynamisation (= Potenzierung).

Literatur

BARTHEL, P. (1990): Das Vermächtnis Hahnemanns - die Fünfzigtausender Potenzen. Allg. Homöop. Zeitung 235, 47-61.

BARTHEL, P. (1993): Das Vermächtnis Hahnemanns: die Qualität der homöopathischen Arznei. Zeitschr. f. Klassische Homöopathie 37, 108-117.

GRIMM, A. (1993): Herstellungsvorschrift für die Q-Potenzen nach Organon VI als Vorlage für eine neue HAB-Vorschrift. Zeitschr. f. Klassische Homöopathie 37, 76-79.

HAHNEMANN, S. (1842): Organon der Heilkunst, 6. Aufl./ herausgegeben von Richard Haehl. Hippokrates-Verlag, Stuttgart, 1982.

HAHNEMANN, S. (1835): Die chronischen Krankheiten, zweite, viel vermehrte Auflage. Unveränd. Nachdruck, Barthel & Barthel Verlag, Berg am Starnberger See, 1983.

HAHNEMANN, S. (1833): Organon der Heilkunst = Aude sapere. Unveränd. Nachdr. der 5., verb. u. verm. Aufl., Dresden u. Leipzig, Arnold. Haug, Heidelberg, 1987.

HENNE, H.: Quellenstudien über Samuel Hahnemanns Denken und Wirken als Arzt. Hippokrates-Verlag, Stuttgart, 1963.

Lebendige Homöopathie. Deutsche Homöopathie-Union, Karlsruhe.

11 Die homöopathische Apotheke

Marc Bär

Die nachfolgend aufgeführte Liste enthält ein Minimum an Arzneimitteln für die Grundausstattung einer homöopathischen Praxisapotheke. Mit diesen gebräuchlichsten Arzneien können schätzungsweise 75 % der akuten und 50-75% der chronischen Erkrankungen behandelt werden. Ein für mich wichtiger Punkt bei der Zusammenstellung einer Apotheke war, daß die Arzneien von ein- und demselben Lieferanten stammen. Innerhalb des gleichen Arzneimittels sollten Sie die Präparate vom selben Hersteller beziehen; ganz allgemein sollte darauf geachtet werden, die Arzneien bei einer Vertrauensfirma zu bestellen. Interessieren Sie sich, woher die Ursprungssubstanzen stammen und wie sie potenziert werden! Mit der KORSAKOFF'schen Potenzierungsmethode gelingt es, gute Hochpotenzen herzustellen; reine Mehrglasverschüttelungen gibt es meines Wissens nur bis zur C 200.

Eine altbewährte Firma in der Schweiz ist das *Laboratoire Schmidt-Nagel* in Meyrin bei Genf. Die Frau von Pierre SCHMIDT hat diese Apotheke zusammen mit ihrem Mann aufgebaut, und die Ausgangssubstanzen sind immer noch diejenigen von Pierre SCHMIDT. Natürlich gibt es auch andere Hersteller wie *Ainsworth's, Boiron, DHU, Dolisos* oder *Homedon.* Weiter sollten Sie sich vergewissern, daß Ihr Lieferant neben den C-Potenzen auch Q(LM)-Potenzen herstellt, damit Sie später auch diese Arzneien verwenden können, ohne auf eine andere Firma zurückgreifen zu müssen.

> Die Arzneien werden vorteilhaft in Form von Globuli bestellt und aufbewahrt, da Lösungen bei Bewegung (z.B. im Auto) ihren Potenzierungsgrad ändern können. Die *Aufbewahrung* der Medikamente muß vor Sonne, Hitze und auch starken Gerüchen (*Kampfer*!) geschützt erfolgen. Benutzen Sie unbehandeltes Holz zur Anfertigung Ihrer Apotheke.

Wenn Sie Arzneien versenden, dann geben Sie dem Tierbesitzer eine Anleitung mit, wie das Medikament zu verabreichen ist. Im allgemeinen werden homöopathische Mittel per os verabreicht. Homöopathische Arzneien werden per Gramm bestellt; 5 Gramm reichen aus für lange Zeit. Es lohnt sich nicht, mit nur zwei oder drei Arzneien den Einstieg in die Homöopathie zu beginnen. Wenn sie einen akuten Fall lösen wollen, dann haben Sie keine Zeit auf die Lieferung zu warten. Andererseits ist es aber auch unsinnig, gleich alle Mittel auf einmal zu bestellen. Unser Vorschlag enthält Arzneien und entsprechende Potenzierungsstufen, die alle sehr häufig gebraucht werden. Der Preis dieser Grundausstattung (je 5 Gramm der Globuligröße 3) beträgt zwischen sFr. 1000.- bis 1500.- , je nach Hersteller.

Grundausstattung einer homöopathischen Apotheke (C-Potenzen)

Aconitum napellus	M
Apis mellifica	200, M
Arnica montana	30, 200, M, XM
Arsenicum album	30, 200, M, XM
Belladonna	30, 200, M, XM
Bryonia alba	30, 200, M, XM
Calcarea carbonica	30, 200, M, XM
Causticum hahnemanni	30, 200, M, XM
Chamomilla	200, M
Conium	200, M
Gelsemium sempervirens	200, M
Hepar sulphuris	30, 200, M, XM
Ignatia amara	200, M
Lachesis muta	30, 200, M, XM
Ledum	M, XM
Lycopodium	30, 200, M, XM
Mercurius solubilis	30, 200
Natrium muriaticum	30, 200, M, XM
Nux vomica	30, 200, M, XM
Opium	200, M
Phosphorus	30, 200, M, XM
Phosphoricum acidum	200, M
Pulsatilla pratensis	30, 200, M, XM
Rhus toxicodendron	30, 200, M, XM
Sepia	30, 200, M, XM
Silicea	30, 200, M, XM
Sulphur	30, 200, M, XM
Thuja	200, M
Veratrum album	200, M
Placebo	(20 Gramm)

Diese Minimalliste kann natürlich ergänzt werden. Siehe auch Kapitel 24.

Ich möchte noch zwei Listen anführen, welche dereinst Grundlage für eine gesamteuropäische Prüfung in klassischer Homöopathie für Ärzte bilden sollen. *Liste A* umfaßt 50 Arzneien, welche zur Erlangung des Diploms als homöopathischer Arzt relativ gut gekannt werden müssen. Die ihr folgende *Liste B* ist erst in zweiter Linie wichtig. Zur Diplomierung reichen hier Kenntnisse über die Hauptwirkungen dieser Arzneien. Auch für eine veterinärhomöopathische Prüfung sind ähnliche Anforderungen anzustreben.

A-Liste

1	Aconitum napellus	(Acon)
2	Anacardium orientale	(Anac)
3	Apis mellifica	(Apis)
4	Argentum nitricum	(Arg-n)
5	Arnica montana	(Arn)
6	Arsenicum album	(Ars)
7	Aurum metallicum	(Aur)
8	Baryta carbonica	(Bar-c)
9	Belladonna	(Bell)
10	Bryonia alba	(Bry)
11	Calcium carbonicum	(Calc)
12	Calcium phosphoricum	(Calc-p)
13	Carbo vegetabilis	(Carb-v)
14	Carcinosinum	(Carc)
15	Causticum hahnemanni	(Caust)
16	Chamomilla	(Cham)
17	Colocynthis	(Coloc)
18	Conium maculatum	(Con)
19	Gelsemium sempervirens	(Gels)
20	Graphites	(Graph)
21	Hepar sulphuris	(Hep)
22	Hyoscyamus niger	(Hyos)
23	Ignatia amara	(Ign)
24	Kalium bichromicum	(Kali-bi)
25	Kalium carbonicum	(Kali-c)
26	Lachesis muta	(Lach)
27	Lycopodium clavatum	(Lyc)
28	Magnesium muriaticum	(Mag-m)
29	Medorrhinum	(Med)
30	Mercurius solubilis	(Merc)
31	Natrium carbonicum	(Nat-c)
32	Natrium muriaticum	(Nat-m)
33	Natrium sulphuricum	(Nat-s)
34	Nitricum acidum	(Nit-ac)
35	Nux vomica	(Nux-v)
36	Opium	(Op)
37	Phosphorus	(Phos)
38	Phosphoricum acidum	(Ph-ac)
39	Platinum metallicum	(Plat)
40	Pulsatilla pratensis	(Puls)
41	Rhus toxicodendron	(Rhus-t)
42	Sepia	(Sep)
43	Silicea	(Sil)
44	Staphisagria	(Staph)
45	Stramonium	(Stram)
46	Sulphur	(Sulph)
47	Tarantula hispanica	(Tarent)
48	Thuja occidentalis	(Thuj)
49	Tuberculinum bovinum	(Tub)
50	Veratrum album	(Verat)

B-Liste

1	Allium cepa	(All-c)
2	Alumina	(Alum)
3	Ambra grisea	(Ambr)
4	Antimonium crudum	(Ant-c)
5	Antimonium tartaricum	(Ant-t)
6	Berberis vulgaris	(Berb)
7	Borax	(Bor)
8	Calcium fluoricum	(Calc-f)
9	Calcium sulphuricum	(Calc-s)
10	Cannabis indica	(Cann-i)
11	Cantharis	(Canth)
12	Capsicum	(Caps)
13	Caulophyllum thalictroides	(Caul)
14	Chelidonium majus	(Chel)
15	China officinalis	(Chin)
16	Cimicifuga racemosa	(Cimic)
17	Cina	(Cina)
18	Cocculus indicus	(Cocc)
19	Coccus cacti	(Coc-c)
20	Coffea cruda	(Coff)
21	Cuprum metallicum	(Cupr)
22	Drosera rotundifolia	(Dros)
23	Dulcamara	(Dulc)
24	Eupatorium perfoliatum	(Eup-per)
25	Ferrum metallicum	(Ferr)
26	Ferrum phosphoricum	(Ferr-p)
27	Fluoricum acidum	(Fl-ac)
28	Glonoinum	(Glon)
29	Hypericum perfoliatum	(Hyper)
30	Ipecacuanha	(Ip)
31	Iodum	(Iod)
32	Lac caninum	(Lac-c)
33	Ledum palustre	(Led)
34	Lilium tigrinum	(Lil-t)
35	Lyssinum	(Lyss)
36	Magnesium carbonicum	(Mag-c)
37	Magnesium phosphoricum	(Mag-p)
38	Mezereum	(Mez)
39	Nux moschata	(Nux-m)
40	Petroleum	(Petr)
41	Phytolacca decandra	(Phyt)
42	Plumbum metallicum	(Plb)
43	Psorinum	(Psor)
44	Ruta graveolens	(Ruta)
45	Sarsaparilla	(Sars)
46	Secale cornutum	(Sec)
47	Spongia tosta	(Spong)
48	Sulphuricum acidum	(Sul-ac)
49	Symphytum officinale	(Symph)
50	Zincum metallicum	(Zinc)

12 Die homöopathische Sprechstunde: Beobachtung des Patienten - Anamnese - Befragung

Edina Mikuschka

HAHNEMANN sagte, daß ein guter Homöopath viele Fragen stellt, viel notiert und wenig Medikamente verschreibt. Im *Organon* finden wir die Richtlinien für die Durchführung einer homöopathischen Konsultation:

- §§ 84 und 85: für die Anamnese
- §§ 86 bis 89: für die Fragestellung
- §§ 90 und 91: für die Beobachtungen des Arztes.

Die homöopathische Befragung ist der Ausgangspunkt unserer Suche nach dem Heilmittel, die dabei erhobenen Symptome sind der Leitfaden, der uns zum *Simillimum* führt. Im Paragraph 153 des *Organon* gibt uns HAHNEMANN für die Suche des homöopathischen Heilmittels die Anweisung, besonders und fast ausschließlich:

- die auffallendsten
- die sonderlichsten
- die ungewöhnlichsten
- die eigenheitlichsten

Zeichen und Symptome des Krankheitsfalles zu beachten.

Bezüglich Anamnese ist die Veterinärmedizin ein Stiefkind der Humanmedizin; die für die Homöopathie charakteristischen und interessanten Symptome, die sich bei den Tieren finden, werden bei der üblichen Fallaufnahme oft vernachlässigt oder vom Besitzer gar nicht bemerkt.

Es ist deswegen besonders wichtig, intensiv zu befragen, um diese für die Homöopathie wichtigen (charakteristischen und interessanten) Symptome zum Vorschein zu bringen und den Besitzer dazu zu führen, so viele Symptome wie möglich aufzuzählen.

Die homöopathische Sprechstunde kann man in vier Phasen aufgliedern:

1. Zuhören
2. Befragen
3. Beobachten und Untersuchen
4. Notieren

Im Laufe dieser Phasen entwickelt sich eine Wechselbeziehung zwischen dem Patienten, dem Tierhalter und dem Tierarzt. Die Haltung und das Benehmen des Patienten einerseits und die des Arztes sowie des Tierhalters andererseits erlauben - oder eben nicht - eine Vertrauensatmosphäre herzustellen. Von diesem Vertrauen hängen oft der Erfolg der ganzen homöopathischen Konsultation, die Ergiebigkeit der Befragung und damit der Therapieerfolg ab. Nehmen wir nun die vier Punkte der homöopathischen Konsultation im Detail vor.

1. Zuhören (Spontananamnese)

Mit Geduld zuhören; reden lassen, möglichst ohne Fragen zu stellen, und wenn schon, dann nur die eine: *"Haben Sie wirklich alles gesagt?"* oder *"Haben Sie noch etwas anderes?"*

Es ist erstaunlich, mit welcher Offenheit und mit welcher Spontaneität die Besitzer von ihren Schützlingen zu reden vermögen, wenn sie einmal Vertrauen gefaßt haben. Oft sind sie nicht mehr zu bremsen, manchmal ist es sogar verwirrend; aber gerade während solcher Gespräche ist es uns möglich, die interessantesten Symptome zu erheben, und es wäre ein großer Fehler, eine so wertvolle Quelle von Informationen zum Schweigen zu bringen.

Ich beschränke meine Zuhörzeit generell auf 20 bis 30 Minuten; wenn die Besitzer noch weiter sprechen wollen, dann sage ich ihnen höflich aber bestimmt: *"Das nächste Mal werden wir uns alles im Detail vornehmen"*.

Wenn der Besitzer aber verschlossen und schweigsam ist - was manchmal leider vorkommt - beginne ich zuerst mit der klinischen Untersuchung und stelle gleichzeitig einige Fragen. Wenn ich immer noch eine gewisse Zurückhaltung verspüre und merke, daß ich keine homöopathisch brauchbaren Auskünfte erhalte, gebe ich den Versuch einer homöopathischen Behandlung lieber auf, als etwa einen *chronischen Fall* nur anhand eines klinischen Symptoms zu therapieren. In diesem Falle erkläre ich dem Besitzer diese Schwierigkeit und den Sinn einer homöopathischen Anamnese.

Denn ohne seriöse Befragung endet eine homöopathische Behandlung leicht mit einem Mißerfolg. Wir finden das *Simillimum* (*) nicht, und auch nicht ein *Simile,* weil wir uns z.B. nur auf die lokalen Symptome eines chronischen Falles gestützt haben.

Um jeden Preis mit der Homöopathie weiterzufahren wäre nicht nur ein schlechter Dienst für den Patienten - der nicht gesunden wird, sondern auch für die Homöopathie, da eine mißlungene Therapie mit Recht kritisiert wird.

(*) Das Simillimum wird oft auch als *Konstitutionsmittel* bezeichnet; der Heilungsprozeß, der dadurch ausgelöst wird, ist sehr tiefgreifend.

2. Befragen

- Direkte Fragen, die eine einfache Antwort wie "ja" oder "nein" verlangen, sind zu vermeiden - z.B.: anstatt zu fragen: *"Ist er eifersüchtig?"*, fragen wir: *"Unter welchen Umständen zeigt es Eifersucht?"*
- Suggestive Fragen - z.B. um ein bereits vermutetes Medikament zu bestätigen - sind zu vermeiden.
- Fragen, die nur die Wahl zwischen zwei möglichen Alternativen als Antwort erwarten lassen, sind zu vermeiden - z.B.: anstatt zu fragen: *"Erbricht er vor oder nach dem Essen?"*, fragen wir: *"Erzählen Sie mir, wie das ist, wenn er erbricht"*.
- Versuchen Sie, über die Gebiete etwas zu erfahren, über die der Besitzer nicht gesprochen hat, z.B. anhand der Modalitäten, die später erwähnt werden.
- Das psychische und sexuelle Verhalten schneiden wir erst am Ende der Sprechstunde an, sofern der Besitzer nicht selbst schon davon gesprochen hat. Es gibt Tierhalter, die gerade die Symptomatologie, die den Tierarzt interessiert, verschweigen, da diese Symptome ihnen lächerlich erscheinen, eben weil sie so ungewöhnlich sind. Diese Tierhalter werden in der Regel auch Mühe haben, von der Sexualität und den Manien ihrer Schützlinge zu sprechen; es gilt, behutsam ihr Vertrauen zu gewinnen.
- Die beschriebenen Symptome müssen interpretiert und "übersetzt" werden, damit man sie im *Repertorium* von KENT identifizieren und finden kann - z.B. die Beobachtung: *"Zum Fressen will er seinen Napf immer an der gleichen Stelle haben. Sobald man den Napf versetzt, schleppt er die Futterstücke an seinen gewohnten Platz und frißt sodann das Futter vom Fußboden"*, wird zum Symptom *"pedantisch, penibel"*, im Repertorium von KENT unter *"mind - fastidious"*.
- Man muß sich vergewissern, daß die vom Besitzer beschriebenen Leiden auch wirklich zutreffen - z.B.: *"Er hat Schmerzen am Ellbogen..."* dabei handelt es sich eigentlich um Schmerzen am Hinterbein.

Am Schluß der Befragung stelle ich gerne noch einige Fragen, um das Wesen des Tieres noch besser kennen zu lernen, z.B.:

- *"Was ist das Schlimmste, was Sie ihm antun könnten?"*
  "Was ist das Schönste, was ihm passieren könnte?"
- *"Welcher Name, Kosename oder welches Eigenschaftswort paßt am besten zu ihm?"*
- *"Was ist sein größter Fehler?"*
- *"Was ist sein wertvollster Charakterzug?"*

Sie wünschen vielleicht, daß ich Ihnen heute einen Standard-Fragebogen zur homöopathischen Befragung austeile, den Sie einfach am Anfang der Sprechstunde zur Hand nehmen könnten, wie auch ich es mir für meine ersten homöopathischen Konsultationen gewünscht habe. Ich will Ihnen jedoch keine Liste mit Standardfragen geben, dafür aber einen einfachen Leitfaden für die homöopathische Konsultation, damit Sie die grundsätzlichen Fragen nicht vergessen.

Es ist sehr schwierig, sich in der Veterinär-Homöopathie an einen festen Plan zu halten; denn wenn man die Spontaneität des Besitzers respektieren und gleichzeitig ein Maximum an Details erheben will, um so den Patienten entsprechend zu individualisieren, dann muß man offen und geistig beweglich bleiben. Wenn ich Ihnen aber einen Standard-Fragebogen geben würde, ginge damit jede Spontaneität verloren und damit wohl auch gerade die interessantesten und wichtigsten Symptome.

Ich will Ihnen daher nur eine Wegleitung zur homöopathischen Befragung geben, die keineswegs vollständig ist, und ich hoffe, daß Sie diese bald nicht mehr brauchen werden - weil Sie auf den Geschmack einer gewandten und ungezwungenen Befragung gekommen sind.

Vorgehen bei der Befragung (chronischer Fall)

1. **Identifizierung des Patienten**
   Rasse, Geschlecht, Alter, Name, evtl. Kosename, Geburtsdatum.

2. **Motiv der Konsultation**
   Worunter leidet Ihr Tier? Aus welchen Grund kommen Sie zu mir?

3. **Vorgeschichte und Impfungen**
   a) individuell:
   - Operationen: wann? welche? Folgeerscheinungen?
   - Unfälle: wann? welche? Folgeerscheinungen?
   - Krankheiten: wann? welche Behandlung? Folgeerscheinungen?
   - Impfungen: Datum der letzten Impfungen? Reaktionen?

   b) familiär:
   - Leiden der Eltern, Geschwister?
   - Wie alt war das Tier, als Sie es übernommen haben?
   - Warum haben Sie dieses Tier genommen und nicht ein anderes?
   - Wer kümmert sich um das Tier? An wem hängt es am meisten?
   - Wo lebt es? Wo schläft es? Wo frißt es?
   - Wie lange hat er Auslauf pro Tag (Garten oder Spaziergang)?

4. **Spontane Anamnese**
   Diese Anamnese wird uns wertvolle Symptome liefern; sie verlangt Zeit und Geduld. *"Erzählen Sie mir, wie die Probleme angefangen haben und den bisherigen Verlauf."*
   Wenn nötig eventuell unterbrechen durch Zwischenfragen wie: *"Was halten Sie von ...? Was ist für ihn charakteristisch? und dann ...?"*

5. **Systematische Befragung** (vgl. Kapitel 13)
Hier haben wir verschiedene Möglichkeiten:
A. von "Kopf bis Fuß" systematisch befragen
B. mit "offenem *Kent*" befragen
C. die Seiten 1341-1423 (*Generalities*/Allgemeinsymptome) im *"Kent"* nachschlagen; die Symptome, die interessant erscheinen, vertiefen.

Wenn man die vom Besitzer während der systematischen Befragung beschriebenen Symptome nach Modalitäten einordnet, kann dies oft Symptome, die *a priori* banal erscheinen, aufdecken und charakterisieren.

Man kann im ganzen 10 Arten von **Modalitäten** unterscheiden:

1.	*Umstände / Bedingungen* beim Auftreten der Symptome (wann?) z.B.: Durchfall jedesmal nach dem Wassertrinken.
2.	*Der Eindruck*, den das Tier erweckt, wenn es krank ist (wie?) z.B.: Scheint es ängstlich zu sein? oder traurig? Beschreiben Sie es, wenn es sich nicht wohl fühlt!
3.	*Lokalisation*, Lateralität, Ausdehnung, Ausstrahlung (wo? wohin?) z.B.: Ein Hund mit Tonsillitis, der beim Fressen den Kopf schüttelt und ihn nach links neigt, weil der Schmerz beim Schlucken vom Rachen nach dem linken Ohr ausstrahlt.
4.	*Zeit und Periodizität* z.B.: epileptische Anfälle alle drei Wochen.
5.	*Abwechslung und Vikarisierung* z.B.: Ekzem abwechselnd mit Durchfall. Oder: kratzt sich am Ohr: keine Warze an der rechten Vorderpfote, kratzt sich nicht mehr am Ohr: hat dafür aber eine Warze an der rechten Vorderpfote. Oder: blutiges Erbrechen nach unterdrückter Menses.
6.	*Modalität der Verbesserung und der Verschlimmerung* z.B.: scheint weniger Bauchschmerzen zu haben, wenn ich ihn trage. Oft ist es hilfreich, zu beobachten was das Tier sucht (Verbesserung) oder was es meidet (Verschlimmerung).
7.	*Konkomitanz* (gleichzeitig Auftreten von zwei Krankheiten) z.B.: Durchfall und Ekzem.
8.	*Verhaltensveränderungen* z.B.: versteckt sich, bevor ... / wird aggressiv, bevor eine Blasenentzündung manifest wird.
9.	*Fehlen von zu erwartenden Symptomen* z.B. durstlos bei Fieber.
10.	*Beginn, Verlauf, Ende* z.B. Schmerzbeginn und -ende allmählich.

Es ist natürlich illusorisch, die 10 Modalitäten für jedes Symptom finden zu wollen. Vor allem dann, wenn uns ein Symptom unsicher erscheint, muß man versuchen, dies durch Nachfragen nach den Modalitäten zu präzisieren (vgl. Kapitel 6, S. 53: *vollständiges Symptom).*

Ich möchte noch einige Worte über denjenigen Teil der Konsultation sagen, der sich mit den Verhaltenssymptomen befaßt, und der aus verschiedenen Gründen sicher der schwierigste ist:

- Zum ersten, weil der Homöopath seinem Gesprächspartner mit Feingefühl begegnen, seine Reaktionen erahnen und die Fragen mit Takt stellen muß, ohne die Spontaneität und die Privatsphäre des Tierhalters zu verletzen.
- Zum zweiten, weil das Verhalten schließlich vom Tier her gedeutet werden muß. Viele Symptome, die beim Menschen seltsam scheinen, können im Tierreich absolut normal sein:

Nehmen wir zum Beispiel das Bedürfnis gesellschaftlichen Beisammenseins *(mind - desire of company)*:

- Es ist völlig normal, daß ein Hund gerne bei seinem Herrn bleibt.
- Als Symptom interessant wäre erst das Fehlen dieses Bedürfnisses bei einem extrem zurückgezogenen Tier oder das gesteigerte Bedürfnis mancher Hunde, an ihrem Herrn zu "kleben", z.B. während der Läufigkeit.

3. Beobachten und Untersuchen

Die Beobachtung beginnt, *sobald der Besitzer anruft* (z.B.: Hund, der während dem Anruf ständig bellt), geht weiter *bei der Ankunft in der Praxis* (z.B.: Hund, den man hinein ziehen muß), *im Wartezimmer* (z.B.: aufgeregt, Raufer, will getragen werden), und beim *Eintritt in den Behandlungsraum* (z.B.: scheu oder drohend). Die Beobachtung geht auch *während der Befragung* weiter (z.B.: springt ständig auf den Schoß des Besitzers).

Die klinische Untersuchung selbst wird auf konventionelle Art durchgeführt, man wird aber zusätzlich noch beobachten, ob das Tier während der Untersuchung zu fliehen versucht, zittert, Urin oder Kot absetzt, oder seine Analdrüsen leert, kurz, man wird auch da seine Beobachtungen weiterführen.

4. Notieren

Es ist schwierig, gleichzeitig zu beobachten und zu notieren. Trotzdem sollte man es versuchen und zwar sowohl während der spontanen Anamnese als auch während der systematischen Befragung.

Es gilt:

- die vom Besitzer oder Züchter beschriebenen Symptome, in der von ihm benützten Sprache zu notieren.

- jedes Symptom in einer neuen Zeile einzutragen. Dies wird die Arbeit bei der Einordnung der Symptome und das Repertorisieren sehr erleichtern.
- die Symptome durch die genannten Modalitäten zu charakterisieren und die spontane Anamnese mit Hilfe der Modalitäten zu kontrollieren.

Nach einer Befragung muß man häufig den Patienten nochmals bestellen, um gewisse Symptome zu präzisieren. Im allgemeinen sind es die drei ersten Befragungen, die uns die meisten interessanten Symptome liefern, und man sollte nach drei Befragungen das geeignete Medikament geben können.

Nach der Befragung müssen wir noch die Symptome auswählen, ordnen und nachher repertorisieren. In den meisten Fällen wird der Tierhalter daher nicht gleich am Schluß der homöopathischen Befragung seine Globuli erhalten, sondern man wird sie ihm nach der Fallbearbeitung zusenden.

Man hört oft, daß die Homöopathie langsam wirkt. Dies ist nicht zutreffend. Bei einem akuten Fall, bei dem der Organismus heftig reagiert, steht die Schnelligkeit der Heilung durch das richtige Medikament der Geschwindigkeit des Auftretens der Krankheit nicht nach (z.B.: Bienenstich und *Ledum* oder *Apis).*

Damit Sie sehen, wie es in der Praxis zugehen kann mit Zuhören, Beobachten und Befragen, will ich Ihnen jetzt meinen Besuch vor ca. zwei Jahren bei einer Züchterin schildern. Diese verstand es, ihre Tiere mit den Augen und mit dem Herzen zu beobachten, im Alltag und wenn sie krank sind. Während ich zuhörte, hatte ich fast den Eindruck, daß sie mir das Arzneimittelbild des Medikamentes, das meinen Patienten heilen würde, beschrieb.

Die Züchterin, die Abessinerkatzen züchtet, ist besorgt: eine ihrer Zuchtkatzen - Balalaika - jetzt vierjährig, läßt sich seit einem Jahr nicht mehr decken. Vorher wurde sie problemlos drei Mal gedeckt und hat wunderschöne Kätzchen zur Welt gebracht; wie B. wurden sie prämiert . Die Züchterin möchte gerne, daß B. wieder trächtig wird, es scheint ihr aber, daß die Brünstigkeiten von B. immer seltener werden und daß ein gynäkologisches Problem vorliegt. Das ist der Grund der Konsultation.
Insgesamt hat die Züchterin sechs Zuchtkatzen, zwei männliche und vier weibliche. Bei meiner Ankunft sind die Katzen im umzäunten Garten. B. liegt weit weg von den anderen, mit erhobenem Kopf, stolz.
Auf meine Bemerkung sagt **die Z.:** "Sie hält immer Abstand von den anderen, als ob sie Angst hätte." Wir nähern uns ein wenig. B. streckt sich und wird noch hochmütiger. Die anderen Katzen bleiben gleichgültig.
Wir entfernen uns, einer der Kater streicht uns um die Beine. Da Futterzeit ist, ruft die Züchterin die Katzen, damit sie hineinkommen. B. rennt los, sie will die erste sein, obwohl sie am weitesten weg war. Sie macht aber doch einen kleinen Umweg, um nicht bei den anderen zu nahe vorbeizulaufen.

Jede Katze hat einen Napf; das Fressen wird immer zur gleichen Zeit verabreicht, abgesehen vom Trockenfutter, das ständig zur Verfügung steht.

Der Napf von B. ist etwas abseits. Ich frage nach dem Grund.

Die Z.: "Sie hat das so gewollt. Als die anderen ihr zu nahe waren beim Fressen, zeigte sie wenig Appetit. Jetzt verschlingt sie das Futter und ist am schnellsten fertig."

Tatsächlich, B. verschlingt richtig das Futter; sie läßt aber ihren Kopf nicht im Napf; sie nimmt ein Stück und hebt den Kopf, um ihre Umgebung zu überwachen. Sie wird übrigens schnell satt - und bevor sie leer gefressen hat, springt sie auf einen Schrank und beobachtet mit verachtungsvollem Blick die anderen Katzen, die ruhig fressen.

Ich frage die Züchterin, ob sich das Verhalten von B. verändert hat, seitdem gynäkologische Probleme aufgetreten sind.

Die Z.: "Ja und nein, B. ist immer schon stolz und selbständig gewesen. Es ist ihr Schrank, sie hat sich ihn angeeignet. Es ist, wie wenn sie allein sein möchte in der Gesellschaft der anderen."

Ich: "Und wenn sie Junge hat, ist sie dann auch so?"

Die Z.: "Ja, von meinen vier Kätzinnen ist sie diejenige, die den Jungen am wenigsten Beachtung schenkt. Dabei hat sie aber am wenigsten Mühe beim Gebären und ist die sauberste während und nach dem Gebären."

Ich: "Wie sind die Hitzen im Allgemeinen? Hat es eine Änderung gegeben seit sie Probleme hat?"

Die Z.: "B. hat nie stark ausgeprägte Brünstigkeiten gehabt und sie waren auch weniger häufig als bei meinen anderen Katzen. Jetzt werden die Raunzen aber immer seltener, oder ich bemerke sie nicht mehr, weil sie so wenig ausgeprägt sind.

Vor ein paar Wochen habe ich sogar gedacht, daß sie trächtig sei, sie hat einen etwas dicken Bauch gehabt. Doch habe ich bemerkt, als ich sie palpiert habe, daß sie einfach gebläht war. Sie frißt jeden Morgen Gras, was sie früher weniger machte. Man muß aber sagen, daß sie eine Tendenz zu Verstopfung hat, vielleicht frißt sie auch deshalb so viel Gras."

Ich: "Woher kommt Ihnen der Gedanke, daß sie sich weigert, gedeckt zu werden?"

Die Z.: "Sie macht den Eindruck, als hätte sie Schmerzen beim Deckakt. Sie schreit, sie läßt es sich nicht gefallen und sucht Schutz auf ihrem Schrank. In diesem Moment ist sie nicht zu halten."

Ich: "Haben Sie sonst noch etwas Außerordentliches bemerkt?"

Die Z.: "Oh ja, sie ist plötzlich älter geworden. Sie hat plötzlich weiße Haare auf dem Kopf bekommen. Stellen Sie sich vor, mit vier Jahren!"

Ich: "Und mit dem Streicheln, hat sich da etwas verändert, seitdem sie Probleme hat?"

Die Z.: "Nein, nicht wesentlich, sie geht weg, wenn man sie streichelt. Sie ist vielleicht auf meine Stimme empfindlicher geworden, auf den Tonfall der Stimmen im allgemeinen."

Ich: "Haben Sie schon einmal mit ihr geschimpft?"

Die Z.: "Ja, ein einziges Mal; ich hatte eine neue Katze nach Hause gebracht, es war vor ungefähr sechs Monaten, und da hatte sie die Frechheit, ein Möbelstück vor meinen Augen anzupinkeln, wohl um ihr Territorium zu markieren."

Ich: "Und weiter?"

Die Z.: "Sie ging sich verstecken. Ich holte sie, um mit ihr zu schimpfen, da kratzte sie mich an den Beinen. Anschließend sprang sie beschämt auf ihren Schrank. Ich war sehr erstaunt, denn sie war sonst nie aggressiv gewesen."

Die Schilderungen der Züchterin und die Beobachtungen haben ganz spontan die *Mind*-Symptome von B. aufgezeigt. Ich habe bemerkt, daß B. während der Untersuchung ihre stolze Art verloren hat. Ich war zufrieden, weil ich den Eindruck hatte, einen guten Kontakt mit der Besitzerin gehabt zu haben und weil ich interessante Symptome beobachten konnte. Die Kätzin - mit einer einzigen homöopathischen Arzneigabe (*) behandelt - wurde sechs Wochen später problemlos gedeckt.

Zusammenfassung

Auf der Suche nach der Arznei, die der individuellen Art entspricht, wie ein Tier seine bestimmte Krankheit durchmacht, spielt der Tierhalter eine wichtige und unersetzbare Rolle. Nur er kann unser Verständnis des Patienten vertiefen über die Erkenntnisse hinaus, die wir bei der klinischen Untersuchung gewonnen haben.

Die Beobachtungen einer Person, die mit ihren Tieren lebt, sind viel reicher und tiefer als der flüchtige Eindruck des Tierarztes, auch wenn er sich mehrere Stunden mit dem kranken Tier abgibt.

Die Zusammenarbeit Tierhalter-Tierarzt führt zu einer doppelten Beobachtung. Die Beobachtung des Besitzers, der ständig mit seinem Tier lebt, ergänzt diejenige des Tierarztes, der eine größere Auswahl an klinischen Fällen sieht.

(*) Die verabreichte Arznei war *Lycopodium.* Wahl der Symptome und Repertorisation siehe S. 139 (Repertorisationsbogen).

Neben der Beobachtung gilt es aber noch **6 goldene Regeln** der Fallaufnahme zu respektieren:

1. Die Spontaneität des Besitzers zu respektieren (diese fördern und von Hemmungen zu befreien versuchen).
2. Die typischen und angeborenen art- und rassebedingten Verhaltensweisen der Tiere zu kennen und zu verstehen.
3. Eine Vermenschlichung zu vermeiden, ohne aber außer acht zu lassen, daß die menschlichen Arzneimittelbilder mit denjenigen der Tiere gut übereinstimmen, sei das nun eine Kuh, ein Meerschweinchen oder eine Katze. Viele tierische Verhaltensweisen sind genetisch fixiert oder stehen in Verbindung mit einer jeder Tierart eigenen Rangordnung. Sie müssen dementsprechend bewertet werden.
4. Inhalt und Möglichkeiten des Repertoriums von KENT gut zu kennen. Der Reichtum dieses Repertoriums erlaubt uns einen nuancierten Zugang zum tierischen Verhalten. Man muß jedoch das grundsätzliche Problem des Patienten verstehen, bevor man die Rubriken nachschlägt.
5. Man muß die Symptome des Patienten in ihrer Gesamtheit abdecken. Man darf sich nicht nur auf die Mind-Symptome beschränken.
6. Man darf schließlich nicht überrascht sein, wenn ein Symptom nicht verschwindet: ein nervöser Hund wird auch nervös bleiben, ein impulsiver Hund bleibt impulsiv. Was wir korrigieren können, ist das, was ihn bedroht oder was ihm die Freude am Leben nimmt.

Bibliographie

Cahiers du Groupement Hahnemannien du Dr. P. SCHMIDT. Médecine et hygiène, Genève. 10 cahiers / an.

Cours d'homéopathie du Dr. R. CASEZ, Genève 1983-1985.

Cours d'homéopathie vétérinaire au Centre d'Etudes S. Hahnemann, Condom, France 1981-1982.

HAHNEMANN, Samuel: Organon ou l'Art de guérir. Ed. J.B.Baillière et Ed. Similia, Paris, 1982.

QUINQUANDON, H.: Homéopathie vétérinaire et biothérapies. Le Point vétérinaire, Maisons Alfort, 1983.

SCHMIDT, Pierre: La consultation homéopathique: l'art d'interroger, 1975.

13 Die systematische homöopathische Anamnese - das Kent'sche Interrogatorium übertragen auf das Tier

Ulrike Schnurrenberger

Eine korrekte, umfassende Fallaufnahme ist die Voraussetzung dafür, das richtige Heilmittel für den Patienten zu finden. Das Interrogatorium für Tiere, das in Anlehnung an das KENT'sche Frageschema für Menschen zusammengestellt wurde, soll eine Brücke schlagen vom Patienten mit seinen Krankheitssymptomen auf der einen Seite zur homöopathischen Literatur, den Repertorien und den Arzneimittellehren auf der anderen Seite. Das vorgestellte Interrogatorium soll nur als Gedächtnisstütze dienen und als Kontrolle, daß während der Anamnese nichts vergessen worden ist. Es ist lediglich als Orientierungshilfe (im Sinne einer Checkliste) gedacht; die Spontaneität der Fallaufnahme soll dabei nicht verloren gehen!

Zunächst zwei grundsätzliche Bemerkungen zur homöopathischen Anamnese:

1.	Wir müssen bei der Fallaufnahme unterscheiden zwischen einer *akuten* und einer *chronischen* Krankheit. Die *akuten Krankheiten* zeigen ihre Symptome schnell und deutlich. Oft treten die Symptome so klar hervor, daß sie *nach ihrem Heilmittel schreien* (Organon, § 99). Wir nehmen nur die akuten Zeichen und Symptome, d.h. alle deutlichen Befindensänderungen des Patienten gegenüber dem vorherigen Zustand der relativen Gesundheit. Wir werden sicher einen falschen Weg einschlagen, wenn wir akute, d.h. neue, aktuelle Symptome mit chronischen, d.h. alten Symptomen vermischen (vgl. Kapitel 14). Die *chronischen Krankheiten* entwickeln ihre Symptome langsamer, über Wochen, Monate oder Jahre hinweg. Bei der chronischen Anamnese muß man folglich die Gesamtsymptomatik eines Lebens herausfinden, möglichst von Geburt an.
2.	Die Fallaufnahme sollte immer *schriftlich* festgehalten werden, auch wenn man meint, das Mittel auf Anhieb gefunden zu haben. Ohne schriftliche Aufzeichnung kann man weder ein Simile finden, noch später beurteilen, ob und wie das verordnete Mittel gewirkt hat.

Nun zur Anamnese selbst (vgl. Kapitel 12):

Wenn wir einem neuen Patienten zum ersten Mal gegenüber stehen, werden wir zunächst Namen und Adresse des Eigentümers und die *"Personalien"* des Tierpatienten notieren sowie das Datum der Konsultation.

Dann kommen wir zur *Spontananamnese*:
Zu Beginn läßt man erst einmal den Eigentümer des Tieres selbst ausführlich zu Wort kommen. Der Tierarzt bittet ihn, langsam zu sprechen, damit er mitschreiben kann. Man sollte ihn möglichst nicht unterbrechen, es sei denn, er weicht vom Thema ab. Der Tierarzt schreibt jedes relevante Symptom auf. Am besten läßt er an der Seite des Blattes einen Rand frei, damit er nachher noch Platz hat für Ergänzungen. Wenn der Patientenbesitzer mit seinem Bericht fertig ist, fragt man, ob es sonst noch irgendetwas gibt, was beim Patienten nicht in Ordnung ist.
Kontrolle der Spontananamnese:
Wenn der Eigentümer wirklich nichts mehr weiß, geht man die Symptome Punkt für Punkt noch einmal durch, vervollständigt sie und fragt v.a. nach den Modalitäten. Man versucht herauszufinden, *wo* das Symptom lokalisiert ist, *wann* es auftritt, *wie lange* es dauert, *wie schnell* es auftritt, *seit wann* es besteht, ob eine *Periodizität* besteht.

Interrogatorium nach Kent

Personalien

Datum, Name, Adresse des Patientenbesitzers; Tiername, Tierart, Rasse, Geschlecht, Alter, Haar- und Augenfarbe, Abzeichen, Höhe, Gewicht, Verwendungszweck, Haltungsform (allein, in Gruppe).

Spontananamnese

- Grund der Konsultation
- Zeitpunkt des Beginns
- Art und Weise des Entstehens, Dauer der Beschwerden
- Mögliche Krankheitsursache
- Diagnose, bisherige Behandlung, verabreichte Medikamente
- vergangene Krankengeschichte
- Impfungen (Impffolgen, Verträglichkeit)
- Familienanamnese: Kennen Sie verwandte Tiere (Eltern, Geschwister)? Neigen diese zu bestimmten Erkrankungen?
- Herdenanamnese, Bestandsanamnese.

Kontrolle der Spontananamnese

- Vervollständigung der erhaltenen Symptome
- Fragen nach den Modalitäten.

Kontrolle nach dem Kopf-zu-Fuß-Schema

Siehe Anhang (S. 117)

Interrogatorium

N.B.: Die Seitenangaben bezeichnen die Rubriken aus KENT's Repertorium Generale, die Abkürzung *"Syn. Rep."* verweist auf das Synthetische Repertorium (beide in englisch, siehe Literaturangaben).

Zeiten

Zu welchen Tages- oder Nachtstunden, zu welchen Jahreszeiten, zu welchen Sonnen- oder Mondphasen hat Ihr Tier Beschwerden? Wann ist das Befinden besser, wann schlechter? Welche Zusammenhänge bestehen mit den Körperfunktionen?

- Tageszeiten (morning, forenoon, noon, afternoon, evening, bef. / after midnight, on waking 1107 ff, 1163)
- Jahreszeit (spring 1157, summer 1158, autumn 1110, winter 1172)
- Sonne / Mond (Neu-, Vollmond, zu- / abnehmender Mond; *Syn. Rep.* II/369, 370; moonlight 1133, sun 1158)
- Periodizitäten (periodicity 1147).

Temperaturen

Welche Temperaturen bevorzugt / verabscheut Ihr Tier? Welche Temperaturen bessern / verschlimmern seine Symptome? Es gibt Tiere, die leicht zu kalt oder zu warm haben. Zu welchen gehört Ihres? Wie reagiert es auf:

- Wärme (warm agg., warm wraps, warm room, etc. 1164 ff)
- Kälte (cold agg., becoming cold amel., etc. 1113 ff; uncovering 1163; coldness leg / foot 807)
- Extremtemperaturen (heat and cold 1114)
- Wechsel von drinnen nach draußen / von draußen nach drinnen, Aufenthalt im Freien, Frischluft (z.B. cough, cold air, going from warm to 665; air, open agg. / amel. 1109 ff)
- Baden; wie reagiert das Tier, wenn es gewaschen wird, wenn es einer Pfütze begegnet? Schwimmt es gerne? (dread of bath 1110; bathing agg. / amel. 1110; fear of water 38).

Wetter

Hat das Wetter einen Einfluß auf das Befinden des Tieres, und wie macht sich das bemerkbar? Welche Wirkung haben:

- Gewitter (thunderstorm bef. / during 1157)
- Sturm (windy and stormy weather 1171, 1157)

- Wetterwechsel (change of temperature, of weather, cold to warm, etc. 1112)
- Bewölkung (cloudy weather agg. 1113)
- Nebel (foggy weather 1123)
- Sonne (sun 1158)
- Schnee (snow-air 1157)
- Wind (1171), Zugluft (draft 1109)
- kaltes / warmes / trockenes / nasses Wetter (cold dry 1114; dry 1113; warm wet 1165; wet 1171; etc.).

Geographie, Klima

War das Tier schon einmal in den Bergen, am Meer? Wie hat es sich dort gefühlt?

- Meer (air, seashore 1110)
- Gebirge (ascending amel. *Syn.Rep.* II/376, Mountain sickness II/376; high places 82; ascending 1110, descending 1119).

Äußere Einflüsse

Wie reagiert das Tier auf äußere Einflüsse wie:

- feste Berührung / leichte Berührung (touch, slight 1160; aversion 71)
- Druck (pressure 1148)
- Erschütterung (Jar, stepping agg. 1129)
- Licht (sensitive light 63; photophobia 220)
- Lärm (noise 63)
- Gerüche (nose, smell 293)
- Beengung [Halsband, Sattelgurt] (abdomen, sensitive clothing 461; ext. throat, clothing agg. 401; clothing, intolerance, loosening amel. 1113)
- Schmerz (z.B. shrieking with the pain 64; pain, appear suddenly 1136; intolerable 1139; painlessness of complaints usually painful 1146; sensitiveness, to pain 1153).

Körperpositionen, Bewegung

Welche Körperstellungen, -haltungen bevorzugt / meidet das Tier? Beschreiben Sie genaue Positionen, Häufigkeit, Dauer. Wie verhält es sich mit:

- Liegen (lying 1131 ff; lying side painful / painless agg. 1132)
- Sitzen (sitting 1155 ff)
- Stehen (standing 1157)
- Laufen (walking 1163; in open air 1164; slowly / fast 1164)

- Ruhe / Bewegung (motion agg. 1133 ff; exertion, physical 1121; ataxia, awkwardness 800, 849; change of position agg. / amel. 1112; restlessness, compelling rapid walking 58; - bed, driving, out of 58; - go from one bed to another, wants to 58; - tossing about in 58; - heat, during the 59; - menses before 59; - warm bed agg. 60; usf.).

Reisen, Fahren

Wie verträgt das Tier Reisen mit dem Auto / Transporter, der Bahn, dem Schiff?

- (nausea, riding in a car 434; vomiting, while riding in a carriage 455; seasickness 434).

Schlaf

Wie steht es mit dem Schlafbedürfnis, den Schlafpositionen? Bevorzugt das Tier ein kaltes / warmes / hartes / weiches Schlaflager? Träumt es viel? Sind Augen, Mund im Schlaf geschlossen?

- Schlaflosigkeit (sleeplessness 1039)
- Schläfrigkeit (sleepiness 1030)
- Gähnen (yawning 1137)
- Schlaf mit offenen Augen (open eyes during sleep 208); mit offenem Mund (mouth open during sleep 347)
- hartes Schlaflager (back, pain, lying on something hard amel. 754)
- Zähneknirschen im Schlaf (grinding teeth during sleep 368), etc.

Essen

Wie steht es mit dem Appetit? Zu welcher Tageszeit, wie frißt das Tier? Frißt es seinen Napf / Trog leer? Kann man ihm das Futter während dem Fressen wegnehmen?

- Appetitlosigkeit (appetite wanting, easy satiety, 1120 / 407)
- Heißhunger (appetite ravenous 408 / 409, with marasmus 409, with emaciation 409 / 1 120)
- Hunger bei Fieber (appetite, increased, fever during 408)
- Essen verschlechtert / bessert (eating agg. / amel. 1120)
- hastiges Essen (eating fast 1120).

Bestehen Verlangen oder Abneigungen gegenüber bestimmten Nahrungsmitteln? Wie verhält es sich mit Fettem, Butter, Salz, Saurem, Gewürztem,

Süßem, Knoblauch, Fisch, Obst, Gemüse, Fleisch, Brot, Teigwaren? Wie verträgt es die Nahrungsmittel? Welche bekommen ihm nicht?

- Verlangen (desires 413 - 415)
- Abneigungen (aversion 410 - 412)
- Verträglichkeit (food agg. 1123 ff).

Durst

Wie steht es mit dem Durst (welche Mengen trinkt das Tier jeweils, Häufigkeit, in welchen Abständen, welche Temperatur bevorzugt, Verlangen nach bestimmten Getränken, frischem oder abgestandenem Wasser)?

- Durst groß, unstillbar (thirst extreme 450)
- Durst oft, auf große Mengen / kleine Mengen (for large quantities / small quantities 451)
- Durstlosigkeit, während Fieber (thirstless, during heat 451).

Verdauung

Wie verdaut das Tier die aufgenommene Nahrung? Wie ist die Kotbeschaffenheit (Farbe, Geruch, Konsistenz, Menge)?

- Kotbeschaffenheit (stool 543 ff)
- Kotabsatz (z.B. involuntary, on coughing, during sleep 531; urging 541 ff)
- Durchfall (diarrhoea 521 ff)
- Verstopfung (constipation 519 ff).

Erbricht Ihr Tier häufig (Häufigkeit, Zeitpunkt, nach Essen / Trinken, Beschaffenheit, Geruch)?

- Erbrechen (vomiting 452 ff, z.B. after anger 453, after drinking cold water 454, as soon as water becomes warm in stomach 454, when hawking up mucus 454, bef. / during menses 454).

Wie steht es mit:

- Aufstoßen (eructation 418 ff)
- Blähungen (distension 464, flatulence 467)
- Schluckauf (hiccough 427)
- Bauchschmerzen, Koliken (stomach / abdomen pain 435 ff / 473 ff)
- Flatulenz (flatus 527 ff).

Harnapparat

Wie ist die Beschaffenheit des Urins (Farbe, Geruch, Menge, Beimengungen, Sediment, spezifisches Gewicht), die Häufigkeit und die Art des Harnabsatzes?

- Urinbeschaffenheit (urine 582 ff)
- Harnabsatz, Harnträufeln (z.B. dribbling, involuntary 561; involuntary 563-565; during cough, from excitement, laughing, first sleep 564).

Sexualität, Brunstgeschehen, Trächtigkeit, Geburt

Sexualität:
Wie steht es mit dem Sexualtrieb, dem Verhalten beim Deckakt?

- Verlangen (male erections, sexual desire 594; passion 607; female desire 611)
- Masturbation (masturbation 599, nymphomania 55).

Brunst:
In welchem Alter erschien die erste Brunst, in welchem Abstand erscheint sie seither? Wie lange dauert sie, mit welcher Intensität? Beschaffenheit, Intensität der Ausscheidungen? Brunstverhalten, Beschwerden vor / während / nach der Brunst? Ausfluß außerhalb der Brunst?

- Man kann für die Brunstsymptomatik des Tieres die Rubriken des Kapitels *Menses* verwenden (menses 617 ff)
- Weißfluß (leucorrhoea 614 ff).

Trächtigkeit / Geburt:
Wann war die erste Trächtigkeit? Besonderheiten während vergangenen Trächtigkeiten? Aborttendenz? Haarausfall? Dauer der Trächtigkeiten? Geburtsablauf, Wehentätigkeit? Traten Besonderheiten, Probleme in der Nachgeburtsperiode auf?

- Abort (abortion, tendency 610)
- Uterusprolaps, Vaginalprolaps (prolaps, uterus, - vagina 631)
- Scheinschwangerschaft (milk, non-pregnant woman 707)
- unter Kapitel *mind* (delusions nursing her child, that she was 24, delusions inanimate objects are persons 23)
- unter Kapitel *chest* (swelling mammae with secretion of milk 743)
- Nachgeburtsverhalten (placenta retained 631)
- rigide Cervix (rigidity of os uteri during labor 632).

Laktation

Bestehen / bestanden irgendwelche Beschwerden, Besonderheiten in Bezug auf das Gesäuge / Euter? Entzündungen? Wie steht es (bei Kühen) mit der Melkbarkeit (Laufenlassen, Hochziehen der Milch)? Wie verläuft die Laktation? Wie hoch ist die Milchleistung? Beschreiben Sie den Milchcharakter:

- Milchcharakter (milk 707)
- Milchsekretion (milk 707; *Syn. Rep.* suppressed II/619)
- Mastitis (inflammation, mammae 706)
- Abneigung des Jungtieres gegen die Muttermilch (child refuses mother's milk 707).

Haut

Wie heilen Verletzungen, Operationswunden?

- Wunden (wounds, slow to heal 1172; skin, unhealthy 1104)

Wie heilen Frakturen?

- Knochen (slow repair of broken bones 1156)

Hat das Tier Warzen, Muttermale? Wo? Beschreiben Sie den Charakter der Absonderungen!

- (warts 1104, siehe auch unter der jeweiligen Lokalität!; excrescenses, freckles 1192)

Hatte es einmal Hautausschläge? Wo?

- (z.B. eruptions, bends of joints 826; eruptions on lids 201; etc.). Beschreiben Sie den Charakter der Absonderungen!

Wie sind die Hufe / Klauen / Nägel beschaffen?

- spröde (brittle nails 800); gewellt (corrugated nails 813); gebogen (curved finger nails 819); verkrüppelt (crippled nails 819); entstellt (distorted nails 823); abblätternd (exfoliation 838); wachsen nicht (do not grow 342); fallen aus (falling 839); Horn unter Nägeln (horny growth under nails 849); Nietnagel (hangnails 843); eingewachsen (ingrowing toe nails 851); langsames Wachstum (slow growth of finger nails 985); Nagelschmerzen (pain nails 882); gespalten (split nails 985); gefleckt (spotted nails 985); dünne / dicke Nägel (thick / thin nails 988); hart, kräftig (tough nails 1000); Warzen (warts, close to nails 1010); Trockenheit (dryness, toe nails 824).

Konstitution, Typ

- z.B. dünn (lean 1130); Neigung zum Dickwerden (obesity 1135)
- Zwergwuchs (dwarfishness 1119)
- Abmagerung (emaciation 1120 ff)
- hellhaarig (blondes 1111); braun (brunettes 1111)
- aufgedunsen (dropsy 1119).

Gemütssymptome

Beschreiben Sie das Wesen, den Charakter, die Stimmungen Ihres Tieres. Beschreiben Sie sein Verhalten allein, in Gegenwart von Artgenossen, von fremden Personen, in der Gruppe / Herde. Sucht es Gesellschaft oder möchte es lieber allein sein?

- (company, desire / aversion 10)

Gibt es Situationen, in denen es Angst hat oder aufgeregt ist?

- (anxiety 3 ff; fear in a crowd 35, of dark 35, of water 38, of thunderstorm 38, being alone 34)

Vermuten Sie eine psychische Ursache für ein Krankheitsgeschehen?

- Folge von Aufregung (excitement 32 ff), Ärger (anger 2), Schreck (fright 39), Trauer (grief 40), Freude (joy 48), Liebeskummer (from disappointed love 50), Kränkung oder Demütigung (mortification 54)

Beschreiben Sie seinen Gemütszustand: wann ist Ihr Tier z.B.:

- nachtragend (dwells 31); eifersüchtig (jealousy 48); launisch (quarrelsome 56); reizbar (irritability 46 ff); anhänglich (affectionate 1); starrsinnig (obstinate 55); traurig (sad, depressed 60); ungeduldig (impatience 42); unruhig (restlessness 57); veränderlich (mood, changeable 54); etc.

Wie reagiert es vor dem Füttern, Melken, einer Ausstellung? Welche Rangposition nimmt das Tier Ihrer Meinung nach unter Artgenossen ein und wie zeigt sich das? Wie reagiert es, wenn etwas Ungewohntes passiert, wenn der Freßplatz gewechselt wird, der gewohnte Tagesablauf geändert wird?

- (conscientious about trifles 13, fastidious 33)

Wie steht es mit geistigen Funktionen wie Lernen, Konzentration und Behalten? Zeigt Ihr Tier Besonderheiten im Verhalten wie Tics, stereotype Bewegungen, Untugenden?

- (slowness 65, concentration difficult 10, biting 8).

Anmerkungen (Hartmut Krüger)

Zur Reihenfolge der klinischen Untersuchung (am Anfang oder am Ende des Interviews) in akuten und in chronischen Fällen könnte kurz etwas gesagt werden. Z. B. wäre es ungünstig - wie bemerkt, die klinische Untersuchung grundsätzlich am Ende oder grundsätzlich am Anfang zu empfehlen. Die Untersuchung am Anfang, begleitet von kurzen Fragen und Antworten von Tierarzt und Besitzer, ist wohl in der Mehrzahl der akuten Fälle die richtige Reihenfolge. Die Untersuchung am Ende, bei der bereits auf das Wissen aus dem vorangegangenen Interview zurückgegriffen werden kann, ist natürlich in der Mehrzahl der chronischen Fälle von besonderem Vorteil.

In akuten wie in chronischen Fällen gibt jedoch das Tier selbst, die Dringlichkeit seines Zustands, seine Vertrautheit oder Ängstlichkeit und schließlich auch die Haltung des Tierbesitzers (der ja manchmal ängstlicher und nervöser ist als sein Tier) den Ausschlag für oder gegen eine sofortige Untersuchung oder für die Einräumung einer Beruhigungs- oder Eingewöhnungsphase, bevor man die körperliche Untersuchung beginnt.

Mir persönlich hat sich eine erste kurze, orientierende körperliche Untersuchung der Tiere (ohne Disziplinar- oder Zwangsmaßnahmen) am Anfang und eine ausführliche, gezieltere Untersuchung am Ende des Interviews am besten bewährt .

Die im Interrogatorium angeführten Rubriken sind beispielhaft und ohne Anspruch auf Vollständigkeit. Erwähnt sei noch einmal die Schwierigkeit der Übertragung der am Menschen erhobenen Symptome auf das Tier. So ist zu: "Trächtigkeit, Uterusprolaps" zu sagen, daß der Uterusprolaps der Tiere nur während der nachgeburtlichen Phase demjenigen beim Menschen entspricht. Ansonsten ist beim Menschen gemäß Angaben unserer ärztlichen Kollegen bereits der Begriff "Uterusprolaps" geläufig, wenn wir beim Tier noch von "Scheidenvorfall" sprechen. Also müssen wir als Tierärzte bei Hündinnen oder Kühen in solchen Fällen auch die Rubrik "Prolapsus, uterus" heranziehen. Dies ist besonders auch deshalb wichtig, weil die Rubrik "Prolapsus, vagina" sicherlich nicht vollständig ist.

Sehr nützlich ist auch die Rubrik "Appetite, increased, fever, during" (S. 408), die schon manchen *Phosphor*-Fall lösen half, und die ich auch dann benutze, wenn der

Appetit nicht einmal gesteigert, sondern lediglich, trotz bestehenden Fiebers, in gewohnter Weise erhalten ist.

Zu: "Hals, Stimme". Der objektive Befund, der Klang und die Veränderung der Stimme könnte im Interrogatorium z.B. ebenfalls berücksichtigt werden: "Larynx / Trachea, Voice" (S 644-647).

Zu: "Haut, Schweiß". Das Phänomen Schwitzen kommt im Interrogatorium zu kurz. Das große Repertoriums-Kapitel "Perspiration" ist ebenfalls eines der objektiven Kapitel und kann uns für vieles entschädigen, was uns Tierärzten sonst im Repertorium (subjektive Symptome wie z.B. Schmerzqualitäten) nicht zugänglich ist.

Das systematische Interrogatorium ist besonders für den noch wenig Geübten eine sehr nützliche Hilfe, um erstens ein möglichst vollständiges Symptomenbild zu erhalten und zweitens mit dem Repertorium vertrauter zu werden. Trotzdem ist es unumgänglich, will man bei der Kunst der Anamnese wirklich weiter kommen, entsprechende praktische Kurse zu besuchen und daneben Materia medica zu studieren, damit man mit der Zeit eine präzise Vorstellung hat, worauf es bei der Befragung im Detail ankommt.

Literatur

BARTHEL, H.: Synthetic repertory: psychic and general symptoms of the homoeopathic materia medica = Répertoire synthétique = Synthetisches Repertorium / publ. by Horst Barthel. Haug, Heidelberg, 1973 / 3. impr. ed., B. Jain Publishers (P) Ltd., New Delhi, 1987.

KÜNZLI, J.: Vorlesungen in klassischer Homöopathie, Zürich 1984-1987

KÜNZLI, J.: Kent's Repertorium Generale. Barthel & Barthel Publishing Corp., Germany, Berg am Starnberger See, 1987.

ANHANG: Kopf-zu-Fuß-Schema

Kopf: Form, empfindliche Stelle / Haltung, Schwindel

Augen: Linse, Konjunktiva / Lider, Gerstenkörner / Ausfluß, Tränenfluß / Sehstörungen, Lichtempfindlichkeit

Ohren: Form, Temperatur / Entzündungen, Ausfluß / Reaktion beim Hineingreifen / Schütteln, Kratzen / Hören

Nase: Nasenspiegel, Nüstern / Niesen, Schnupfen / Ausfluß

Mund: Lefzen, Schleimhaut / Zähne, Zahnfleisch, Zahnung / Zunge, Belag, Zahneindrücke / Tonsillen

Hals: Kehlkopf / Drüsen / Schlucken, Stimme, Geräusche / Verträglichkeit Halsband, Leine

Brustkorb: Atmung / Herz-, Lungenauskultation / Husten, Auswurf

Abdomen / Darm: Umfang: Völle, Leere, Tympanie / Bauchdecken, Empfindlichkeit / Stuhlgang / Blähungen / Analdrüsen, Anus

Gesäuge / Euter: Größe, Beschaffenheit, Symmetrie / Milch / Scheinträchtigkeit / Schalmtest / bakterielle Untersuchung

Rücken: Wirbelsäule, Form, Verkrümmungen / Haltung / Gang

Extremitäten: Knochen, Sehnen, Gelenke / Bänder, Muskulatur / Füße, Beine (kalt-warm) / Klauen, Hufe, Nägel / Gang, Beweglichkeit / Fußschweiß

Harnorgane: Harnwege, Nieren / Harnuntersuchung: Menge, Farbe, Geruch, Beimengungen, Sediment, spezif. Gewicht, Azetontest, Labor

Genitalorgane: *männlich:* Skrotum, Hoden, Penis: Form, Schleimhaut, Absonderungen; *weiblich:* Vagina, Uterus, Ovarien: Form, Schleimhaut, Absonderungen / Brunst / Trächtigkeit, Abort / rektale Untersuchung

Haut / Schleimhaut: Beschaffenheit, Farbe, Temperatur / Ausschläge / Fell, Haarausfall / Verletzungen, Blutungen / Warzen / Tumoren, Atherome / Schweiß

Spezielle Untersuchungen: Punktionen / Kot / Blut / Urin / Pansensaft / EKG / Röntgen / etc.

14 Die akute Verschreibung

Wendelin Gisler

Viele erfahrene Homöopathen sagen, daß die Verschreibung eines homöopathischen Mittels für ein *akutes Krankheitsgeschehen* viel leichter sei als die Verschreibung des richtigen Mittels für einen chronischen Fall. Das mag damit zusammenhängen, daß die Zeichen einer akuten Krankheit objektiv und klar sichtbar sind, während bei einer chronischen Krankheit die Erfassung der individuellen Krankheitszeichen sich schwieriger gestaltet. Es ist mit einem größeren zeitlichen Aufwand verbunden, bis alle möglichen Symptome bis ins letzte erfragt sind, während im akuten Krankheitsfall nur die im Moment aufgetretenen Symptome zählen.

Trotzdem. Ein Grund für das Bestehen von Hemmungen, auch akute Fälle homöopathisch zu behandeln, ist in der Praxis der zeitliche Druck. Man ist gezwungen, in kurzer Zeit (bei der Konsultation oder zumindest noch am gleichen Tag) für einen eventuell bedrohlichen Zustand ein richtiges Mittel zu finden. Und man weiß im gleichen Moment, daß uns die Schulmedizin für viele akute Krankheiten rasch wirksame Mittel zur Verfügung stellt.

Welche Punkte sind bei der Bearbeitung akuter Fälle besonders zu beachten?

Allgemeine Regeln für die Verschreibung

- Man muß das Wichtige sehen. In § 153 des Organon wird gesagt, daß besonders und fast einzig die *auffallenden, sonderlichen ungewöhnlichen und eigenheitlichen (charakteristischen)* Zeichen und Symptome ins Auge zu fassen sind.
- Versuchen Sie die "Idee", das Charakteristische in dem Fall zu entdecken. Das "tout ensemble" eines Falles muß verstanden werden.
- Beschränken Sie sich auf wenige Zeichen. Mit ca. fünf gut gewählten Symptomen sollte das richtige Mittel immer gefunden werden (s. § 164).
- Prüfen sie jede Angabe, die Sie aus der Befragung bekommen haben, kritisch nach. Fragen Sie ruhig zweimal dasselbe. Verlangen Sie auch zu jeder Angabe zusätzliche Spezifizierungen *(Modalitäten),* um die in Frage kommenden Mittel besser differenzieren zu können.
- Fragen Sie immer nach den *Allgemeinsymptomen,* gerade im akuten Fall: Verhalten gegenüber Kälte/Wärme; Durst; Abneigungen/Verlangen; wie ist es mit Bewegung und Ruhe? was bessert, was verschlimmert; wie sind die Ausscheidungen? Kot, Harn, Schleimauswurf, Genitalausfluß, Schweiß, Absonderung von Eiter; Schlafverhalten.

- Beobachten Sie das Verhalten des Patienten bei der Konsultation:
  - Lesen Sie hierzu § 90 im Organon.
  - Wie kommt der Patient in den Raum hinein: neugierig, vorsichtig, ängstlich, wehrt er sich mit allen Vieren?
    Erforscht er den Raum, kriecht er in eine Ecke, versteckt er sich, ist er scheu und ängstlich, entfernt er sich keinen Schritt vom Besitzer, oder begrüßt er Sie freundlich und vertrauensvoll?
    Wie ist der Gesichtsausdruck: lebhaft, matt, ängstlich, vertrauensvoll, zurückgezogen, traurig?
- Verwenden Sie die sichtbaren, objektiven Zeichen, die aus Ihrer Untersuchung oder den Angaben des Besitzers stammen (s. ebenfalls § 90, Anmerkung).
- Denken Sie daran - besonders im akuten Fall, daß viele Mittel ambivalent sind, d.h. gegensätzliche Symptome decken können (z.B. Durchfall/Obstipation, Krampf/Lähmung, Verlangen/Abneigung, Aggravation/Amelioration).
- Entscheidend für die Mittelwahl ist die Positiv-Symptomatik, niemals die Negativ-Symptomatik, das heißt: es zählen nur die vorhandenen Symptome und Zeichen, niemals die *fehlenden* (vgl. dazu §§ 155-156).
- KÜNZLI lehrte, möglichst diejenigen Symptome zu beachten, die weit weg sind vom "Brandherd" der Krankheit: bei einer Otitis nehme man also nicht die Symptome am Ohr, sondern etwa *Durst auf kleine Mengen in häufigen Schüben.* Die Symptome am Brandherd sind oft *pathognomonisch* und somit ohne besonderen Wert.

Besondere Regeln für die akute Verschreibung

- Benutzen Sie im akuten Fall vorwiegend aktuelle Symptome (man lese hiezu die §§ 151 f):
  - Geistes- und Gemütssymptome, die den akuten Zustand beschreiben (vgl. § 213).
  - Lokalsymptome mit vollständiger Charakterisierung durch die Modalitäten *(vollständiges Symptom)*: diese sind objektive Zeichen.
  - Allgemeinsymptome haben sich ebenfalls bewährt: Ausscheidungen jeder Art, Durst/Appetit, Wärme/Kühle, Bewegung/Ruhe, Kontakt/Alleinsein, Tageszeit, Begleitumstände u.a.
- Auch im akuten Fall muß die Vorgeschichte erfragt werden; erstens, um sich ein genaueres Bild der Krankheit zu machen und zweitens, um die Bedeutung von Symptomen besser einschätzen zu können (§§ 5 und 73).
- Achten Sie aber besonders auf das Vorliegen einer möglichen *Causa,* d.h. einer auslösenden Ursache. Diese hat für die Mittelwahl eine hochwertige Bedeutung (vgl. Kapitel 15). Namentlich: kalter Wind, Durchzug, Durchnässung, verdorbenes Futter, starker Säfteverlust, körperliche Anstrengung, geistige Anstrengung, psychische Erregung.

- Eine klare Trennung zwischen akuter und chronischer Symptomatik ist in der Praxis nicht immer so einfach. Oft wird es vorkommen, daß ein chronisch vorhandenes Symptom sich intensiviert und als akutes Problem erscheint (z.B. Husten) oder daß im Verlauf einer nicht besonders gravierenden chronischen Krankheit eine akute Exazerbation auftritt (vgl. Kapitel 19 und 20). Beim Untersuchen und Befragen stellen Sie oft fest, daß sowohl akute als auch chronische Krankheitszeichen vorhanden sind. In einer solchen Situation verschreibt man zuerst für die akute, aktuelle Symptomatik. Wenn es sich wirklich um einen chronischen Fall handelt, wird es sich zeigen, daß nach dem Verschwinden der akuten Symptome die chronischen zurückbleiben. Oder in anders gelagerten Fällen kommt es zur Rezidivierung, die möglicherweise ein zweites Mal auf dasselbe Mittel anspricht, dann aber einer weiteren Behandlung trotzt.
- Es ist zwar grundsätzlich richtig, im akuten Fall die chronische Symptomatologie für die Verschreibung nicht zu berücksichtigen. Es kann aber zutreffen, daß ein Patient bei einem akuten Krankheitsschub das gleiche Mittel braucht, welches auch für sein chronisches Leiden in Frage kommt.
- Tritt während der homöopathischen Behandlung einer chronischen Krankheit ein akutes Leiden auf, so ist zuerst zu fragen, ob letzteres wirklich eine Behandlung braucht und nicht mit einigen pflegerischen Maßnahmen durchgestanden werden kann *(interkurrente Erkrankungen,* vgl. Kapitel 21, S. 191). Wenn behandelt werden muß, verschreibe man für die akute, aktuelle Symptomatik. Das in Frage kommende Mittel ist oft ein *Komplementärmittel* (vgl. Kapitel 23).

Beurteilung der Wirkung

Die Gabe einer C 30 oder C 200 genügt in der Regel (vgl. Kapitel 10 und 17). Human-Homöopathen verabreichen bei schweren psychischen Störungen auch eine M oder XM mehrmals am gleichen Tag bis zur Besserung. Schwere akute Erkrankungen können eine Arznei schneller "verbrauchen", so daß eine Wiederholung bereits am nächsten Tag angezeigt sein kann. Bei bedrohlichen Zuständen empfiehlt KÜNZLI, die Mittel *Phosphor, Silicea* und *Kalium carbonicum* besser als Q-Potenzen anzuwenden.

Eine *homöopathische Verschlimmerung* ist im akuten Fall in den ersten Stunden zu erwarten (s. Kapitel 5). Man sollte also auch bereits in den ersten Stunden (je nach Krankheitsfall) eine Reaktion beobachten. Wenn das nicht eintritt und man sicher ist, das richtige Mittel gewählt zu haben, kann man es wiederholen.

Wenn innerhalb eines halben Tages keine Reaktion erfolgt (Besserung des Allgemeinbefindens, Lokalsymptome je nach Fall), so muß die Mittelwahl überprüft werden. Dies ist ein grober Durchschnittswert: bei einer Kolik z.B. muß die Wahl viel früher überprüft werden, bei einer Pneumonie kann man oft einen Tag zuwarten. Falls keine überzeugende Arzneimittelwahl getroffen werden kann, so ist zusammen mit dem Tierhalter zu entscheiden, ob nicht eine konventionelle Behandlung in Frage kommt.

Praktisches Beispiel (Bettina Keller)

Was uns gerade in der Veterinärmedizin oft Mühe bereitet, ist der Umstand, daß der Tierbesitzer zwar eine schnelle und sanfte Heilung seines Tierpatienten wünscht, aber doch nur wenig gute Beobachtungen mitzuteilen hat. Wird z.B. eine Katze mit Schnupfen vorgestellt, kommt es leider vor, daß bei der Befragung fast durchwegs die Antwort kommt, die Katze lebe halt draußen und komme nur zum Fressen herein. Eine gute Symptomatik (vgl. Kapitel 26) ist jedoch von großer Bedeutung. Wird das Mittel gut getroffen, tritt die Wirkung in der Regel sehr schnell ein, je nach Fall innerhalb von Minuten bis Stunden.

Oft sind beim Tier ganz generell nur wenige Symptome erfragbar (über die subjektiven Befindensveränderungen schweigt das Tier, diese sind nur indirekt erahnbar), die zudem meist von mehreren Arzneimitteln gedeckt werden. Es braucht dann fundierte Arzneimittelkenntnisse, um die in Frage kommenden Mittel durch gezielte Befragung zu differenzieren.

Dreijähriger Collie, männlich, akuter Husten:

Am Tag vor Krankheitsausbruch war er bei einer Agility-Prüfung, in der er gut abgeschnitten hat. Er war nervös und hatte auch Durchfall wie üblich bei einer Prüfung. Er ist ganz aufgeregt an einem solchen Tag und kreist dauernd um die Besitzerin herum. Am Prüfungstag war es naß und kalt. Der Husten stellte sich nachts ein, der Hund würgte bei den Anfällen jeweils flüssigen, weißen Schleim heraus. Auch beim Aufstehen muß er zwei- bis dreimal husten. Heute ist er ruhiger, schläft viel, trinkt normal und sucht warme Plätze auf. Beim Husten bleibt er stehen, wo er ist. Hustenreiz hat er, gleich ob draußen oder drinnen. Wenn er jeweils Schleim erwürgen konnte, hörte der Husten für eine zeitlang auf. Folgende Symptome wurden berücksichtigt:

1.	cough on rising	(Husten beim Aufstehen)
2.	cough, expectoration amel.	(Auswurf bessert)
3.	cold wet weather	(Folge von naßkaltem Wetter)
4.	expectoration white	(weißlicher Auswurf)
5.	diarrhoea nervous / emotions	(Aufregungsdurchfall)

Repertorisation (s. Kapitel 16)

1.	cough on rising	RG 679 (*)
2.	cough, expectoration amel.	RG 670
3.	cold wet weather	SRII 754
4.	expectoration white	RG 693
5.	diarrhoea nervous / emotions	RG 525

Symptome	**1**	**2**	**3**	**4**	**5**	**Wertigkeit**
ALUMINA	1	1		1		
ALUMEN	1	1		2		
CARBO-ANIMALIS	1	1	1	1		
LACHESIS	2	2	2			
PHOSORUS	1	2	1	3	1	8/5
SEPIA	1	2	1	3		
SULPHUR	1	1	2	2		

Nach einer Gabe *Phosphorus C200* war der Hund einen Tag lang sehr müde und schläfrig, er hustete nur noch bei Aufregung, ohne Auswurf. Nach zwei Tagen war alles vorbei.

Literatur

HAHNEMANN, S. (1842): Organon der Heilkunst, 6. Aufl. / herausgegeben von Richard Haehl. Hippokrates, Stuttgart, 1982.

KÜNZLI, J.: Zur Theorie der Homöopathie. Verlag Grundlagen und Praxis, Leer/Ostfriesland, 1973.

KÜNZLI, J.: Angina (ein kleiner akuter Fall, der die Fehler zweier Anfänger in der Kunst der Homöopathie zeigt). Dt.J.f.Hom. 1/84.

MEILI, W.: Grundkurs in Klassischer Homöopathie. Sonntag, Regensburg, 1989.

(*) K = Repertorium nach KENT, RG = Repertorium Generale, SR II = Synthetisches Repertorium (Bd. 2). Vgl. S. 138.

15 Wahl des Arzneimittels - Wert und Hierarchie der Symptome

Ulrike Schnurrenberger

Bevor ich auf das eigentliche Thema zu sprechen komme, möchte ich die Begriffe Gesundheit, Krankheit und Symptom kurz erläutern.

Gesundheit ist ein Zustand der Harmonie zwischen den Teilen des Körpers. Die Kraft, die diesen Zustand der Ausgewogenheit im gesunden Organismus aufrechterhält, nennt der Homöopath *Lebenskraft.*

Krankheit ist folglich ein Zustand der Disharmonie, der Unausgewogenheit. Der Körper drückt diese Verstimmung mit Symptomen aus. Jeder Patient macht seine Krankheit auf eine ganz individuelle, ihm eigene Art und Weise durch. Der Arzt beobachtet nun genau, wie der ganze Organismus körperlich und gefühlsmäßig auf den krankmachenden Einfluß reagiert und wählt danach die passende homöopathische Arznei.

Man kann objektive und subjektive Symptome unterscheiden. *Objektive Symptome* lassen sich durch unsere Sinne nachweisen und können von anderen Personen beobachtet werden. Wir können sie sehen, hören, tasten oder riechen. Es sind diejenigen Symptome, die wir am Tier (objektiv) wahrnehmen können, mit denen wir als Tierärzte arbeiten müssen.

Für *subjektive Symptome* gibt es keine Beweise. Der Patient allein empfindet und fühlt sie. So hat er z.B. das Gefühl von Brennen oder Ameisenlaufen. Der Mensch kann subjektive Symptome durch die Sprache ausdrücken, so daß der Humanhomöopath sie zur Arzneimittelfindung verwenden kann. Der Tierarzt aber muß ohne sie auskommen.

Wenn wir unseren Fall genau aufgenommen haben, haben wir eine Reihe von Symptomen erhalten. Wie finden wir nun die passende Arznei? Wir müssen im Prinzip immer zwei Dinge einander gegenüber stellen:

- die *Gesamtheit der Symptome* der Krankheit und
- die *Symptomenreihen* der geprüften Arzneien.

Gemäß § 153 müssen wir dabei die *auffallenden, sonderlichen, ungewöhnlichen, eigenheitlichen* und *charakteristischen* Zeichen und Symptome des Krankheitsfalles besonders und fast einzig ins Auge fassen (vgl. Kapitel 12). Wir müssen dann herausfinden, welche homöopathische Arznei diesen Symptomen, die ein Krankheitsbild ausmachen, am ähnlichsten ist.

HAHNEMANN sagt sinngemäß weiter: die allgemeinen und unbestimmten Symptome, wie z.B. Mangel an Appetit, Kopfweh, Mattigkeit, unruhiger Schlaf, Unbehaglichkeit, verdienen wenig Aufmerksamkeit, da man so etwas Allgemeines fast bei jeder Krankheit und jeder Arznei sieht. Diese sind alltägliche Symptome.

Auffallende Symptome / gewöhnliche Symptome

Was sind nun *auffallende* und *charakteristische* Symptome? Ein Fall wird durch Dinge charakterisiert, die uns stutzig machen, bei denen wir anhalten und nachdenken müssen. Ein Tier hat z.B. hohes Fieber, eine Parese der Extremitäten und dabei einen ungewöhnlichen Appetit. Das ist nun wirklich merkwürdig. Dieser auffallende Zug bei diesem einen Patienten ist die individuelle Äußerung des Patienten, nicht der Krankheit. Zwei bis drei - wenn wir Glück haben auch mehr - dieser auffallenden Symptome bilden die charakteristischen Züge des Falles. Dinge dagegen, die erklärlich und für die Krankheit pathognomonisch sind, helfen uns wenig weiter. Es kommt nun darauf an, ein Heilmittel zu finden, welches diese speziellen Symptome im Arzneimittelbild hat und auch auf die übrigen, weniger auffallenden Symptome des Patienten paßt.

Was sind alltägliche, *gewöhnliche* Symptome? Es sind diejenigen Symptome, die man in einem Krankheitsfall erwartet, die für ein Krankheitsbild kennzeichnend sind. Bei einer chronischen Nephritis oder bei einer Pyometra z.B. erwarten wir, daß der Patient Durst hat. Wir erwarten Erbrechen bei Hepatitis, Husten, Diarrhoe und Konjunktivitis bei Staupe. Erst wenn wir wissen, was bei einem Krankheitsbild zu erwarten ist, können wir Unterscheidungen zwischen verschiedenen Krankheitsbildern treffen. So ist die Abwesenheit eines Symptoms, das man normalerweise bei einer Krankheit erwarten würde, an sich eine charakteristische Eigenschaft (z.B. die Abwesenheit von Durst bei hohem Fieber oder die Abwesenheit von Schmerz bei einer Phlegmone).

Ich möchte an einem Beispiel zeigen, wie sich ein und dieselbe Krankheit individuell ausdrücken kann. Dazu nun zwei Fälle von zwei Hunden, die an Parvovirose erkrankt sind. Die Symptome, die im allgemeinen in der Schulmedizin besonders beachtet werden, sind Erbrechen, Durchfall mit oder ohne Blutbeimengungen, Benommenheit, Fieber oder Untertemperatur usw.. Diese Symptome führen, neben bestimmten Blutwerten, zur klinischen Diagnose *Parvovirose.* Selbstverständlich berücksichtigt sie auch der Homöopath. Er sucht aber zusätzlich noch die individuellen Begleitsymptome, die die persönliche Reaktionsweise des Kranken in der Auseinandersetzung mit den krankmachenden Faktoren widerspiegeln. Nur dank dieser Symptome können wir den Patienten individualisieren und sein passendes Heilmittel, sein Simillimum, finden.

Hund A mit Parvovirose
Dieser Hund hat Durchfall, der nach faulen Eiern stinkt. Er ist sehr durstig und trinkt oft und immer wieder ein paar Schlucke Wasser, erbricht das Getrunkene aber sogleich wieder. Er sucht die Wärme und liegt daher ganz nahe bei der Heizung (was er sonst nie tut). Nachts, besonders nach Mitternacht, ist er sehr unruhig. Läßt man ihn für einen Moment allein, dann heult er.

Hund B mit Parvovirose
Dieser Patient hat in der Nacht und tagsüber gleich nach der Futteraufnahme Durchfall, der ständig das Aussehen wechselt: mal ist er gelb, mal grünlich, mal dünn, dann wieder etwas fester. Dieser kranke Hund trinkt fast nichts, erträgt die Wärme nicht, sondern sucht kühle Plätze, wie den kalten Steinfußboden, auf. Er ist seit Krankheitsbeginn sehr anhänglich.

Hund A benötigt zu seiner Heilung das homöopathische Mittel *Arsenicum album,* **Hund B,** der an der gleichen Krankheit leidet, aber *Pulsatilla.* Am Ende dieses Kapitels wird anhand der ausführlichen Krankengeschichten gezeigt werden, wie man zur jeweiligen Arzneimitteldiagnose *Arsenicum* bzw. *Pulsatilla* kommt.

HAHNEMANN verrät das Geheimnis des Therapieerfolges: *"Je mehr nun die krankhaften Symptome der gewählten Arznei den Symptomen des kranken Tieres entsprechen, mit desto größerer Gewißheit und desto geschwinder und dauerhafter wird des Tieres Krankheit dadurch geheilt, mit einer Gewißheit, die der mathematischen ganz nahe kommt."*

Der Homöopath stellt also immer zwei Diagnosen: die *klinische Krankheitsdiagnose* und *die homöopathische Arzneimitteldiagnose.* Zusammenfassend kann man sagen: der Homöopath muß dabei über drei besondere Fähigkeiten verfügen:

1. er muß wissen, wie sich ein Krankheitsbild äußert, d.h. er muß über die Ausdrucksmöglichkeiten von allen Krankheiten im allgemeinen und von jeder Krankheit im besonderen Bescheid wissen
2. er muß das Individuelle, Charakteristische an einem Krankheitsfall herausarbeiten können
3. und er muß wissen, wie die homöopathischen Mittel bezüglich dieser charakteristischen Symptomatik differenziert werden.

Die homöopathische Diagnose stützt sich also nicht auf krankheitstypische pathologisch-gesetzmäßige Veränderungen, denn die Pathologie gibt uns nur die Endresultate der Krankheit. Abweichungen im seelisch-geistigen und körperlichen Befinden gehen oft einer Störung der Funktion oder Struktur voraus. *Befinden kommt zeitlich vor Befund.* Der "Befund" soll durch die homöopathische Behandlung wenn irgend möglich vermieden werden.

Der Wert der Symptome

Nachdem wir die charakteristischen, wertvollen Symptome durch die Anamnese erhalten haben, müssen wir sie ordnen:

- seelisch-geistige Phänomene kommen vor körperlichen;
- alles, was den *ganzen* Organismus betrifft, rangiert vor lokalen, d.h. örtlich beschränkten Symptomen;
- das *Individuelle* wird höher bewertet als das, was für eine bestimmte Krankheit selbstverständlich dazu gehört.

Wir ordnen die Symptome nach folgender Reihenfolge:

A) Auffallende, sonderliche, ungewöhnliche Symptome
B) Geistes- und Gemütssymptome
C) Allgemeinsymptome
D) Die Krankheit auslösende Ursachen
E) Lokale Symptome.

A) DIE AUFFALLENDEN, SONDERLICHEN, UNGEWÖHNLICHEN (CHARAKTERISTISCHEN) SYMPTOME

1. **Ein Symptom an sich ist ungewöhnlich**
   z.B.: Durchfall nach Schokolade, Ektropium
2. **Ein Symptom wird durch Modalitäten sonderlich** (s. Kapitel 12, S. 100)
   Verschiedene Umstände können ein Symptom auffallend verbessern oder verschlechtern. Solche Einflüsse können sein:
   - Klima (trocken, feucht, Schnee)
   - geographische Lage (See, Berge)
   - Bewegungen (Laufen, Beugen, Strecken)
   - Haltungen (Stehen, Liegen, Schlafpositionen)
   - Temperatur (Kälte, Wärme)
   - Fütterung, Verträglichkeit von Futtermitteln
   - Einfluß der Brunst (vor / nach / während der Brunst)
   - Jahreszeit (Winter, Frühjahr, Sommer, Herbst)
   - Harn und Kotabsatz

   z.B.: Lahmheit bessert sich durch fortgesetzte Bewegung (RG 870)
3. **Die Lokalisation ist auffallend**
   z.B.: Ekzem in allen Gelenkbeugen (RG 826)
4. **Auffallendes Gefühl** (Mensch)
   z.B.: Gefühl, als ob ein Haar auf der Zunge wäre (RG 344)
5. **Auffallend durch die Erstreckung** (Mensch)
   z.B.: Bauchschmerz, der zur Schulter ausstrahlt (RG 479)
6. **Beginn und Ende eines Symptoms**, z.B.: plötzlicher / allmählicher Beginn und Ende des Schmerzes (RG 1136)

7. **Das Erwartete fehlt**
   z.B.: Durstlosigkeit bei Fieber (RG 451)
8. **Kombination konträrer (gegensätzlicher) Symptome**
   z.B.: Heißhunger und Abmagerung (RG 409)
9. **Begleitsymptome**
   z.B.: Husten begleitet von unfreiwilligem Harnverlust (RG 564)
10. **Periodizität**
    Ein Symptom kehrt zur selben Uhrzeit, z.B. im Abstand von Tagen, einer Woche, vierzehntäglich wieder (RG 1147)
11. **Alternierende Abfolge von Symptomen** (Wechsel)
    Ein Krankheitssymptom wechselt mit einem anderen ab.
    z.B.: Hautekzem wechselt mit Diarrhoe ab (RG 1079)
12. **Bestimmte Abfolge von Symptomen**
    z.B.: zuerst Blindheit, dann folgen Krämpfe (RG 237)
13. **Vikarisation**
    Ein Symptom erscheint statt einem anderen (das man eigentlich erwartet hatte), z.B.: Nasenbluten statt Menses (RG 284)

B) GEISTES- UND GEMÜTSSYMPTOME

In fast jeder körperlichen Erkrankung ist auch die Geistes- und Gemütsverfassung des Patienten verändert. Gut beobachtete und eindeutige Symptome können auch in der Veterinärmedizin zur Arzneimittelfindung herangezogen werden. Man hüte sich aber vor allzu gewagten Interpretationen! Zu den Geistes- und Gemütssymptome rechnen wir:

1. **Veränderungen des Willens**
   z.B.: beim Menschen Suizidgedanken, sadistische Triebe
2. **Veränderungen des Verstandes und der Vernunft**
   Hierher gehören:
   - unerklärliche Ängste, z.B.: Angst vor Gewitter (RG 38)
   - Delirien, z.B.: imaginäres Trinken bei Azetonämie (RG 20)
   - Veränderung des Verhaltens in Bezug auf Artgenossen oder den Menschen, z.B.: unbegründete Eifersucht (RG 48)
3. **Veränderung der Gemütslage**
   z.B.: Reizbarkeit, Zorn (RG 1, 56)
4. **Veränderungen des Intellektes** (Mensch)
   z.B.: Sprech-, Schreibfehler (RG 52, 53)

C) ALLGEMEINSYMPTOME

Allgemeinsymptome haben eine Beziehung zum Allgemeinzustand des Tieres. Sie betreffen den Patienten als Ganzes. Es sind beim Menschen Dinge, die der Patient von sich selbst sagt. Er sagt z.B.: Ich bin durstig, ich fühle dieses oder jenes, mir ist kalt, usw.

Zu den Allgemeinsymptomen zählen:

1. **Unverträglichkeiten**
   z.B.: Unverträglichkeit von Früchten (RG 1124)
2. **Beschaffenheit der Sekrete oder Exkrete, des Blutes**
   z.B.: blutige Milch (RG 707)
3. **Wundverhalten**
   z.B.: Wunden heilen schlecht (RG 1104, 1172)
4. **Lateralität** (Seitenbezug)
   z.B.: Zysten linkes Ovar (RG 632)
5. **Abneigungen oder Verlangen**
   z.B.: Abneigung gegen Fleisch (RG 411)
6. **Symptome des Schlafes**
   z.B.: unruhiger Schlaf (RG 1029)
7. **Eigentümlichkeit im Brunstgeschehen**
   z.B.: Azyklie (RG 617)

D) EINDEUTIGE URSACHE *(CAUSA)*

Ein Krankheitszustand ist eindeutig auf eine auslösende Ursache zurückzuführen, z.B.:

- Folge von Nässe (RG 1171)
- Folge von Säfteverlust (RG 1131)
- Folge von einem Trauma (RG 1129)

E) LOKALSYMPTOME

Hierzu rechnen wir alle Dinge, die nur mit einem einzigen Organ oder Körperteil zusammenhängen. Es ist zu beachten, daß besonders auffallende Dinge, auch wenn sie lokal auftreten, in der Hierarchie aufgewertet werden!

Verschiedene Lokalsymptome können in einen höheren Rang, nämlich den eines Allgemeinsymptoms erhoben werden, wenn sie den gleichen Charakter aufweisen. Juckreiz an einem bestimmten Ort z.B. ist ein Lokalsymptom; Juckreiz an verschiedenen Körperstellen erhält den Wert eines *Allgemeinsymptoms,* da nun der ganze Organismus betroffen ist. Oder eitriger Ausfluß an verschiedenen Stellen, auch Kälteverschlimmerung mehrerer Symptome, Auftreten zu gleichen Tageszeiten usw..

Anhang

Wie vorher bereits angekündigt, wird nun anhand von den zwei bereits vorgestellten Durchfallpatienten mit der klinischen Diagnose *Parvovirose* demonstriert, wie der homöopathische Tierarzt mit Hilfe des Repertoriums und seiner Arzneimittelkenntnis das passende homöopathische Arzneimittel findet. Die Krankengeschichten der beiden Parvovirosepatienten A und B werden ausführlich beschrieben. Die Symptome, die zur Arzneimittelwahl führten, sind im Text hervorgehoben. Sie sind ihrer Bedeutung nach hierarchisch durchnumeriert. Die Zahl, die nach dem unterstrichenen Symptom jeweils in Klammern erscheint, gibt den hierarchischen Stellenwert dieses Symptoms an. In dieser Reihenfolge werden dann die einzelnen Symptome im KENT'schen *Repertorium Generale* in der englischen Originalfassung (s. entsprechende Seitenzahlen) herausgesucht. Im Rasterschema schließlich werden nur Arzneimittel aufgeführt, die mindestens in 3 Symptomrubriken vorkamen.

Diese beiden Fallbeispiele zeigen also deutlich den Weg von der Fallaufnahme über die Hierarchisierung der wahlanzeigenden Symptome bis zur Repertorisation (vgl. Kapitel 16) und Arzneimittelfindung.

Hund A

Ein männlicher, dreijähriger Appenzellerbastard hat seit zwei Tagen Durchfall und Erbrechen. Einen Tag zuvor hatte der Hund während eines Spazierganges *verweste Schlachtabfälle* (1) gefunden und gierig verschlungen, bevor der Besitzer eingreifen konnte. Seither verweigert er jede Nahrung, hat aber großen Durst. Er *geht häufig zum Wassernapf, um jedes Mal nur ein paar Schlucke zu trinken* (6). *Sobald er aber getrunken hat, erbricht er die Flüssigkeit wieder* (2). Der Durchfall ist *wäßrig, schwarz* (5b) und enthält Klumpen. Er *stinkt unangenehm nach faulen Eiern* (5a). Seit Krankheitsbeginn *liebt der Hund warme Plätze* (3). Während er sonst mit Vorliebe auf den kalten Fliesen liegt, schläft und liegt er jetzt ganz nahe an der Zentralheizung. *Läßt man ihn in der Wohnung allein* zurück, *dann heult er* (4), was er sonst nie tut. *Nachts, besonders nach Mitternacht,* ist er auffallend *unruhig* (7), schläft kaum, "geistert im Haus umher".

Auffallende Symptome

(1) Durchfall nach schlechtem Fleisch - Generalities, food, meat, bad aggravates (S. 1124)

(2) Erbrechen gleich nach dem Trinken - Stomach, vomiting, immediately after drinking (S. 454)

(3) Bevorzugung warmer Plätze - Generalities, warm stove ameliorates (S. 1165)

Geistes- und Gemütssymptome

(4) Möchte nicht allein sein - Mind, company, desire for, while alone aggravates (S. 10)

Allgemeinsymptome

(5a) Durchfall stinkt nach faulen Eiern - Stool, odor, eggs, like rotten (S. 547)

(5b) Durchfall wäßrig, schwarz - Stool, thin, black (S. 549)

(6) Großer Durst: trinkt häufig ein paar Schlucke - Stomach, thirst, for small quantities, often (S. 451)

(7) Schlaflosigkeit, Unruhe nachts, besonders nach Mitternacht - Sleep, sleeplessness, night, after midnight (S. 1033)

Symptom	**1**	**2**	**3**	**4**	**5a**	**5b**	**6**	**7**
Aconitum			1			1	1	2
Apis						2	1	1
Arsenicum	3	3	3	3	2	3	3	3
Belladonna			1				2	1
China	1						2	2
Hepar sulphuris			3		1			3
Calcium carb.			1	2				3
Lycopodium				2			1	1
Nux vomica		2	3					3
Pulsatilla	2						1	1
Rhus tox.			3				1	2
Silicea			3	1		1		3
Sulphur			1		1		2	

Bei **Hund A** fällt die Wahl des homöopathischen Mittels leicht: *Arsenicum* kommt in allen Symptomen vor, noch dazu fast nur dreiwertig!

Hund B

Eine fünfjährige Cockerspanielhündin hat seit einer Woche wechselnden Durchfall. Sie hat dabei Appetit, *trinkt aber fast überhaupt nichts mehr* (7). *Nach der Futteraufnahme hat sie oft Durchfall* (2), regelmäßig aber *nach fetten Nahrungsmitteln* (5). Obwohl sie sonst absolut stubenrein war, *setzt sie nun nachts regelmäßig Kot in die Wohnung ab* (1). Der Kot *sieht ständig anders aus* (6): mal ist er gelb, mal grün, mal dünn, dann wieder fester. Während die Hündin sonst in ihrem weich gepolsterten Hundekorb schläft, liegt sie jetzt gewöhnlich ausgestreckt auf dem *kalten Steinfußboden* (3). Sie ist noch *anhänglicher* (4) als sonst, folgt ihren Besitzern auf Schritt und Tritt.

Auffallende Symptome
(1) Unfreiwilliger Kot nachts - Rectum, involuntary stool, night (S. 531)
(2) Durchfall nach Futteraufnahme - Rectum, diarrhoe, after eating (S. 524)
(3) Meidet warme Plätze, bevorzugt Kälte - Gen., warm aggravates (S. 1164)

Geistes- und Gemütssymptome
(4) Anhänglichkeit - Mind, company, desire for (S.10)

Allgemeinsymptome
(5) Fett verschlechtert - Generalities, food, fat aggravates (S. 1124)
(6) Kot wechselhaft - Stool, changeable (S. 544)
(7) Durstlosigkeit - Stomach, thirstless (S.451)

Symptom	**1**	**2**	**3**	**4**	**5**	**6**	**7**
Argentum nitricum		2	2	3			2
Arsenicum		3		3	2		2
Belladonna			1	1	1		2
Bryonia	1	2	2	1	1		1
Carbo vegetabilis		2	1	1	3		
Causticum		1	1	1	2		1
China	2	3			1		3
Conium	1	1		2			2
Hepar sulfuris		1		1	1		1
Ignatia		1	1	2			1
Kalium carbonicum				3	1		2
Kalium phosphoricum		2		2			1
Lycopodium		3	2	3			2
Natrium carbonicum		2			1		1
Natrium sulphuricum		2	2				1
Nitricum acidum		1			2		1
Nux vomica		2		2	1		1
Phosphorus		2	2	3	1		1
Pulsatilla	1	3	3	2	3	3	3
Phos. acidum		2	1				3
Sepia				2	2		2
Staphysagria		2	1		1		2
Sulphur		1	2		2	2	1
Thuja		2	1		2		1
Veratrum		1	2	1	1		1

Beim **Hund B** ist *Pulsatilla* das Mittel der Wahl: es deckt alle Symptome meist hochwertig ab. Vergleicht man die verschiedenen Mittel miteinander, so fällt auf, daß *Bryonia* auch gut abschneidet. Es fehlt lediglich im Symptom "Stuhl wechselhaft". Es kommt häufig vor, daß zwei oder mehr Mittel gut zur Symptomatik des Patienten passen. Der Therapeut wägt mit Hilfe seiner Arzneimittelkenntnis die Mittel gegeneinander ab und entscheidet sich dann für dasjenige, welches ihm am passendsten erscheint. Zeigt dieses keine Wirkung, so wird er dann das Mittel zweiter Wahl ausprobieren, indem er es dem Hund als nächstes verabreicht.

Zu den gewählten Fallbeispielen ist zu bemerken, daß ein geübter Homöopath die Wahl des Arzneimittels ohne den großen Aufwand des Repertorisierens, allein gestützt auf seine Arzneimittelkenntnisse, wohl getroffen hätte. Es wurden hier bewußt einfache Beispiele gewählt.

Ergänzende Bemerkungen (Wendelin Gisler)

Die Bewertung der Symptome, die wir aus der Fallaufnahme erhalten haben, oder ihre Hierarchisation, ist der wichtigste Teil der homöopathischen Arbeitsweise und für den Anfänger der schwierigste. Ich möchte das betonen und auf die praktische Bedeutung dieses Schrittes innerhalb der homöopathischen Fallbearbeitung aufmerksam machen.

Nach einer sorgfältig erhobenen Anamnese ist es entscheidend, welche Symptome für die anschließende Repertorisation gewählt werden, weil verschieden gewählte Rubriken auch verschiedene Mittel zur Folge haben! In der Praxis besteht eine gewisse Gefahr, daß man mit der Zeit immer wieder die gleichen Lieblings-Rubriken für gleiche oder ähnliche Symptome oder Verhaltensweisen wählt und somit häufig auf die gleichen Mittel kommt. Es scheint mir deshalb wichtig, immer sehr kritisch gegenüber der Auswahl der Symptome zu sein, d.h. sich nochmals zu fragen, ob die gewählte Rubrik zutrifft und ob das Symptom ein wirklich bedeutendes Zeichen ist.

Die Hierarchisation und die Repertorisation (s. Kapitel 16) ist eine anspruchsvolle Arbeit. Es braucht einige Übung und Erfahrung, bis man diese Arbeit gut und effizient zu leisten vermag. Ich bin überzeugt, daß man dafür unbedingt einen 1-2 jährigen Kurs für klassische Homöopathie besuchen muß, wo man sich an praktischen Fällen üben kann und Hinweise erhält, welche Rubriken für welche Symptome gewählt werden. Das vorliegende Buch kann diesbezüglich lediglich auf die Bedeutung aufmerksam machen, keineswegs aber eine vollständige Darstellung bieten. Eine Übersicht über Fort- und Weiterbildungsmöglichkeiten in der Veterinärmedizin findet sich am Schluß dieses Buches (S. 218 f).

Literaturübersicht

HAHNEMANN, S.: Organon original - Organon der Heilkunst. 6. Aufl., Barthel & Barthel, Berg, 1981.

KÖHLER, G.: Lehrbuch der Homöopathie. Hippokrates, Stuttgart, 1983.

KÜNZLI, J.: Kent's Repertorium Generale. Barthel & Barthel, Berg, 1987.

ROY, R. & LACHOWSKI, K.H.: Elemente der Homöopathie. Joh. Sonntag Verlagsbuchhandlung, Regensburg, 1982.

Anhang: Beispielseite aus dem *Repertorium Generale*

Seite 14, Kapitel "MIND" (vgl. Kapitel 6, S. 54, Kapitel 16, S. 136 u. 138)

MIND

CONTENTED (See cheerful)

CONTENTIONS. (See Quarrelsome)

CONTRADICT, disposition to: Anac., arn., *aur.*, camph., *canth.*, *caust.*, ferr., grat., **Hep.**, hyos., ign., lach., *lyc.*●, merc., nat-c., nicc., nit-ac., nux-v.●, *olnd.*, poth., ruta.
afternoon: *Canth.*

CONTRADICTION, is intolerant of: Acon., aloe, alum., am-c., anac., ars., aster., **Aur.**, *bry.*, cact., calc-p., cann-i., *cocc.*, con., echi., *ferr.*, grat., *helon.*, hura., **Ign.**, **Lyc.**●, merc., nat-c., nicc., nux-v.●, olnd., op., petr., plan., Sep.●, sil., stram., tarent., thuj., til.
has to restrain himself to keep from violence: Aloe, sil.

CONTRARY (See Obstinate, Irritable): Acon., **Alum.**, ambr., **Anac.**, anan., ant-c., **Arg-n.**, *arn.*, ars., aur., bar-c., bell., calad., calc., calc-s., camph., caps., carb-an., caust., *cocc.*, con., croc., guaj.[16], *hep.*, ign., ip., *kali-c.*, kali-p., lact., laur., led., lyc.●, mag-c., mag-m., *merc.*, *nit-ac.*, *nux-v.*●, petr., phos., plb., *puls.*●, samb., sars., sil., spong., *sulph.*, **Tarent.**, *thuj.*, trom.

CONVERSATION agg. (See Talking): Acon., alum., **Ambr.**, am-c., aur., calc., cann-s., canth., chin., cocc., coff., dios., ferr., *fl-ac.*, graph., **Ign.**, iod., kali-c., mag-m., mang., mez., **Nat-m.**, nat-p., *nux-m.*, *nux-v.*, ph-ac., plat., puls., *rhus-t.*, sars., sep., *sil.*, spig., sulph., thuj.

16 Repertorisation

Ulrike Schnurrenberger

Wenn wir einen Fall sorgfältig aufgenommen haben (Kapitel 12 und 13), so verfügen wir idealerweise über eine ganze Reihe von Symptomen. Diese gilt es nun aber zu ordnen. Wir müssen beurteilen lernen, welche Symptome für eine homöopathische Verschreibung wertvoll sind und welche wir außer acht lassen müssen (Kapitel 15).

Symptome, welche für eine Krankheit kennzeichnend sind, die sogenannten *pathognomonischen* Symptome, sind für die homöopathische Verschreibung wertlos, wenn sie nicht durch ihre Modalitäten auffallen. Geistes- und Gemütssymptome sind für die homöopathische Arzneimittelfindung nur nützlich, wenn sie auffallen, eindeutig sind und ein Individuum oder den Zustand eines Individuums wirklich treffend charakterisieren. Nach der Fallaufnahme werden wir unsere Notizen noch einmal gründlich durcharbeiten. Ich gehe dabei so vor, daß ich alle Symptome, die mir wertvoll erscheinen, mit einem Farbstift unterstreiche.

Kent unterscheidet ja in seinem Hierarchisierungsschema verschiedene Symptomengruppen. Die auffallenden, sonderlichen, ungewöhnlichen und charakteristischen Symptome stellt er an die Spitze. Es folgen die Geistes- und Gemütssymptome, die Allgemeinsymptome, eindeutige Krankheitsursachen und zuletzt die Lokalsymptome.

Beim Durchgehen unserer Notizen empfiehlt es sich, am Rande die auffallendsten Symptome etwa mit den Buchstaben "AU", die Geistes- und Gemütssymptome mit "G", die Allgemeinsymptome mit "AL" und Krankheitsursachen mit "U" zu bezeichnen. Dies erleichtert die anschließende Wertung der Symptome. Die Symptome, die ich nun zur Repertorisation heranziehen will, schreibe ich in der Reihenfolge ihrer Bedeutung auf ein gesondertes Blatt. Anschließend gehe ich die Aufstellung noch einmal durch und überlege genau, wie weit die Symptomenliste mit dem Eindruck des Patienten übereinstimmt, ob irgendwelche Symptome zu hoch oder zu niedrig eingestuft wurden. Von der korrekten Hierarchisation hängt die Möglichkeit ab, das richtige, d.h. das ähnlichste Arzneimittel zu finden, das zur Heilung führt.

Nun suche ich die einzelnen Symptome im Kent'schen Repertorium auf, indem ich sie in die Sprache des Repertoriums übersetze (vgl. Kapitel 13). Man kann sich das Repertorisieren erheblich erleichtern, wenn man vorgedruckte Repertorisationsbögen (siehe Anhang) zu Hilfe nimmt. Horizontal werden die Rubriken in der gewählten Reihenfolge aufgetragen; vertikal sind die wichtigsten Arzneimittel in alphabetischer Folge vorgedruckt, deren Wertigkeiten (1. bis 3. Grad) in der Sparte der einzelnen Rubriken eingetragen werden. Wenn diese Arbeit beendet ist, können wir schließlich vergleichen, welche Arzneimittel in welcher Wertigkeit in den Rubriken erscheinen.

Tritt der Fall ein, daß z.B. zwei oder sogar mehrere homöopathische Mittel die Rubriken annähernd gleichwertig durchziehen, so suche ich die betreffenden Mittel in Arzneimittellehren auf und vergleiche das Arzneimittelbild mit dem Eindruck, den ich vom Patienten gewinnen konnte. Schließlich muß ich mich für ein Arzneimittel entscheiden. Der Krankheitsverlauf wird mir zeigen, ob ich das richtige gewählt habe.

Aufbau des Kent'schen Repertoriums

Ein Repertorium ist ein Symptomenlexikon. Es ist ein Buch in "Computerform", in dem die Ergebnisse der Arzneimittelprüfungen aller homöopathischen Arzneimittel gespeichert wurden. Hier sind alle objektiven und subjektiven Symptome gesammelt und nach dem Kopf-zu-Fuß-Schema geordnet. Unter einem bestimmten Symptom sind all diejenigen Arzneimittel aufgeführt, die entweder bei der Arzneimittelprüfung das nämliche Symptom hervorgebracht oder bei der Anwendung beim Kranken das Symptom abgedeckt haben. Im Zusammenhang mit einem bestimmten im Repertorium aufgeführten Symptom und den dazugehörigen Mitteln spricht man auch von einer Repertoriums-*Rubrik*.

> Es gibt verschiedene homöopathische Repertorien, die unterschiedlich aufgebaut sind. Das KENT'sche wird jedoch am häufigsten gebraucht und ist das vollständigste Repertorium. Klassische Homöopathie ist ohne den "Kent" nicht möglich. Basierend auf dem Aufbauschema dieses Repertoriums sind heute mehrere Repertorien in Computerprogrammen vereint worden.

Das Repertorium von KENT ist nach dem *Kopf-zu-Fuß-Schema* angeordnet, d.h. es besteht aus ca. 30 Kapiteln, angefangen mit "Gemüt" und "Kopf" über die verschiedensten Körperbereiche bis zu "Extremitäten", "Haut" und "Allgemeinsymptome". Die fettgedruckten *Rubriken* innerhalb der einzelnen Kapitel sind alphabetisch geordnet. In der umfassenden Rubrik (*Generals*, vgl. S. 163) sind alle Mittel aufgeführt, die zu diesem Symptom gehören.

Nach dem Grad ihrer klinischen Bedeutung sind die Mittel in drei verschiedenen Drucktypen gedruckt:

- Normaldruck: 1. Grad (in einzelnen Fällen beobachtet)
- *Kursivdruck*: 2. Grad (Symptom schon öfters beobachtet)
- **Fettdruck**: 3. Grad (bei diesem Symptom vielfach bewährt)

Diese Gradeinteilung ist von KENT vorgenommen worden nach der Bedeutung der einzelnen Mittel für der Arzneiwahl. Im *Repertorium Generale,* einer ergänzten und erweiterten Neuauflage des KENT'schen Repertoriums von KÜNZLI, erschienen 1987, sind gewisse Rubriken und Mittel, die sich in der Praxis von Jost KÜNZLI (St.Gallen/Schweiz) besonders bewährt haben, mit einem Punkt versehen worden (vgl. S. 133).

Die Bestimmungen näherer Art der einzelnen Symptome sind wie folgt geordnet:

- wenn vorhanden, die *Seitenbeziehung (Lateralität)*
- die *Tageszeiten* (Zeit des Auftretens oder der Verschlimmerung einer Sensation)
- die *Modalitäten* (die nähere Bestimmung und die Begleitumstände), alphabetisch geordnet
- wenn vorhanden, die *Ausdehnung* ("erstreckt sich nach")
- der *Ort* (von kranial nach kaudal, von proximal nach distal; z.B. Kopf: Stirn → Occiput)
- die *Art der Sensation* (z.B. Schmerzqualität).

ORDNUNGSPRINZIP (vgl. S. 133):

- vom Ganzen zum Einzelnen (Generals / Particulars)
- vom übergeordneten zum differenzierten Begriff.

Repertorisation

Beim Repertorisieren trägt man Symptomen-Rubriken zusammen und vergleicht die darin enthaltenen Arzneimittel miteinander. Jedes der Symptome ist für sich allein nur ein Mosaikstein des ganzen Arzneimittelbildes, das es Schritt für Schritt aus der Gesamtheit der Symptome zu entwickeln gilt.

Nach einer gründlichen Fallaufnahme und nach Auswahl der wertvollen und individuellen Symptome (wie in den vorhergehenden Kapiteln besprochen) erfolgt gemäß ihrer Hierarchie das Heraussuchen der einzelnen Symptomen-Rubriken, welche mit Vorteil auf ein Repertorisationsblatt übertragen werden (Anhang). Das Mittel, welches in den meisten Rubriken vorkommt und am meisten als hochwertig (2. und 3. Grad) aufgeführt ist, kommt am ehesten als homöopathisches Arzneimittel in Frage. Um die in den einzelnen Rubriken erscheinenden Mittel vergleichen zu können, ist es vorteilhaft, ihre Wertigkeiten zu addieren und die Anzahl der Rubriken zu vermerken, in denen das betreffende Mittel vorkommt.

Mit Hilfe von guten Arzneimittellehren wird die Mittelwahl überprüft, bis dasjenige Mittel, das am besten zur Gesamtsymptomatik des Patienten paßt, feststeht.

Fallbeispiel aus der Praxis (Wendelin Gisler)

Lahmheit beim Rind: partielle Nachhandlähmung rechts

Es handelt sich um eine Braunviehkuh, 6 Jahre, 7 Monate trächtig, die am 21.9.89 hinten rechts die Gliedmaße nachschleift, überkötet und den Schwanz handbreit nach links verschoben hält. Die gelähmte Gliedmaße fühlt sich kühler an als das andere normale Bein. Die Kuh liegt vermehrt und frißt schlechter. Der Zustand hat sich langsam entwickelt. Am 23.9.89 wird eine homöopathische Therapie versucht.

Repertorisation (Seitenangaben aus dem Repertorium Generale)

1. Einseitige Lähmung mit Kälte des betroffenen Teils - Generalities, paralysis, one-sided, with coldness of paralysed part. S. 1146
2. Halbseitige Beinlähmung - Extremities, paralysis, hemiplegia. S. 974
3. Halbseitige Beinlähmung rechts - Extremities, paralysis, hemiplegia, right. S. 974
4. Lähmung tritt allmählich auf - Generalities, paralysis, gradually appearing. S. 1146
5. Lähmung der Beine - Extremities, paralysis. S. 973

Zusammenstellung

Symptome	1	2	3	4	5	Wertigkeit
ARSENICUM	1	2			2	
CAUSTICUM	2	3	3	3	3	14/5
COCCULUS	1	2			3	
GRAPHITES	1	2	2			
PHOSPHORUS		2	1		2	
PLUMBUM	1	1	2		3	7/4
RHUS-TOX.	1	3	2		3	9/4
STRONTIUM		1	1		1	

Causticum erscheint mit einer Gesamtwertigkeit von 14 in allen 5 Rubriken.

Die Kuh erhält am 25.9.89 eine Dosis *Causticum C 30, 5 Globuli* ins Maul. Zustand am 28.9.89 eher besser. Am 30.9.89 besser, deutlich mehr Kraft. Überköten weniger ausgeprägt. Am 10.10.89 ist der Allgemeinzustand wieder i.O., die Kuh frißt und verhält sich normal, sie geht wieder gut, ohne Lahmheit. Das Bein ist normal warm, nur der Schwanz wird noch nach links gehalten. In der Folge hat die Kuh normal gekalbt. Auch die Schwanzhaltung hat sich im Verlauf des Winters normalisiert. Keine neuen Krankheiten. Die Kuh bleibt weiter gesund und hat im November 1990 wiederum gekalbt.

Beurteilung

Aufgrund der raschen Besserung und der anhaltenden Wirkung kann die Heilung auf das Mittel zurückgeführt werden. *Causticum* ist bekannt als ein sehr tiefgreifendes Mittel bei Lähmungen.

Literatur

BARTHEL, H.: Synthetic repertory: psychic and general symptoms of the homoeopathic materia medica = Répertoire synthétique = Synthetisches Repertorium / publ. by Horst Barthel. Haug, Heidelberg, 1973 / 3. impr. ed., B. Jain Publishers (P) Ltd., New Delhi, 1987.

KENT, J.T. (1916): Repertory of the Homoeopathic Materia Medica. Verschiedene Auflagen, herausgegeben u.a. von Clara Louise Kent und Pierre Schmidt. Enriched Indian Edition, World Homoeopathic Links, New Delhi, 1982.

KÜNZLI, J.: Kent's Repertorium Generale. Barthel & Barthel Publishing Corp., Germany, Berg am Starnberger See, 1987.

Das *Repertorium Generale* ist in alle Weltsprachen übersetzt worden. Die Originalausgabe in englischer Sprache wurde in Europa (Barthel & Barthel) und in Indien (B. Jain Publishers (P) Ltd.) verlegt. Die europäische Ausgabe ist von der Buchqualität her sicher robuster, doch ist die indische Ausgabe wesentlich preisgünstiger und erfüllt auch ihren Zweck.

Als Ergänzung zum KENT'schen Repertorium empfiehlt es sich, das *Synthetische Repertorium* (engl. / dt. / frz.) hinzuzuziehen. In diesem Werk sind die Gemüts- und Allgemeinsymptome verschiedener Repertorien zusammengestellt. Somit ist dieses Werk bezüglich vieler Rubriken vollständiger als das KENT'sche Repertorium, und manche wertvollen Rubriken findet man nur hier.

Anhang (nächste Seite): **Repertorisationsbogen**

mit Fallbeispiel aus Kapitel 12, Katze mit Fertilitätsstörung (Seitenangaben aus dem Repertorium Generale)

Nr.	Symptom	Rep.		Nr.	Symptom	Rep.	
1	*Children, dislikes her own*	10		5	*Hearing, acute*	269	
2	*Hair, gray, becomes*	100		6	*Coition, aversion to*	610	
3	*Contradiction, is intolerant of*	14		7	*Pain, vagina, coition, during*	625	
4	*Company, aversion to*	10		8	*Abdomen, distension*	464	

	1	2	3	4	5	6	7	8	S		1	2	3	4	5	6	7	8	S		1	2	3	4	5	6	7	8	S
Acon.			1	1	3			3		Crot-t.								2		Nat-c.			1	2	3			3	
Aesc.								1		Cupr.				2	1			2		Nat-m.				3	2	3	3	3	
Agar.					1	1		3		Crot-c.										Nat-p.				1	2			.3	
All-c.								2												Nat-s.								2	
Aloe			1	2	1			3												Nit-ac.								2	
Alum.			1	1	1	1	1	2												Nux-m.					2			1	
Ambr.				2				1												Nux-v.			2	3	3			2	
Am-c.			1		1	1		1																					
Anac.			1	3	2			2		Dig.				2				2											
Ant-c.				1				2		Dros.										Olnd.			1						
Ant-t.				1				2		Dulc.								1		Op.		1	1		3	1		2	
Apis					1			2																					
Arg-n.							3	3												Petr.			1	1	1	2		2	
Arn.					1			2		Elaps.				1						Ph-ac.		2			2			3	
Ars.		2	1	3	1			3		Eup-p.								1		Phos.				1	2	2		3	
Ars-j.					1			1		Euphr.										Phyt.					1				
Arum-t.																				Plat.	1			2		1	2	2	
Aur.			3	2	2			1												Plb.					1	1		1	
										Ferr.			2	2			2	1		Podo.								1	
										Ferr-p.				1		1	2	1		Psor.				1		2		2	
										Fl-ac.				1		1				Puls.				2	2			2	
																				Pyrog.								1	
Bapt.								2		Gels.				3															
Bar-c.				3				2		Glon.	1									Ran-b.									
Bar-m.				1				2		Graph.		1		1	2	2		3		Rhod.						2		2	
Bell.				2	3		1	1		Guaj.										Rhus-t.				2			2	2	
Bz-ac.																				Rumx.									
Berb.							2	2		Hell.				2		1		2		Ruta									
Borax.								1		Hep.				2	2		2	3											
Brom.								2		Hydr.				1															
Bry.			2	2	1			2		Hyos.				2				2		Sabad.									
																				Sabin.							1	1	
										Ign.			3	3		1	1	1		Sang.					1			1	
										Ip.								1		Sars.								1	
Cadm.										Iris.										Scill.									
Cact.			1	2	1			1		Jod.				2	2			2		Sec.		1		2	1			2	
Calc.				1	1			3												Selen.									
Calc-f.										Kal-bi.				1			2	2		Sep.			3	2	2	3	3	2	15/6
Calc-p.			1	2			2	1		Kal-c.				1	2	1	2	3		Sil.		2	2		3		1	2	
Calc-s.				1				1		Kal-p.				1	2	1		2		Spig.					2			1	
Camph.										Kal-s.				1	2	1		2		Spong.								1	
Cann.				1	2					Kreos.		1					2	2		Stann.				2		1		2	
Canth.								2												Staph.		2				1	2	2	
Caps.								2												Stict.									
Carb-a.						1		2		Lac-c.								2		Stram.			1		1	1		2	
Carb-v.				2	1			3		Lac-d.				2						Sulf-ac.		1		1		1		1	
Caust.						2		2		Lach.				2	3	2		3		Sulf.		2		2	2	1	2	3	12/6
Cham.				3	1			2		Laur.								1		Symph.									
Chel.								2		Led.				2				1		Stront.									
Chin.				2	3			3		Lil-t.								2											
Chin-s.								2		Lyc.	2	3	3	2	2	1	1	3	17/8										
Cicuta				3	2			3																					
Cimic.				1	1			1																					
Cina								2		Mag-c.					1	1		3		Tarant.			1	2		1		1	
Clem.				1		2		1		Mag-m.				1				2		Thuj.		1	1	2	1	1	2	2	
Cocc.			2		1			3		Mag-p.										Tub.									
Coc-c.								1		Mang.				1				1											
Coff.			1		3	1	1	1		Med.						2													
Colch.								3		Merc.			1		1			3		Verat.	1			1	2			2	
Coloc.				2	2			3		Merc-c.								2											
Con.				2	3			2		Mez.				2				2											
Croc.								2		Murx.								2		Zinc.					1			2	
Crot-h.								2		Mur-ac.					1			2											

17 Die 1. Verschreibung - die Dosierung

Hartmut Krüger

Vorbemerkungen

Nach der Arzneimitteldiagnose ist die Dosierung dasjenige Problem, das richtig gelöst werden muß, damit es zu einem Therapieerfolg kommen kann (s. Organon, §§ 275-277). Der Begriff *Dosierung* meint nicht nur die Potenzhöhe (Dynamisationsgrad), sondern auch die Häufigkeit der Gaben, also die Wiederholung ein- und desselben Arzneireizes (Repetition). Ein dritter Gesichtspunkt ist die tatsächliche Bemessung der Quantität des Arzneiträgers und die Technik der Verabreichung (Applikation).

Natürlich besteht eine gegenseitige Abhängigkeit von Potenzhöhe und Wiederholung der Gaben; niedrige Potenzen müssen in aller Regel öfter wiederholt werden als höhere Potenzen, um einen vergleichbaren therapeutischen Effekt zu erzielen - selbstverständlich stets in Abhängigkeit von der Reaktion des Patienten. Höhere und hohe Potenzen werden dementsprechend seltener repetiert oder überhaupt nur als Einzeldosis gegeben, im Gegensatz zu den tiefen Potenzen. Hier spielt auch die Frage eine Rolle, ob ein akuter oder ein chronischer Zustand behandelt werden soll; in akuten Fällen wird in aller Regel schneller repetiert werden müssen als in chronischen Fällen. Deshalb wird weiter unten die Dosierung getrennt nach akuten und chronischen Krankheiten besprochen.

Die Definition: was ist eine *hohe,* was eine *tiefe* Potenz? - ist nur bedingt möglich. In der Literatur existieren wohl gewisse Konventionen, was unter hohen, mittleren und tiefen Potenzen zu verstehen sei, aber die Einteilungen sind alle von unterschiedlichen Aspekten her gemacht, daß man sich besser nicht damit belastet. Eine gewisse Bedeutung für uns hat die Einteilung nach unterschiedlichen Wirkungsqualitäten.

Man könnte besser vielleicht, von *materiellen* und *immateriellen* Potenzen sprechen. Hier haben wir die AVOGADRO- oder LOSCHMIDT'sche-Zahl (6.02 x 10^{24}) als Orientierungsgröße. Natürlich vollzieht sich der Übergang von der materiellen zur immateriellen Arznei nicht punktuell bei der Überschreitung der D 24 oder C 12, sondern beginnt bereits beim ersten Verarbeitungsschritt (s. Organon, § 270, Anm. 1). HAHNEMANN hat stets diese immateriellen, *geistartigen* oder *dynamischen* Qualitäten seiner Arzneien als wirksamen Bestandteil postuliert und sich konsequent um entsprechende Potenzierung bemüht. Mit Potenzen unterhalb der C 30 sah er sich z.B. nicht in der Lage, chronische Krankheiten erfolgreich zu behandeln.

Zur Frage, warum hier keine Dezimalpotenzen (D-Potenzen) empfohlen werden, ist zu sagen, daß HAHNEMANN schon die Verdünnung mit dem Faktor 1:100 als untere Grenze für die Kraftentfaltung seiner durch Schüttelschläge potenzierten Arzneien betrachtete. Er hatte z.B. herausgefunden, daß häufig geschüttelte C-Potenzen eine unzuträgliche Rasanz entwickelten, die mit der Forderung der "angenehmen" Heilung nicht mehr vereinbar war. Deshalb war HAHNEMANNS Verbesserungsmaßnahme die einer Erhöhung des Verdünnungsverhältnisses um 500, d.h. von C (= 100) auf Q (= 50'000). Eine Verringerung des Verdünnungsfaktors auf D (= 10) hat er selber jedoch nicht durchgeführt. Natürlich haben die D-Potenzen auch in der Tiermedizin ihre Wirksamkeit bewiesen. Sie sind besonders im Bereich von der 1. bis zur 30. Potenz gebräuchlich, und es liegt eine solide tierärztliche Erfahrung und reichhaltige Literatur hierüber vor. Oberhalb der 30sten Potenz ist die Erfahrung mit D-Potenzen gering und die Literatur unbedeutend. Im Gegenteil, aus der Humanmedizin sind Erfahrungen bekannt, die von der D-Potenzierung oberhalb der 30. oder 200. Potenz abraten.

Der wichtigste Punkt bei allen Überlegungen zur korrekten Bemessung der Arzneidosis ist die *Lebenskraft* (=Dynamis, vis vitalis) des Patienten. Sie ist der direkte Ansprechpartner unserer dosierten Arznei. Der Patient muß mittels seiner Lebenskraft in der Lage sein, "anzusprechen" und zu "reagieren" auf den arzneilichen Umstimmungsreiz. Die Lebenskraft darf hierbei nicht überfordert werden (s. Organon, § 68), aber die Arzneikraft sollte immer um ein weniges stärker sein als die Verstimmung der Lebenskraft (s. §§ 274 ff). Die gesamte Lebenskraft des Patienten ist erkennbar an seinem physischen, physiologischen und psychischen Status. Hierin sind z.B. Alter, Ernährungszustand, Abwehrlage, Reaktionsvermögen, soziales Umfeld u.a. zu berücksichtigen (wir dürfen nie vergessen, daß nur eine "starke" Lebenskraft "starke" Krankheitszeichen hervorbringen kann - studiere hierzu das AM-Bild von *Aconitum* (Patienten, die bei gewöhnlich fieberhaften Krankheiten nie Fieber produzieren, haben eine geschwächte Lebenskraft!). Der Grad der Verstimmung der Lebenskraft durch die *natürliche* Krankheit (im Gegensatz zur *künstlichen* Arznei-Krankheit) drückt den relativen Schweregrad einer Erkrankung aus. Natürlich können wir uns anhand der Krankheitserscheinungen immer nur *indirekt* ein Bild über den Stand dieser Lebenskraft machen.

Die Dosierung im akuten Fall

Vom Prinzip her sind akute und chronische Krankheiten in der Anfangsphase ihrer Entstehung oft nicht voneinander zu differenzieren. Erst die Krisis und die Zeit danach lassen eine erste Unterscheidung zwischen akut und chronisch zu. Denn ein Kennzeichen *akuter* Erkrankungen ist die Selbstheilungstendenz einerseits und der letale Ausgang andererseits. Das erste ist ein autonomes Zurückfinden der Lebenskraft aus der Verstimmung zurück zu ihrer Normalstimmung (Schwingung), das andere ist ein Aufschaukeln der Verstimmung der Lebenskraft bis zum Verlust jeder Normalschwingung und zum Exitus letalis. Beide Möglichkeiten sind in der Krise einer akuten Erkrankung enthalten. Die Krisis selbst ist Ausdruck höchster Aktivität der Lebenskraft. Aufgabe des homöopathischen Therapeuten ist es, die Lebenskraft von dieser übersteigerten Beschäftigung mit dieser für den Körper gefährlichen Verstimmung abzulenken. Dies gelingt nur durch einen sehr ähnlichen Arzneireiz in adäquater Stärke. Das heißt, wir müssen der akuten, natürlichen Krankheit eine Arznei-Krankheit ähnlicher Art in Gestalt eines gutgewählten Simile und in der richtigen Dosierung entgegenstellen. Richtig dosiert heißt: zumindest etwas stärker als die natürliche Krankheit und damit zur Umstimmung der Lebenskraft befähigt (s. Organon, §§ 70 ff und §§ 274 ff). Eine *chronische* Krankheit hat dagegen keine Krisis. Eine chronische Krankheit kennt dementsprechend auch keine Selbstheilungstendenz (vgl. Kapitel 20), hieran ist sie erkennbar und von einer akuten Krankheit abzugrenzen.

Die Aufgabe des Therapeuten im akuten Fall ist es also, wegen der Dringlichkeit auf jeden Fall schon beim ersten Therapieversuch einen Arzneireiz (eine Dosierung) zu wählen, die stärker ist als die bestehende natürliche Krankheit, damit die Umstimmung der Lebenskraft vollzogen werden kann. Denn: von zwei ähnlichen Krankheitsreizen kann immer nur der stärkere die Tätigkeit der Lebenskraft für sich beanspruchen (s. Organon, §§ 43-45). Wenn also die Dosis und damit der Arzneireiz zu gering ist, tut sich nichts, obwohl die Arznei ähnlich und richtig gewählt war.

Nun gibt es zwei Möglichkeiten:

- Die erste Möglichkeit ist: **Repetieren**, und zwar so lange, bis die Summe der Arzneireize sich im Körper das Gehör der Lebenskraft verschafft (das betrifft z.B. *tiefe Potenzen unterhalb der 12. Potenz*), und stoppen, sobald das nach außen reflektierte Bild der "natürlichen" Krankheit zu weichen beginnt, oder bis Teile der "Kunst"-Krankheit (des Arzneimittelbildes) sichtbar werden, die bisher nicht zu der "natürlichen" Krankheit des Patienten gehörten. Beides wäre ein Beweis dafür, daß die Arznei ("Kunst"-Krankheit) sich bei der Lebenskraft Gehör verschafft hat und nun beginnt, die Umstimmung zu vollziehen.

- Die zweite Möglichkeit ist: **von vornherein** einen Arzneireiz zu wählen, der für sich allein schon in der Lage ist, die Umstimmung zu bewältigen. Also eine *Einzelgabe in einer höheren Potenz.* Hier stehen uns die bewährten Stufen der KENT'schen Skala (C 30, C 200, C 1000, C 10'000) zur Verfügung (vgl. Kapitel 21, S. 188). Bei der Auswahl der passenden Potenzstufe ist zu bedenken, daß der einzelne Arzneireiz (also die ähnliche

"Kunst"-Krankheit) in jedem Fall schon stärker auf die Lebenskraft wirken muß als die bestehende "natürliche" Krankheit.

Deshalb werden wir nicht die niedrigste Stufe (C 30) wählen, sondern eher die C 200. Andererseits ist zu bedenken, daß die Lebenskraft des Patienten nicht überfordert werden darf: eine zu hohe Potenz könnte auch als Einzeldosis die vorliegende "natürliche" Krankheit so stark überstimmen, daß nach deren Auslöschung noch unnötig viele, freie Umstimmungsenergie zur Verfügung steht, die dann die Lebenskraft beaufschlagt und sie zur Ausbildung der eigenen "Kunst"-Krankheit-Symptomatik zwingt. Das wird meistens den Rahmen der sogenannten *Erstverschlimmerung* nicht überschreiten, kann aber im ungünstigsten Fall (wenn bedeutende strukturelle Veränderungen vorliegen) die Lebenskraft unzulässig überfordern, was im Extremfall den Exitus bedeuten mag.

Deshalb behält man sich die C 1000 (M) oder die C 10'000 (XM) für Fälle vor, in denen die C 200 (trotz korrekter Simile-Wahl, wohlgemerkt!) keinen Effekt zeigt. Dies wird allerdings in der Tiermedizin seltener der Fall sein, als in der Humanmedizin. Unsere Erfahrungen als Tierärzte decken sich eher mit denen der Pädiater, die durchwegs bestätigen, daß jüngere Individuen schneller und nachhaltiger auf denselben Arzneireiz reagieren als ältere.

Tiefpotenzen (Anmerkung des Hrsg.)

Zu den Tiefpotenzen muß der Vollständigkeit halber noch angefügt werden: Ihre Anwendung ist i.d.R. einfacher und risikoärmer als diejenige von Hochpotenzen. Sie können auch bei nur geringer Ähnlichkeit zwischen Krankheitsfall und Arzneimittel wirken. Dies ermöglicht ihre Verordnung nach sogenannten *"bewährten Indikationen"*, also auf Grund von Krankheitsdiagnosen und Modalitäten, was weniger Aufwand und Kenntnisse erfordert als die Mittelwahl nach der *Gesamtheit der Symptome*.

Nachteile: Ihre Wirkung ist zu wenig tiefgreifend, um chronische Krankheiten heilen zu können. Sie wirken hier nur palliativ, eventuell sogar suppressiv (vgl. Kapitel 21). Dann kann es bei schweren akuten Störungen zu gefährlichen Erstverschlimmerungen kommen, eine Tatsache, die ja schon HAHNEMANN zu schaffen machte und nicht unwesentlich zur Erfindung der Potenzierung beigetragen hatte. Im weiteren soll nach längerer Verabreichung des Konstitutionsmittels in Tiefpotenz das Ansprechen auf dasselbe Mittel in Hochpotenz gestört sein (MEILI, 1989).

Hochpotenzen

Natürlich kann auch beim Einsatz von Potenzen der 200., 1000., oder sogar der 10'000. Stufe eine schnelle Repetition im akuten Krankheitsfall notwendig werden. Dies umso eher, je weniger gut das Mittel gewählt war. Denn ein schlechtes Simile ist der "natürlichen" Krankheit nur zu einem geringeren Prozentsatz ähnlich und kann daher auch nur diesen geringeren Teil seiner Kraft für die Umstimmung zur Geltung bringen. Der unähnliche Teil bleibt unwirksam. Deshalb: sollte in einer gewöhnlichen akuten Erkrankung eine Einzeldosis in der C 200 oder höchstens der C 1000 innerhalb von 48 bis 72 Stunden keine Heilung in Gang bringen, so ist primär die Arzneimittelwahl zu überdenken, bevor man diese bewährten Potenzen für das Versagen verantwortlich macht (vgl. Kapitel 21). Aber wie gesagt: Ausnahmen gibt es auch hier; sie können jedoch diese Regel nur bestätigen. Je akuter die Erkrankung, desto schneller wird die Arzneipotenz ihre Wirkung zeigen. Bei Kolikerkrankungen der Pferde z.B. wird dieselbe Einzeldosis in der 200. Potenz, die bei einer mehrere Tage alten Magen-Darm-Erkrankung z.B. 48 Stunden zur Heilung braucht, in 30 Minuten oder schneller Besserung bringen. Sollte sie das nicht tun, ist auch hier vorrangig die Arzneimittelwahl zu korrigieren, erst in zweiter Linie die Dosierung.

Insgesamt ist zu sagen, daß in der Tiermedizin, in akuten und perakuten Erkrankungen bei allen Tierarten die Einzeldosis in der C 200 (egal ob nach KORSAKOFF oder nach HAHNEMANN) einen guten, bewährten Mittelweg darstellt, von dem nur in Ausnahmefällen nach oben oder unten abgegangen zu werden braucht. Die "Notfälle" sind ein Sonderfall der akuten Erkrankungen; sie werden im Kapitel 24 abgehandelt.

Die Dosierung im chronischen Fall

Oft hat man es mit scheinbar "akuten" Krankheiten zu tun. Scheinbar deshalb, weil sie nach vermeintlicher Heilung in derselben oder in abgeänderter Form wieder auftreten. Die Zeitnot in der Sprechstunde und die fehlende Übersicht über den Lebenslauf eines Patienten verhindern dann, daß der Therapeut hinter der Einzelstörung die Chronizität entdeckt. Eine Kette anscheinend unzusammenhängender "akuter" Krankheiten kann der wechselhafte, durch akute Schübe gekennzeichnete Verlauf einer chronischen Krankheit bedeuten. Solche vermeintlich "akuten" Krankheiten bewiesen jedoch durch ein wiederholtes Auftreten, daß sie keine Selbstheilungstendenz haben. Auch fehlt ihnen die starke vehemente Reaktion der Lebenskraft: die Krisis. Besonders das Fehlen von *Fieber* bei infektiösen oder entzündlichen Prozessen kann ein Hinweis auf eine unterlegte chronische Krankheit sein (s. Organon, §§ 231, 232). Hat man die Arznei in der für akute Fälle geeigneten Dosierung gegeben (z.B. in C 200 als Einzel- oder wiederholte Gabe), und kann man dennoch (bei Richtigkeit der Simile-Wahl) keinen befriedigenden Einfluß auf den "akuten" Fall und auf weitere, schnelle Rückfälle ausüben, dann ist dies ein wichtiger Hinweis dafür, daß eine chronische Krankheit vorliegt.

Abgesehen davon, daß man - anders als im akuten Einzelfall (vgl. Kapitel 14) - eine totale Fallaufnahme machen muß, sollte nun auch die Dosierung der Chronizität des Falles angepaßt werden. HAHNEMANN hatte - wie gesagt - unter den C-Potenzen nur die 30. Potenz als seine höchste und somit für chronische Fälle geeignete Potenz zur Verfügung. Die Erkenntnis, daß diese Dynamisation nicht ausreichend war, führte ihn zu den Q-Potenzen, die er in vergleichbaren Potenzstufen wie die C-Potenzen besaß, die jedoch aufgrund ihres riesigen Verdünnungsverhältnisses von 1:50'000 (quinquagintamillesimal) eine andere Qualität der Kraftentwicklung darstellten. Auch diese Q-Potenzen führte HAHNEMANN bis zur 30. Stufe. Es läßt sich unschwer ermessen, daß eine solche 30. Stufe einer HAHNEMANN'schen Q-Potenz als Einzeldosis nur mit einer der höchsten, heutzutagen üblichen C-Potenzen verglichen werden kann. Viele Angaben der 6. Auflage des Organon zur Dosierung bei chronischen Krankheiten beziehen sich auf Q-Potenzen und auf deren Möglichkeit der planmäßigen und schnellen Neudosierung in täglicher oder mehrmals täglicher Abfolge. Dies wurde möglich durch die den Q-Potenzen innewohnende Möglichkeit der Weiterpotenzierung innerhalb derselben Potenzstufe (was wegen des geringeren Verdünnungsfaktors von 1:100 bei den C-Potenzen nicht möglich war). Weil jede dieser einzelnen Gaben innerhalb einer Stufe einer Q-Potenz aufgrund der Nachpotenzierung stets um ein Geringes von der Kraftentwicklung der vorherigen Gabe abweicht, handelt es sich nicht um eine Repetition im eigentlichen Sinne, sondern um eine Neudosierung von gering abweichender Stärke (s. Organon, §§ 247, 248). Somit bleibt das Repetitions-Verbot (§ 246) während einer im Fortschreiten befindlichen Besserung in akuten wie in chronischen Fällen unbeschadet bestehen!

Nach wie vor sind jedoch die C-Potenzen der 30. bis 10'000. Stufe unser Hauptarsenal bei der Heilung chronischer Krankheiten. In seltenen Fällen werden wir auch auf noch höhere Potenzstufen (C 50'000 oder C 100'000) zurückgreifen.

Galt für die akute Krankheit die Einzelgabe in der C 200 als Dosierung der Wahl, so gilt für die chronische Krankheit anderes. Zwar ist auch hier die Lebenskraft diejenige Instanz, die die Arznei-Information auffangen und umsetzen muß, aber das Hauptaugenmerk ist bei chronischen Erkrankungen auf eventuell bestehende *Organveränderungen* gerichtet, die bereits irreversibel sein könnten. Ebenso ist auf andere unphysiologische Gegebenheiten wie Operationsfolgen, Narben, Implantate, verkapselte Fremdkörper und dergleichen zu achten. Durch solche Veränderungen wird die Lebenskraft u.U. gebunden. Ihre Reaktivierung durch ein Simile in hoher Potenz, wie z.B. in der C 10'000 wäre ursprünglich sicher sinnvoll gewesen und wäre gut vertragen worden, kann aber nun unter diesen veränderten Bedingungen durchaus fatale Folgen für den Patienten haben. Die Konsequenz kann so weit gehen, daß sogar auf die Verabreichung des eigentlich indizierten Simillimum verzichtet werden muß. Ein bekanntes Beispiel hierfür sind *Phosphorus*-Patienten mit Tumor-Erkrankungen oder Tuberkulose.

Liegt keine irreversible Organschädigung vor und ist die Lebenskraft unbeeinträchtigt (z.B. bei chronischen Haut-Erkrankungen), so ist tatsächlich die höhere Dosierung (also die höhere Potenz) die bessere. Da wir bei der Behandlung chronischer Erkrankungen stets von Einzelgaben sprechen (Ausnahme: Behandlung mit Q-Potenzen), so haben wir als Maß für die Dosierung nur die Potenzhöhe zu berücksichtigen. In chronischen Fällen kann nämlich nicht - was in akuten Fällen möglich ist - die fehlende Durchschlagskraft der Arznei wegen zu niedriger Potenz durch schnelle Repetition ersetzt werden.

Also wäre bei einem chronischen Hautekzem-Patienten ohne Organschädigung und mit normaler Lebenskraft sicher der C 10'000 gegenüber den niedrigeren Potenzen der Vorzug zu geben.

Handelt es sich dagegen um einen Patienten mit manifester Organschädigung, z.B. um ein Pferd mit alveolärem oder interstitiellem Emphysem, so kann dieser Patient durch eine einzige Gabe seines Simile in der C 10'000 in eine existentielle Krise gestürzt werden, die seinen Zustand vollends unerträglich macht. Es ist dann äußerst schwierig wenn nicht unmöglich, den verbliebenen Rest der Lebenskraft mit einem neuen Simile versuchsweise umzustimmen und so die gegebene Potenz zu antidotieren (vgl. Kapitel 21).

Es bliebe noch der Fall von Patienten mit schwacher Lebenskraft aber ohne feststellbare Organläsionen zu besprechen. Solche Fälle treten auf im Bereich der Präkanzerosen, der Anämien oder Leukämien. Hier beweist sich einmal mehr die Bedeutung der Lebenskraft als Maßstab für die Dosierung. Verfügt der Patient (auch in seiner Vorgeschichte) über keinerlei eindrucksvolle Eruptionen, Absonderungen, Fieber und dergleichen, so ist besondere Vorsicht geboten: die Abwesenheit von Krankheitszeichen muß nicht immer ein Beweis für Gesundheit sein. Patienten können auch zu krank sein, um sichtbar krank zu werden! Nur die Lebenskraft bringt die Krankheiten hervor, und nur die starke Lebenskraft kann eindrucksvolle eruptive Erkrankungen hervorbringen. Wo die Lebenskraft fehlt, fehlen zwangsläufig auch die Symptome. Derartige Zustände finden sich bei älteren Individuen häufiger als bei jüngeren, aber auch dort muß man darauf gefaßt sein, zumal bei hereditären Belastungen.

In solchen Fällen mit schwacher Lebenskraft ist die 30. Potenz, höchstens noch die 200. Potenz angebracht.

Höhere Potenzen können hierbei (besonders bei sehr guter Simile-Wahl) die Lebenskraft überfordern und sogar tödlich wirken. Hier geht es der Lebenskraft wie einer ausbrennenden Kerze, die flackernd um den Sauerstoffnachschub ringt: ein sanftes Bewegen der Luft kann von ihr mit hellerem Brennen quittiert werden, wogegen selbst das wohlmeinendste Anblasen von ihr nicht mehr verarbeitet werden kann und zum Ausblasen wird.

Zur Potenzwahl und Wirkungsdauer (Renée Devaux)

Die Mehrzahl der Homöopathen und Veterinär-Homöopathen in der Schweiz arbeitet - wie dies auch in vielen anderen Ländern der Welt der Fall ist - mit den höheren Potenzen ab der C 30, daneben auch etwa mit Q-Potenzen. Von diesen Potenzierungsarten soll hier die Rede sein, obwohl auch die D-Potenzen gerade in Deutschland sehr stark verbreitet sind und von den dortigen Tierärzten häufig benutzt werden. In Frankreich werden D-Potenzen ab und zu als sogenannte "Drainagemittel" eingesetzt.

In den Vorlesungen von Jost KÜNZLI von Fimmelsberg wurde erwähnt, daß sowohl die Ameise wie auch der Elefant dieselbe Dosierung eines homöopathischen Mittels brauchen würden wie der Mensch. Ich selber hatte als Einsteiger den Vorteil, daß erfahrene Veterinärkollegen mir bestätigen konnten, daß eine C 30 bis zu einer XM auch beim Tier ausgezeichnet wirkten.

Die Frage, welche Potenz bei welchem Fall bzw. Patienten eingesetzt werden soll, ist von großer Bedeutung. Elisabeth WRIGHT-HUBBARD schreibt dazu: *"Das ähnlichste Arzneimittel ist aber erst dann ein wirkliches Simillimum, wenn die Potenz genau der Ebene des Individuums in seinem augenblicklichen Krankheitsstadium angepaßt wurde... Daraus folgt, daß man bei Geistes- und Gemütsbeschwerden und Erkrankungen mit eindeutig psychischer Ursache die hohen Potenzen (XM und höher) anwenden würde; und daß man im Gegensatz dazu bei grob materiellen Zuständen, wie bei eindeutig organischen und pathologischen Veränderungen die niedrigeren und mittleren Potenzen (C 30 bis M) wählen würde".* Ob man nun aber in einem bestimmten Krankheitsfall die Behandlung mit einer C 30, C 200 bzw. M oder XM beginnen solle, konnte mir niemand schlüssig beantworten. Hier kann wohl weniger nach präzisen Vorgaben als mit einer gewissen Intuition vorgegangen werden, die ihren Grund in Erfahrungen bei ähnliche Fällen hat. Zudem gibt es da Unterschiede unter den einzelnen Arzneien. Bei der Arbeit fällt mir ab und zu auf, daß ich in den letzten Tagen eine bestimmte Potenz gehäuft gebraucht habe. Ich weiß dann nicht, ob ich zur Zeit einfach gerade eine Vorliebe für diese Potenz habe. Wie es mir auch passiert, daß mir ein Mittel fast ständig angezeigt erscheint, besonders dann, wenn ich mich gerade intensiv mit diesem Mittel beschäftige. Aber das ist nur eine Schwierigkeit beim Erlernen der Homöopathie, durch die wir hindurchgehen müssen. Bei akuten Krankheiten jedenfalls scheint mir eine C 30 oder C 200 zweckmäßig. Bei bestimmten akuten Zuständen kommen auch höhere Potenzen in Frage (vgl. Kapitel 24).

Die Erfahrung zeigt, daß es Mittel gibt, deren Wirkung häufig verzögert eintritt. Dazu gehören z.B. *Lycopodium, Natrium muriaticum* und *Silicea.* Da den Patienten bzw. Tierbesitzern oft die nötige Geduld fehlt und wir häufig ebenso unter dem Druck stehen, daß bei einem speziellen Fall die Besserung nicht allzu lange auf sich warten lassen dürfe, wende ich gerne einen Kunstgriff an, den ich von homöopathischen Ärzten gelernt habe und der sich auch in der Veterinärmedizin bewährt: Ich verabreiche das Mittel zuerst in einer tiefen Q-Potenz als Einzelgabe und lasse diese auswirken, was nicht selten über einen Monat dauert. Erst jetzt gebe ich eine C-Potenz (meistens eine M), deren Wirkung sofort und im allgemeinen ohne Verschlimmerung einsetzt.

Was die Wiederholung der Gabe anbelangt, so möchte ich auf KENT verweisen: *"Die gegebene Hochpotenz in Einzeldosis wirkt, sobald sie eingenommen ist, sie löst gewisse Prozesse aus, die den Zweck haben, wieder Ordnung in den Organismus zu bringen. Wenn diese einmal laufen, hat es keinen Zweck, weitere Medizin darein zu geben. Ein Zustand der Harmonie, der Ordnung tritt ein, der manchmal recht lange andauern kann, vielleicht mehrere Monate. Der Patient kommt ohne jegliche weitere Medizin ganz gut durch, und zwar eindeutig besser, als wenn man die Medizin, die ihm half, repetiert; eine Repetition wäre vollkommen unnütz, ja störend"*. Die Wirkungsdauern, mit denen die KENT'sche Schule arbeitet, beträgt bei chronischen Krankheiten 35 bis 90 Tage. Läßt die Mittelwirkung früher nach (bei akuten Fällen mit Fieber "verzehrt" der gesteigerte Metabolismus das Mittel quasi, so daß es, aber erst wenn die Wirkung nachläßt, schon nach 4, 8, oder 12 Stunden wiederholt werden muß), kommen dafür verschiedene Ursachen in Frage (vgl. Kapitel 21):

- irgend etwas Äußerliches stört die Mittelwirkung
- Organgewebe ist schon zerstört oder auf dem Wege der irreversiblen Schädigung
- das Mittel ist zu wenig ähnlich, die Wirkung der 2. Gabe läßt dann noch schneller nach oder setzt gar nicht mehr ein.

Obwohl etliche Veterinärhomöopathen behaupten, die *Wirkungsdauer* sei bei Tieren kürzer als beim Menschen, was eine frühere Repetition rechtfertige, halte ich mich in dieser Beziehung strikt an die Regeln der Humanhomöopathen. Läßt die Wirkung vor Ablauf von 5 Wochen nach, ist dies für mich ein Grund, die Krankengeschichte nochmals zu bearbeiten. Oft stellt sich heraus, daß das gewählte Mittel zu wenig dem Fall entsprach und nur palliativ wirkte. Oder ich habe dieselbe Potenz bereits mehrmals verabreicht. Auch hierzu gibt es bewährte Regeln. Hören wir Elisabeth WRIGHT-HUBBARD: *"Das Kent'sche Ideal besteht darin, die Wirkung einer Potenz ganz auszuschöpfen und dann zur nächsten überzugehen, diese wieder ausschöpfen usw., bis zur höchsten bekannten Potenz dieses Mittels, wenn kein Wechsel des Medikaments indiziert ist..."*. KÜNZLI lehrte folgendes: Da die Mittelwirkung von der 3. Gabe derselben Potenz an meist sehr unbefriedigend sei, sollte man jeweils nur zwei Dosen derselben geben und dann zur nächst höheren aufsteigen. Für die Verlaufskontrolle ist wichtig, daß eine Gabe des gut gewählten homöopathischen Mittels in immer größer werdenden Abständen indiziert ist.

Als Illustration zur KENT'schen Skala und zur Unterbrechung der Mittelwirkung durch einen äußeren Einfluß diene folgender Fall:

Golden Retriver "Stanley", männlich, geb. 20.9.88

Der Hund wurde vorgestellt wegen Rückenschmerzen, bedingt durch eine Rückenmarkskompression im Lendenbereich, die trotz chirurgischem Eingriff im März 90 weiterbestanden. Das Tier zeigte Anlaufschwierigkeiten, hatte Mühe beim Treppensteigen und in koupiertem Gelände. Weitere Probleme: rezidivierende Otitis media, Angina und chronische Halsbeschwerden. Häufig Durchfall. Beide Analbeutel waren operativ entfernt worden. Stanley ist ängstlich, liebes- und hilfsbedürftig.

Erste Gabe am 19.3.91: *Pulsatilla M.* Am nächsten Tag sehr müde, kann kaum Treppen steigen. Am 2.Tag Halsbeschwerden, dazu Durchfall. Eine alte Narbe an einem Fuß schwillt auf Bleistiftdicke an und bleibt es für mehrere Tage. Danach alles sehr gut. Hund möchte spielen und ist fröhlich. Am 6.4.91 kommt ein Anruf des Besitzers: Stanley wurde vor zwei Tagen von einem Deutschen Schäferhund gejagt und flüchtete kopflos bis ins nächste Dorf, wo er erst Stunden später wieder gefunden wurde. Seither geht es ihm schlecht, er verkriecht sich ständig und hat wieder deutliche Rücken-Symptome. Da die erste Dosis *Pulsatilla* erst gut zwei Wochen zurücklag, wollte ich sie keinesfalls repetieren. Andererseits schien mir klar, daß die Mittelwirkung durch den erlittenen Schock gestört worden war. Ich entschied mich deshalb, *Pulsatilla Q 3* zu verabreichen. Bereits Tags darauf ging es dem Tier physisch und psychisch wieder besser.

Stanley hat durch die homöopathische Behandlung ein deutlich besseres Selbstbewußtsein erlangt. Er ist immer noch ausgesprochen freundlich, ohne sich aber wie früher bei der Begegnung mit fremden Leuten oder fremden Hunden zu verkriechen. Anstelle der vormals höchstens 20 Minuten währenden Spaziergänge genießt er nun mehrstündige Wandertouren. Ohne periodische Gaben seines Heilmittels *Pulsatilla* kam er allerdings über längere Zeit nicht aus:

19.3.91	Puls M	(17 Tage Wirkdauer, äußerer Schock)
06.4.91	Puls Q 3	(über 4 Monate Wirkdauer)
24.8.91	Puls M	(über 4 Monate Wirkdauer)
17.1.92	Puls XM	(über 8 Monate Wirkdauer)
21.9.92	Puls XM	(über 5 Monate Wirkdauer)
02.3.93	Puls C 30	(Wirkung hat mind. 11 Monate angehalten)

Wir nehmen an, daß auch bei der nächsten Verschlechterung des Befindens von Stanley *Pulsatilla* wieder seine Dienste tun wird. Eine Wirkungsdauer von fast einem Jahr können wir bei gelungenen chronischen Fällen häufig beobachten. Wenn nicht körperliche Dauerschädigungen wie in diesem Fall vorliegen, sind oft gar keine Gaben mehr nötig.

Literatur

HAHNEMANN, S. (1842): Organon der Heilkunst, 6. Aufl. / herausgegeben von Richard Haehl. Hippokrates, Stuttgart, 1982.

KÜNZLI, J.: Zur Theorie der Homöopathie - Kent's Vorlesungen über Hahnemanns Organon. Grundlagen und Praxis, Leer/Ostfriesland, 1973.

MEILI, W.: Grundkurs in Klassischer Homöopathie. Sonntag, Regensburg, 1989.

WRIGHT-HUBBARD, E.: Kurzlehrgang der Homöopathie, Barthel & Barthel, Berg, 1983.

18 Grenzen, Kontra-Indikationen und Schwierigkeiten der Homöopathie

Edina Mikuschka

Die Frage der Grenzen und Kontra-Indikationen der Homöopathie ist ein stark umstrittenes Thema, welches eine kritische Aufmerksamkeit erfordert. Es geht nicht darum, jemanden zu entmutigen oder die Veterinär-Homöopathie in Zweifel zu ziehen. Die Absicht, die dahinter steht, ist, eine kritische Einstellung zu wecken und auf die Verantwortung aufmerksam zu machen, die mit einer homöopathische Therapie in der Tierrmedizin verbunden ist.

Bei der Vorbereitung dieses Themas bin ich mir rasch bewußt geworden, daß man nicht von den Grenzen der Homöopathie sprechen kann, ohne auch die Schwierigkeiten zu erwähnen, denen man in der Praxis begegnet, denn diese beiden Begriffe sind untrennbar miteinander verbunden. Und sie ergeben die Kontra-Indikationen, zwar aus verschiedenem Blickwinkel, von selbst. Die Indikation der Veterinär-Homöopathie wird im wesentlichen durch drei Kriterien (*) begrenzt:

1. die Grenzen, die durch den Praktiker gesetzt werden
2. die Grenzen, die durch eine mangelnde Reaktionsfähigkeit des Patienten gesetzt werden
3. die Grenzen, die uns durch die noch zulässige Reaktionsfrist des Patienten gesetzt werden, und die damit die Wahl der Therapie bestimmen.

(*) Diese Einteilung ist weniger eine methodische als viel mehr eine praktische. Denn der homöopathisch arbeitende Tierarzt muß sich über seine Möglichkeiten eine klare Vorstellung machen.

Die Grenze, die durch den Praktiker gesetzt wird **(1.)**, hängt von dessen Wissen und Erfahrung ab. Grundsätzlich liegen die Grenzen der Homöopathie weniger in der Methode als beim Behandelnden selbst.

Die Grenze, die durch mangelnde Reaktionsfähigkeit des Patienten gesetzt wird **(2.)**, ist hingegen eine prinzipielle Grenze, die mit der Therapiemethode zusammenhängt, oder anders gesagt, eine *methodische Grenze* (s. Kapitel 21, Reaktionen 3, 6, und 8). Sie kann meist erst aus dem Verlauf erkannt werden. Kent geht in seinen Vorlesungen speziell auf "Schwierige und unheilbare Fälle" ein und erwähnt die Möglichkeit einer hier erwünschten palliativen Behandlung mit homöopathischen Arzneien. Sonst versteht man unter *Palliation* eine zu kurzfristige Besserung nach der Gabe einer zu wenig tief wirkenden Arznei (s. Kapitel 21, S. 187).

Unter (**3.**) werden die Grenzen, die sich erstens aus dem ärztlichen Können und zweitens aus der Therapiemethode ergeben, zusammengefaßt. Es ist die Grenze, die sich aus dem ärztlichen *Verantwortungsbewußtsein* heraus ergibt. Und man tut der Homöopathie letztlich keinen Dienst, wenn man sie durch unverantwortbare Mißerfolge diskreditiert.

1. Die Grenzen der Homöopathie, die durch den Praktiker gesetzt werden

Heilen ist leicht!? Das Telefon läutet, es handelt sich um einen akuten Fall bei einem Patienten, den man nur wenig kennt, da er bisher nur für Impfungen in die Praxis gekommen ist. Man hört dem Besitzer zu, stellt einige Fragen und verschreibt ein homöopathisches Heilmittel, wenn man der Meinung ist, daß genug gute und genaue Angaben vorliegen, um das Mittel zu bestimmen, das genau zu diesen Krankheits-Umständen passen würde. Sehr wahrscheinlich wird der Patient damit gesunden. Das therapeutische Ergebnis und der telefonische Bericht des Besitzers ein paar Stunden später bestätigen, ob die Verschreibung richtig war oder nicht.

Es ist also relativ leicht, einen *akuten* Fall zu beurteilen. Jeder einigermaßen erfahrene Homöopath kann geschickt mit einigen homöopathischen Heilmitteln umgehen, wenn die Symptomatologie dieser Heilmittel eine Ähnlichkeit mit derjenigen des jeweiligen Falles aufweist. Wahrscheinlich hätte ein anderer erfahrener Homöopath die gleichen Fragen gestellt, die gleichen Symptome erhoben und dementsprechend das gleiche Mittel verschrieben. Es ist zu hoffen, daß dies so sei.

Doch heilen ist nicht so leicht! Einige Tage später kommt der gleiche Patient in die Sprechstunde, da sein Besitzer nun durch den Erfolg der homöopathischen Behandlung überzeugt worden ist. Diesmal kommt er aber mit einem *chronischen* Problem, und dann ist die Sache nicht mehr so einfach. Es handelt sich nun nicht mehr um eine Routinebehandlung - die einige akute Symptome ausschaltet, sondern um eine präzise Behandlung, die bis zur primären Ursache der Entgleisung der Vitalkraft des Patienten vordringen muß.

Als Homöopath müssen Sie in diesem Fall alle Aspekte der Individualität des Patienten beobachten, und gerade die charakteristischsten und eigenartigsten Symptome suchen. Nach einer langen und tiefgreifenden Befragung werden Sie die so erhobenen Symptome bewerten, auswählen und repertorisieren (s. Kapitel 15 und 16). Zwei oder drei Heilmittel werden in die engere Wahl kommen. Sie werden zögern und wieder repertorisieren, um das Simillimum zu finden. Bei der Wahl des zu verschreibenden Medikaments werden Sie vielleicht Mühe haben, sich für das eine oder andere Mittel zu entscheiden. Und diesmal werden Sie sehr ungeduldig auf den telefonischen Bericht des Tierhalters warten. Die Antwort ist aber erst etwa zwei Wochen nach der Verschreibung zu erwarten, manchmal auch etwas früher, falls der Patient schon eine Verbesserung oder Verschlechterung zeigt. In diesem *chronischen* Fall hätten verschiedene erfahrene Homöopathen nicht unbedingt alle das gleiche Mittel ausgewählt, und es könnte Unterschiede in der Wertung der Symptome und in der Wahl des Heilmittels geben.

Wieso nun kann es hier zu einer unterschiedlichen Bewertung, zu einer unterschiedlichen Behandlung - und zu einem unterschiedlichen Therapie-Erfolg kommen? Weil je nachdem, wie der Tierarzt den Tierhalter befragt, auch die Erhebung der Symptome ausfällt. Für den gleichen klinischen Fall kann eine ganz unterschiedliche Symptomenliste und Bewertung resultieren.

Die Anamnese und Erhebung der Symptome braucht eine gewisse Übung, damit die Feinheiten der Symptomatik heraus kommen. Auch die Bewertung der Symptome, auf welche es bei der Unterscheidung einzelner Arzneien ankommt, braucht einige Erfahrung und eine gewisse Arzneimittelkenntnis. Wir dürfen daher die Grenzen der Homöopathie nicht mit unserer Unfähigkeit gleichsetzen, wenn wir das für unseren Patienten möglichst ähnliche Heilmittel nicht finden. Diese Unfähigkeit kann verursacht sein durch:

- eine schlechte Anamnese (Unsicherheit in der Art der Befragung)
- eine falsche Bewertung der Symptome
- eine falsche Interpretation der Symptome beim Repertorisieren (das Repertorium von Kent basiert auf humanmedizinischen Beobachtungen)
- eine ungenügende Nachprüfung in der Materia Medica.

2. Die Grenzen, die durch eine mangelnde Reaktionsfähigkeit des Patienten gesetzt werden

Das homöopathische Heilmittel gibt dem Organismus einen Anstoß, um die Krankheitsabwehr des Körpers zu aktivieren und auf den Weg der Heilung zu bringen. Das heißt, daß der Organismus selbst noch über die notwendige Energie verfügen muß, um auf den erhaltenen Impuls reagieren zu können und daß die Organe noch imstande sein müssen, die Stoffwechselleistung für diesen Prozeß zu erbringen, die ihnen zufällt.

Der Kampf gegen die Krankheit nimmt den Organismus in seiner Gesamtheit in Anspruch und erstreckt sich daher auf alle Bereiche des Körpers. Das homöopathische Heilmittel induziert eine dem Bild der natürlichen Krankheit ähnliche künstliche Krankheit und stimuliert so das natürliche Bestreben des Körpers zur Wiederherstellung des Vital-Gleichgewichtes.

Die Wirksamkeit des homöopathischen Heilmittels, das heißt das Erkennen des durch das homöopathische Heilmittel gegebenen Impulses und die symptom-spezifische Reaktion auf diesen Impuls, setzt dementsprechend eine noch weitgehend intakte Funktionsfähigkeit der homöostatischen Regelkreise und der ausführenden Organe voraus.

Der Grad der *Organschädigung* und der damit zusammenhängenden physiologischen Leistung des Organismus - d.h. Krankheitsstadium und Reaktionsfähigkeit des Patienten - bestimmt somit objektiv die Wahl der therapeutischen Aktion und bildet die einzige objektive Grenze der Homöopathie. Allerdings setzt die Erkennung dieser objektiven Grenze viel Erfahrung voraus und wird oft erst aus dem Krankheitsverlauf ersichtlich (vgl. Kapitel 21).

3. Die Grenzen, die uns durch die noch zulässige Reaktionsfrist des Patienten gesetzt werden und so die Wahl der Therapie bestimmen

Die Wahl des Heilmittels muß der Konstitution des Kranken, der Reaktionsfähigkeit des kranken Organismus und dem Krankheitsstadium angepaßt sein. Die Homöopathie kann nicht die Funktionsfähigkeit einer atrophierten Leber oder einer gerissenen Milz wiederherstellen, und es kann unverantwortlich sein, eine schwere Meningitis ohne Antibiotika behandeln zu wollen (Anm. 1).

Denn genauso wie jeder Arzt zu beurteilen hat, in welchem Fall operiert werden muß, so muß er auch beurteilen können, welche Mittel er aus seinem therapeutischen Arsenal einsetzen will - und verantworten kann. Er muß wissen, wann er Mittel einsetzen muß, die dem Organismus eine neue, andere reaktionelle Orientierung aufdrängen, entgegengesetzt zu derjenigen, die er während der Untersuchung festgestellt hat (= *allopathische* Therapie), oder ob er eine regulierende Therapie schon bestehender Reaktionen des Organismus wählen darf - und so im Einklang mit den Regelmechanismen des Organismus wirkt (= *homöopathische* Therapie).

Die Wirksamkeit eines homöopathischen Heilmittels - oder besser ausgedrückt, der Erfolg unserer Suche nach dem *Simillimum* - zeigt sich erst nach seiner Verabreichung. Man muß sich daher fragen, vor allem als Anfänger, ob man es sich in einem gegebenen Fall erlauben darf, abzuwarten um die Reaktion des Kranken innerhalb einer gewissen Frist zu beobachten.

Dabei kann als Anhaltspunkt (Anm. 2) dienen, daß in akuten Fällen eine Frist von maximal zwei Stunden zulässig ist, und in chronischen Fällen eine Frist von etwa zwei bis vier Wochen nach Verabreichung.

Aber diese Frist muß auf jeden Fall kürzer sein als diejenige, innerhalb der man noch intervenieren kann, mit einem anderen therapeutischen Mittel - sei es Allopathie oder Homöopathie - ohne den Kranken in Gefahr zu bringen.

Die Art der Behandlung kann nach der Reaktionsweise des Kranken auf das homöopathische Heilmittel gewählt werden, aber in Grenzfällen muß man es verstehen, alle therapeutischen Mittel, die uns zur Verfügung stehen, gezielt und optimal einzusetzen. Im allgemeinen muß abgeraten werden, zwei Arten von Therapien gleichzeitig anzuwenden. Man darf aber die Homöopathie z.B. mit einem chirurgischen Eingriff assoziieren; in diesem Fall dient die homöopathische Behandlung dann zur unterstützenden prae- und postoperativen Therapie (Anm. 3).

Auch bei schweren, in fataler Richtung evoluierenden Krankheiten (z.B. Leukämie) kann die Homöopathie manchmal eine unterstützende Rolle spielen *(palliative Behandlung* bei unheilbaren Krankheiten, vgl. Kapitel 21, S. 189), damit der Patient leichter die notwendige und manchmal sehr langwierige allopathische Therapie ertragen kann.

Zusammenfassung

Aufgrund der bis jetzt erwähnten Punkte, soll versucht werden, die Indikationen und Grenzen der Homöopathie zusammenzufassen:

A. Indikationen der Homöopathie bei:
- allen funktionellen Entgleisungen des Organismus
- allen *reversiblen* Organschädigungen
- fast allen infektiösen Krankheiten
- fast allen chronischen Krankheiten
- metabolische Entgleisungen.

B. Grenzen der Homöopathie bei:
- *irreversiblen* Organschädigungen, wenn das Substrat reaktionsunfähig ist (z.B. Nierenisuffizienz)
- schweren, evolutiven Krankheiten (z.B. Leberkrebs, Leukose der Katze)
- notfallchirurgische Indikationen (z.B. Magendrehung beim Hund)
- Psychosen und anderen schweren geistigen Krankheiten (Humanmedizin).

Zusammenfassend und nach dem heutigen Stand unserer Kenntnisse können wir nur sagen, daß die Grenzen der Homöopathie einerseits durch unsere Fähigkeit oder Unfähigkeit, den Kranken und seine Krankheit zu verstehen, gesetzt werden, andererseits durch die Reaktionsfähigkeit des Kranken. Manchmal, bei unheilbaren Patienten, kann die Homöopathie als unterstützende Therapie sehr wertvoll sein.

Jede Therapie hat ihre Vor- und Nachteile. Wir müssen uns der Grenzen und Möglichkeiten jeder Therapie bewußt sein, um so gezielt die Therapie aus unserem therapeutischen Arsenal zu wählen, welche für den jeweiligen Fall am besten geeignet ist, um so unseren Patienten prompt, dauerhaft und sanft zu heilen, oder zumindest seine Schmerzen aufs Beste zu lindern.

Anmerkungen (Andreas Schmidt / Bettina Keller)

1. Das soll aber nicht heißen, daß eine Meningitis mit homöopathischen Mitteln nicht geheilt werden kann. Mit dem passenden Mittel können schwere Krankheitszustände sehr gut positiv beeinflußt werden. Gerade hier ist es aber wichtig, die eigenen Fähigkeiten nicht zu überschätzen. Wenn das Mittel nicht auf Anhieb gefunden wird, darf mit der Anwendung von Antibiotika nicht gezögert werden.
2. Es ist wichtig, daß wir uns diese Frist setzen. Sie muß dem Zustand des Kranken angepaßt sein. Es gibt sehr wohl akute Erkrankungen, bei denen wir einen Tag zuwarten können (z.B. eine fieberhafte Atemwegserkrankung, vgl. Kapitel 14). Bei chronischen Krankheiten kann es sogar bis zu fünf Wochen dauern, bis eine Reaktion eintritt. Dies ist wichtig zu wissen, da sonst ein in Frage kommendes Mittel zu früh auf die Seite gestellt und somit verkannt wird (vgl. Kapitel 21).
3. Eine Parallelbehandlung mit chemischen Medikamenten ist grundsätzlich möglich, aber sicher nicht ideal. Sie sollte Fällen vorbehalten werden, wo das Absetzen derselben den Patienten gefährden würde. Im weiteren ist es nicht ideal, eine homöopathische Behandlung mit anderen "alternativen" Behandlungsmethoden zu kombinieren, da die Beurteilung der Mittelwirkung erschwert oder ganz unmöglich wird. Darüber hinaus gibt es gerade in der Phytotherapie Stoffe, welche die Wirkung potenzierter Arzneien aufheben können (vgl. Kapitel 10 und 23).

Bibliographie

HAHNEMANN, Samuel: Organon ou l'Art de guérir, Ed. J.B.Baillière et Ed. Similia, Paris, 1982.

QUINQUANDON, H.: Homéopathie vétérinaire et biothérapies. Le Point vétérinaire, 1983.

VANIER, Pierre: L'Homéopathie ("Que sais-je?"), Presses universitaires de France, 1980.

L'Homéopathie pratique. Cours du Dr. Dominique SENN, Lausanne, 1984.

L'Homéopathie - Encyclopédie intégrale de la consommation. Laboratoires Boiron, Nathan, 1989.

L'Homéopathie vétérinaire. Centre de documentation Dolisovet, Paris, 1985.

L'Homéopathie vétérinaire. Revue trimestrielle du Centre d'études homéopathiques Samuel Hahnemann, Condom, France.

19 Chronische Krankheiten: akute Fallbeispiele als Einstieg in das Thema

Andreas Schmidt

Vorbemerkung

Fallvorstellungen nach dem Schema: *krank → homöopathisches Mittel → gesund,* wie das so oft in Fortbildungsveranstaltungen der Fall ist, mögen zwar oft eine gewisse Begeisterung zu erzeugen, für eine weitergehende Auseinandersetzung bringen sie meist aber zu wenig. Als Erläuterung kommt häufig lediglich ein Zusatz wie: für den fortgeschrittenen Homöopathen sei eben klar, welches Mittel den Fall heilen würde; weitere Erklärungen, die namentlich über die Art und Weise, wie ein Problem bearbeitet wurde, Auskunft geben, fehlen dann. So lernt man leider oft nicht sehr viel, und die Fälle sind meist auf das Mittel oder die Vorstellung, die man von dem Mittel hat, hin erzählt. Was gut paßt, wird betont, was nicht so recht klar ist, wird ausgelassen. Es geht meiner Meinung nach nicht darum, die Virtuosität des homöopathischen Zauberkünstlers unter Beweis zu stellen, sondern bei der Besprechung von Fällen hat immer auch ein Nachdenken stattzufinden.

Es genügt nicht, nur zu erzählen, was man bei den Fällen beobachtet hat, also nur einen *Erfahrungs*bericht vorzustellen (eine objektive Beschreibung ist zwar schon viel wert), sondern es soll immer auch der Versuch gemacht werden, zu ergründen, was hinter den Beobachtungen steht, es braucht theoretische *Erklärungen.*

Praktische Erfahrung	→ / ←	**Theoretische Erklärung**

Die Homöopathie als Wissenschaft ist nicht bloß eine empirische Angelegenheit, man darf sich nicht darauf beschränken, lediglich Erfahrungen zu sammeln und weiterzugeben, sondern die in der Erfahrung gemachten Beobachtungen (ich folge einer Formulierung VIRCHOWS, welche im Zusammenhang mit der Darlegung des Programms der modernen Schulmedizin steht) gelten uns doch vorzugsweise als die Quelle für neue Fragen (Hypothesen), deren Beantwortung der Theorie zufällt *(kontrollierte Erfahrung).* Die Theorie ihrerseits hat ihre Gültigkeit in der Praxis immer wieder unter Beweis zu stellen *(nachgeprüfte Hypothesen),* denn erst durch die Erfahrung bestätigte Erklärungen führen zu wirklicher Erkenntnis.

Der Paragraph 148 aus dem Organon soll uns für die Besprechung einiger akuter Fälle als Einstieg dienen: *"Die natürliche Krankheit ist nie als eine irgendwo, im Innern oder Äußern des Menschen sitzende, schädliche Materie anzusehen, sondern als von einer geistartigen, feindlichen Potenz erzeugt, die, wie durch eine Art von Ansteckung das im ganzen Organismus herrschende, geistartige Lebensprincip in seinem instinktartigen Walten stört, als ein böser Geist quält und es zwingt, gewisse Leiden und Unordnungen im Gange des Lebens zu erzeugen, die man (Symptome) Krankheiten nennt. Wird aber dann dem Lebensprincip das Gefühl von der Einwirkung dieses feindlichen Agens wieder entzogen, was diese Verstimmung zu bewirken und fortzusetzen strebte, das ist, läßt der Arzt dagegen eine, das Lebensprincip ähnlichst krankhaft zu verstimmen fähige, künstliche Potenz (homöopathische Arznei), welche stets, auch in der kleinsten Gabe die ähnliche, natürliche Krankheit an Energie übertrifft, auf den Kranken einwirken, so geht, während der Einwirkung dieser stärkern, ähnlichen Kunst-Krankheit für das Lebensprincip die Empfindung von dem ursprünglichen, krankhaften Agens verloren; das Übel existiert von da an nicht mehr für das Lebensprincip, es ist vernichtet. Wird, wie gesagt, die passend ausgewählte, homöopathische Arznei gehörig angewendet, so vergeht die zu überstimmende,* ***acute****, natürliche Krankheit, wenn sie kurz vorher entstanden war, unvermerkt, nicht selten in einigen Stunden, die etwas ältere, natürliche Krankheit aber (...) etwas später, mit allen Spuren von Übelbefinden. Es erfolgt in unmerklichen, oft schnellen Übergängen nichts als Gesundheit, Genesung. Das Lebensprincip fühlt sich wieder frei und fähig, das Leben des Organismus, wie vordem, in Gesundheit fortzuführen und die Kräfte sind wieder da".*

Eine homöopathische Heilung bedeutet also Erregung einer künstlichen Arzneikrankheit, welche der natürlichen Krankheit sehr ähnlich ist. Wird eine passend ausgewählte, homöopathische Arznei lege artis angewendet, so vergeht die zu überstimmende *akute Krankheit* nicht selten in einigen Stunden. Die etwas ältere *(subakute)* Krankheit braucht etwas länger, wogegen die *chronischen* Krankheiten oft sehr lange Zeit, wenn sie überhaupt heilbar sind, zur Heilung erfordern (Organon, §149).

Fall 1: Kolik bei einem Pferd

Das Pferd *Domingo,* ein dunkelbrauner Wallach, bekommt abends Kolik auf der Weide, nachdem er den ganzen Tag im Stall gestanden hat. Das Tier frißt nichts, liegt manchmal ab und hat zwischendurch heftige Kolikerscheinungen. Puls 42, kein Kotabgang, kein Fieber. Auskultation: rechts großblasige, klingende Geräusche. Verdachtsdiagnose: Obstipation. Beurteilung: günstige Prognose.

1. Mittel: *Nux-v. C 30,* weil das Tier den ganzen Tag ohne Bewegung war. Nach 1 Stunde war keine Besserung festzustellen. Das Tier liegt gerade ab und verharrt in rechter Seitenlage. Druck scheint die Schmerzen zu bessern.

2. Mittel: *Lyc. C 30* auf die Indikation *Druck auf rechte Seite bessert.* Kurze Zeit wird das Tier ruhiger. Dann folgen erneute Anfälle, die mit einem eigenartigen Abliegen beginnen: das Tier geht vorne in die "Knie" und verharrt einige Zeit in dieser Stellung. Nun legt sich das Tier auch auf die linke Seite, streckt die Beine und hält sie einige Zeit angewinkelt. Wird das Tier bewegt, scheint dies das Leiden vorübergehend zu bessern. Es folgen wieder mehrere Anfälle: das Pferd springt auf, schlägt heftig gegen den Bauch, liegt dann ab und verweilt dann wieder einige Zeit am Boden. Der Bauch ist eingezogen, doch die Atmung ruhig und tief. Plötzlich wieder ein Aufspringen und ein Schlagen mit den Beinen. Ich entschied mich für ein drittes Mittel.
3. Mittel: *Plb. C 30* aufgrund der kahnförmigen Einziehung des Bauches, des heftigen gegen den Bauch Schlagens, der Verstopfung. Kurz nach der Gabe hebt das Pferd den Schweif und setzt wenig trockenen Mist ab (kleine, helle, trockene Kotballen). Dann liegt das Pferd wieder ab auf die linke Seite und döst entspannt und gelöst. Nach längerer Zeit wird es aufgetrieben, es macht einen munteren Eindruck (Ohrenspiel). Es wird einige Schritte nach draußen geführt. Zurück im Stall geht es wieder vorne in die "Knie", steht aber, ohne diesmal abzuliegen, auf und hebt erneut den Schweif zum Kotabsatz. Dies wiederholt es nach einigen Minuten. Es kommt nun eine ganze Ladung.

Fall 2: Kuh mit Nasenbluten

Die Kuh *Terza* wird morgens im Stall angetroffen mit tropfender Nase, in der Krippe hat sich eine Blutlache gebildet. Das Blut gerinnt, ist hellrot. Das Tier, eine Erstkalbin, sieht schon aus wie eine ältere Kuh: sie steht schlecht, Tarsus rechts ist geschwollen, ebenso das linke Vorderknie. Am Tarsus rechts blutende Wunde. Abmagerung, die Kuh gab von Anfang an viel Milch. Anöstrie (drei Monate post partum), Ovarien beidseitig klein. Behandlung: *Phos. C 200.* Das Bluten hat sofort aufgehört. Die Kuh ist munter, springt zwei Tage später sofort auf beim Nahetreten. Die Kruste am Tarsus (vorher blutend) ist trocken. Das rechte Hinterbein ist eher schmerzhafter, das Tier steht schlechter. Zwölf Tage später Dekubitusstellen aud der linken Seite, rechtsseitige Tarsitis ohne deutliche Besserung. Das Tier wurde drei Wochen später geschlachtet.

Kurze Erläuterung

Die zwei Fälle, obwohl beide mit akuter Problematik, unterscheiden sich doch wesentlich. Die Verschreibungen sind zwar nicht gerade meisterhaft (beim Kolikpferd zuerst nach dem erstbesten Einfall aufgrund eines partiellen Symptoms), aber die Fälle sind lehrreich, weil sie uns doch einiges zeigen.

1. Der Kolik-Fall ist ein typisches Beispiel einer akuten Krankheit, die auf Grund einer Schädlichkeit, der das Tier gerade ausgesetzt war, entstan-

den ist, sei es eine Unregelmäßigkeit im Fressen, im Tagesablauf, sei es eine Erhitzung, eine Erkältung oder sogar eine psychische Erregung, das bleibe dahingestellt. Die Krankheit ist vorwiegend funktioneller Art, Gewebsschädigungen, wenn überhaupt vorhanden, sind geringfügig. Die Heilung, das heißt das Lösen des Krampfes, geschieht fast augenblicklich, es folgen noch zwei kleinere Krampfwellen, das akute Leiden vergeht fast unvermerkt.

2. Das Nasenbluten bei der Kuh (prognostisch i.d.R. etwas Ungünstiges) wird durch das Mittel zwar sehr schnell gestoppt, die Kuh ist deswegen aber noch nicht gesund. Dieses akute Leiden ist wie die Spitze eines Eisberges einer darunter liegenden, viel tiefer gehenden Erkrankung.

Die akuten Krankheiten

Die akuten Krankheiten lassen sich in drei Gruppen unterteilen (Organon, §73): *"Was die acuten Krankheiten betrifft, so sind sie* ***(1)*** *theils solche, die den einzelnen Menschen befallen* ***auf Veranlassung von Schädlichkeiten****, denen gerade dieser Mensch insbesondere ausgesetzt war. Ausschweifungen in Genüssen, oder ihre Entbehrung, physisch heftige Eindrücke, Erkältungen, Erhitzungen, Strapazen, Verheben u.s.w., oder psychische Erregungen, Affecte u.s.w. sind Veranlassung solcher acuten Fieber, im Grunde sind es meist nur überhingehende* ***Aufloderungen latenter Psora****, welche von selbst wieder in ihren Schlummer-Zustand zurückkehrt, wenn die acuten Krankheiten nicht allzu heftig waren und bald beseitigt wurden -* ***(2)*** *theils sind es solche, welche einige Menschen zugleich hie und dort (sporadisch) befallen, auf Veranlassung meteorischer oder tellurischer Einflüsse und Schädlichkeiten, wovon krankhaft erregt zu werden, nur einige Menschen, zu derselben Zeit, Empfänglichkeit besitzen; hieran grenzen jene, welche viele Menschen aus ähnlicher Ursache unter sehr ähnlichen Beschwerden* ***epidemisch*** *ergreifen, die dann gewöhnlich, wenn sie gedrängte Massen von Menschen überziehen, ansteckend (****contagiös****) zu werden pflegen. Da entstehen Fieber, jedesmal von eigener Natur, und weil die Krankheitsfälle gleichen Ursprungs sind, so versetzen sie auch stets die daran Erkrankten in einen gleichartigen Krankheits-Proceß, welcher jedoch, sich selbst überlassen, in einem mäßigen Zeitraume, zu Tod oder Genesung sich entscheidet. Kriegsnoth, Überschwemmungen und Hungersnoth sind ihre nicht seltenen Veranlassungen und Erzeugerinnen -* ***(3)*** *theils sind es auf gleiche Art wiederkehrende, (daher unter einem hergebrachten Namen bekannte) eigenartige,* ***acute Miasmen****, die entweder den Menschen nur einmal im Leben befallen, wie die Menschenpocken, die Masern, der Keichhusten, das ehemalige glatte, hellrothe Scharlach-Fieber des Sydenham, der Mumps u.s.w., oder die oft auf ziemlich ähnliche Weise wiederkehrende, levantinische Pest, das gelbe Fieber der Küstenländer, die ostindische Cholera u.s.w.".*

Zusammenfassung, Erklärungen

1. Die akuten Krankheiten sind teils solche, die auf Veranlassung von Schädlichkeiten entstehen, denen der Patient ausgesetzt war.

Heute werden solche krankmachende Einwirkungen unter dem Begriff *Noxen* zusammengefaßt. Jeder Organismus verfügt über eine gewisse Anpassungsfähigkeit. Für die Schwere einer Erkrankung ist nicht nur die Stärke der Noxe, sondern auch deren Einwirkungszeit maßgebend. Im Prinzip entsteht eine akute Krankheit im engeren Sinne also durch äußere (**exogene**) Einwirkungen auf den Organismus (Trauma, Mangel, Überfluß, Hitze, Kälte, Mikroben, Gifte usw.).

2. Häufig sind akute Leiden jedoch akute Exazerbationen einer latenten chronischen Krankheit.

Eine Erkältung zum Beispiel, die immer wieder eine akute Erkrankung hervorruft, hat zwar die Bedeutung einer exogenen Schädlichkeit; die Adaptationsbreite des Organismus, der immer wieder mit Erkrankung darauf reagiert, ist aber (krankhaft) eingeschränkt, und dieses Unvermögen, auf eine an und für sich unbedeutende Noxe angepaßt, ohne krankhafte Erscheinungen (Adaptation), zu reagieren, ist als Zeichen (Symptom) der zugrunde liegenden chronischen Krankheit zu werten. Man könnte sagen, diese latente chronische Krankheit sei die eigentlich **endogene** Krankheitsursache, die Disposition oder besondere Anfälligkeit des Individuums.

3. Ansteckende Krankheiten, bei denen die äußeren Faktoren und Einflüsse bei allen Patienten zu gleichartigen Krankheitsbildern führen, sind innerhalb der akuten Krankheiten als weitere Besonderheit zu betrachten.

Wir würden heute vielleicht einerseits von infektiösen Faktorenkrankheiten und andererseits von ansteckenden akuten Infektionskrankheiten sprechen. Hier gilt, daß die äußeren Einwirkungen im Prinzip die individuellen Besonderheiten übertönen. Die exogenen Schädlichkeiten (Noxen) prägen überwiegend das Krankheitsbild, und solche Krankheiten werden i.d.R. bei allen Patienten durch dasselbe homöopathische Mittel geheilt, weil das Krankheitsbild im Wesentlichen bei allen Patienten identisch ist. (Berühmt ist das Beispiel der Cholera-Epidemie, die HAHNEMANN mit ein und demselben Mittel homöopathisch behandelte.)

Drei Beispiele zur Erläuterung

- Ein **Kalb, ca. 3 Wochen alt**, wird vorgestellt wegen **Inappetenz** und **Fieber**. Die gemessene Temperatur beträgt 39.5°C, das Kalb macht einen munteren Eindruck, der Nasenspiegel ist feucht. Weil das Tier so gut gedieh, hatte es 5.5 Liter Milch aufs Mal bekommen. Was für ein Mittel braucht das Kalb? Lies dazu §150 im Organon: *"Werden dem Arzte ein oder ein paar geringfügige Zufälle geklagt, welche seit kurzem erst bemerkt worden, so hat er dies für keine vollständige Krankheit anzusehen, welche ernstlicher, arzneilicher Hülfe bedürfe. Eine kleine Abänderung in der Diät und Lebensordnung reicht gewöhnlich hin, diese Unpäßlichkeit zu verwischen"*. Dem Kalb wurde vorübergehend die Milch reduziert und Tee angeboten.

- Die **Kuh** *Creola* wird wegen einer akuten, fieberhaften **Mastitis** vorgestellt. Das Eutersekret ist entmischt, weiß, das Viertel geschwollen. Seit einigen Tagen leidet die Kuh an profusem Durchfall nach Herbstgras. Die wäßrige, grieselig entmischte Milch zusammen mit der Verdauungsstörung als Veranlassung der Mastitis führte zu *Pulsatilla.* Die Euterentzündung war am andern Tag wieder in Ordnung, und der Landwirt war sehr beeindruckt davon, daß er die Milch gleich wieder abliefern konnte. Dazu §152 im Organon: *Je schlimmer die acute Krankheit ist, aus desto auffallendern Symptomen ist sie gewöhnlich zusammengesetzt, um desto gewisser läßt sich auch ein passendes Heilmittel für sie auffinden ..., aus dessen einzelnen Krankheits-Elementen sich, dem Symptomen-Inbegriffe der natürlichen Krankheit gegenüber, ein sehr ähnliches Bild von heilender Kunstkrankheit zusammensetzen läßt, und diese Arznei ist das wünschenswerthe Heilmittel"*. Die Kuh *Creola* war also am nächsten Morgen bereits wieder in Ordnung. Trotzdem, schon zwei Monate später litt sie wieder an einer Mastitis, diesmal an zwei anderen Vierteln, beim einen bedingt durch eine alte Zitzenverletzung. Bei einer bald darauf erfolgten Trächtigkeitsuntersuchung (mit 3 Monaten) war sie leer und wurde erst nach einer Behandlung mit Gestagenen wieder brünstig. Die *Pulsatilla*-Gabe hatte also nur eine Wirkung auf den augenblicklichen, akuten Zustand.

- Im KENT'schen Repertorium steht unter der Rubrik *"genitalia-uterus-prolapsus, from straining"* als einziges Mittel *Aurum,* und zwar im zweiten Grad. Ich habe mehrere Kühe mit **Gebärmuttervorfall** mit diesem Mittel behandelt. Der Uterus kontrahierte sich jeweils augenblicklich, und die Reposition war dadurch erleichtert. Ich habe das Mittel auch bei einer Muttersau mit partiellem Prolaps (der Landwirt hielt mit seiner Hand die Gebärmutter zurück bis zu meinem Eintreffen) angewandt. Nach *Aurum C 30* hörte das Pressen in Kürze auf, das Tier beruhigte sich völlig. Ich war ganz zufrieden über den Erfolg und deswegen etwas unvorsichtig. Die Sorgfalt hätte eine Scheidennaht erfordert, und ich glaubte, darauf verzichten zu können. Einige Stunden später drückte die Sau vollständig aus und mußte geschlachtet werden. Die Wirkung für das augenblickliche akute Problem war ausgezeichnet. Aber nicht eine dauerhafte Heilung war die Folge, wie ich aus einer gewissen undifferenzierten Auffassung gemäß dem Ideal der homöopathischen Heilung (dauerhafte Wiederherstellung der Gesundheit) annahm, sondern anscheinend wurde nur mein besonders ins Auge springende Einzelsymptom gebessert. Das Mittel, obwohl ich seinen Nutzen nicht gänzlich in Frage stellen möchte, wirkte zu oberflächlich, zu kurz. Übrigens schreibt KENT im Vorwort zum Repertorium: *"If a case is worked out merely from particulars it is more than probable that the remedy will not be seen, and frequent failure will be the result. This is due to the fact that the particular directions in which the remedies in the general rubric tend have not yet been observed, and thus to depend upon a small group of remedies relating to some particular symptom is to shut out other remedies which may have that symptom, although not yet observed"* (KENT, S. VII). Auch wenn *Aurum* als einziges Mittel in der erwähnten partikulären Rubrik steht, kommen noch mehr Mittel in Frage. Unter der allgemeinen Rubrik *"prolaps-uterus"* stehen tatsächlich mehr als 50 Mittel.

Literatur

HAHNEMANN, S. (1842): Organon der Heilkunst, 6. Aufl. / herausgegeben von Richard Haehl. Hippokrates-Verlag, Stuttgart, 1982.

KENT, J.T.: Repertory of the Homeopathic Materia Medica. World Homeopathic Links, New Delhi, 1982.

20 Die Chronischen Krankheiten Hering'sche Regel

Andreas Schmidt

Die erste Ausgabe des Buches *'Die Chronischen Krankheiten - ihre eigenthümliche Natur und homöopathische Heilung'* erschien 1828, als HAHNEMANN bereits 73jährig war. Das Werk hat viele Kontroversen ausgelöst, es gehört wie die Entdeckung der Hochpotenzen - das Organon 5. Auflage erschien 1833 - zum Spätwerk HAHNEMANNS, das bei vielen Homöopathen schon damals auf schroffe Ablehnung gestoßen ist. Die klassische Homöopathie ist ohne dieses Werk nicht denkbar, auch wenn die Einteilung der chronischen Krankheiten in die drei Miasmen der *Syphilis, Sykosis* und *Psora* nicht überall übernommen wird. Häufig wird im Zusammenhang mit den chronischen Krankheiten auch einfach von der *Psora-Theorie* gesprochen, was vielleicht verdeutlicht, daß der große Wurf dieses Werkes in der Konzeption, in der Deutung der Dynamik oder des Verlaufes chronischer Krankheiten liegt, eine Sicht der Dinge, die die klinischen Tatsachen auf eine für Theorie und Praxis fruchtbare Weise miteinander verbindet.

Die Natur der chronischen Krankheiten

"Wir sehen, daß alle miasmatischen Krankheiten, welche eigenartige Lokalübel auf der Haut zeigen, stets eher als innere Krankheiten im Körper vorhanden sind, ehe sie ihr Lokal-Symptom äußerlich auf der Haut erscheinen lassen, daß jedoch nur bei den akuten nach ihrem Verlaufe in den bestimmtem Tagen das Lokal-Symptom sammt der inneren Krankheit zugleich zu verschwinden pflegt und den Körper frei von beiden zurückläßt, dagegen aber bei den chronischen Miasmen das äußere Lokal-Symptom theils vertrieben werden, theils von selbst von der Haut verschwinden kann, ohne daß jemals die innere Krankheit ungeheilt weder ganz noch zum Theil lebenslang aus dem Organismus weiche; - sie nimmt vielmehr immerfort mit den Jahren zu, wenn sie nicht durch die Kunst geheilt wird." (Chron. Krankh., S. 42)

Bei den akuten Infektionskrankheiten (Masern, Röteln, Scharlach) bedeutet das Verschwinden des lokalen Hautausschlages also gleichzeitig die Abheilung der inneren Krankheit, während bei den chronischen Krankheiten zwar das äußere Symptom vertrieben wird oder von selbst verschwinden kann, ohne daß damit die innere Krankheit jedoch ausgeheilt ist, im Gegenteil, sie breitet sich immerfort mit den Jahren im ganzen Organismus aus. Der oben zitierte Abschnitt ist gewissermaßen eine Zusammenfassung der Lehre von den chronischen Krankheiten hinsichtlich ihrer Dynamik: wir haben es bei den chronischen Krankheiten mit einer inneren Krankheit zu tun, die, auch wenn Symptome fehlen, im Verborgenen weiter ihr Unwesen treibt bis es wieder zum offenen Ausbruch der Krankheit kommt. Die chronische Krankheit ist mit ihrem äußerlichen Verschwinden nicht etwa abgeheilt, sondern bestimmte Lebensumstände oder andere Widrigkeiten können dazu führen, daß die innere Krankheit aus ihrer Latenz wieder hervorbricht und sich auf eine neue Weise manifestiert. Doch was könnte gemeint sein mit diesem "Innern" der Krankheit? Wo läßt sich diese *innere Krankheit* lokalisieren?

Die inneren Krankheiten

Bis ins 19. Jahrhundert hinein wurden die Krankheiten in der Medizin v.a. nach ihrer äußeren Erscheinung benannt. So wurden z.B. mehrere Fieberarten unterschieden, die innerhalb der *hippokratisch-galenischen* Tradition auch ihre logische Bedeutung hatten und alle auf ihre bestimmte Weise behandelt wurden. HAHNEMANN nennt eine solche Einteilung in einer Anmerkung zum Organon (Anm. 119), indem er erklärt, daß die Homöopathie solche Krankheitsnamen nicht anerkennen würde. Aber auch die heutige Medizin anerkennt eine solche, nach Äußerlichkeiten bestimmte Krankheitseinteilung nicht mehr an. Die Entwicklung der modernen pathologischen Anatomie steht dazwischen, die sich einer ganz bestimmten Blickrichtung bedient, welche sich nach 1800 in der Medizin durchzusetzen begann.

In der *Allgemeinen Pathologie für Tierärzte* (STÜNZI) ist zu lesen, daß der Italiener MORGAGNI als erster in seinem berühmten Werk *'De sedibus et causis morborum',* erschienen 1761 (HAHNEMANN zitiert dieses Werk an mehreren Stellen in den *Chronischen Krankheiten),* Sitz und Ursache der Krankheiten auf einzelne Organe lokalisiert habe. Dem widerspricht der Medizinhistoriker LICHTENTHAELER insofern, als die Anfänge der pathologischen Anatomie in tiefer Vergangenheit liegen und MORGAGNI auch kein eigentlicher Begründer der Moderne sei. Seine Krankheitslehre sei noch galenistisch, traditionell. Was bedeutet das?

MORGAGNI ordnet z.B. seine Befunde noch immer nach dem Schema *a capite ad calcem* (Kopf-zu-Fuß-Schema, welches sich ja z.B. im KENT'schen Repertorium bis heute gehalten hat!), und was noch wichtiger ist: bei seinen Einteilungen sind die Symptome führend, die autoptischen Befunde sind nicht etwa nach Organsystemen geordnet, sondern nach den äußerlichen Symptomen (z.B. Kopfschmerz, Atemnot, Lendenschmerz usf.). Der Blick richtet sich also auf das klinische Krankheitsbild, die Beschreibungen der Organbefunde sind meist kurz und unscharf, ein Anhängsel der immer noch durch die Symptome definierten nosologischen Einheit.

Eine eindeutige Änderung dieser Betrachtungsweise vollziehen erst die Internisten der "Pariser Schule" zu Beginn des 19. Jahrhunderts. Sie erkennen wie HAHNEMANN die überkommenen Krankheitseinteilungen nicht mehr an und stellen von nun an die Symptome in den Hintergrund zugunsten der Organbefunde. Im Autopsieraum bemühen sie sich, die einzelnen organischen Läsionen voneinander abzugrenzen, und am Krankenbett anhand von sicheren diagnostischen Zeichen - damals wurden die Perkussion und die Auskultation erfunden - eine Krankheitsdiagnose nach Organsystemen zu stellen. Dadurch entstand eine von den hergebrachten nosologischen Systemen völlig unabhängige neue Krankheitslehre *(Nosologie,* medizinische Ontologie). Maßgeblich ist nicht mehr das hippokratische Fieber, die Dyskrasie oder die Krise, Grundlage des Krankheitsverständnisses wird die organische Läsion in ihren verschiedenen anatomisch-pathologischen Ausformungen.

Die organische Läsion

Die innere Krankheit versteht sich demnach als innere (der direkten Betrachtung verborgene) organische Läsion, die aufkommenden diagnostischen Möglichkeiten (angefangen von der Perkussion und Auskultation bis zur heutigen Computertomographie) schaffen die Brücke zwischen dem "Außen" und dem "Innen", sie erschließen dem Arzt die Sicht des Unsichtbaren. Warum diese Ausführungen? Sie zeigen uns erstens, daß die Medizin seit 1800 eine radikale Umwälzung durchgemacht hat unter Verlust eines großen Teils traditionellen Gedankenguts (Hippokratische Krankheitslehre), und zweitens, daß sie mit ihrer neuen Blickrichtung eine ganz bestimmte, der neuen Zeit entsprechende philosophische Position (medizinischer Naturalismus) bezog, die in ihrem Absolutheitsanspruch später alles, was darin nicht mehr Platz hatte, aus ihrem Denken verbannt hat.

Das Wortpaar "Innen/Außen", das uns in dem eingangs zitierten Abschnitt aus den *Chronischen Krankheiten* begegnet ist, und zur Frage nach dem "Innern" der Krankheit führte, hat in der modernen Medizin also eine ganz bestimmte philosophische Festlegung erfahren. Eine innere Krankheit ist eine im Körperinnern von außen unsichtbare organische Läsion bzw. Stoffwechselstörung *(functio laesa),* die es mit verschiedensten Methoden zu diagnostizieren gilt. Für die Bedeutung in der Homöopathie muß das Begriffspaar nochmals untersucht werden. Paragraph 72 des Organon klärt uns folgendermaßen auf: *"Die Krankheiten der Menschen, sind theils schnelle Erkrankungs-Processe des innormal verstimmten Lebensprincips, welche ihren Verlauf in mäßiger, mehr oder weniger kurzer Zeit zu beendigen geeignet sind - man nennt sie* ***akute*** *Krankheiten-; theils sind es solche Krankheiten, welche bei kleinen, oft unbemerkten Anfängen den lebenden Organism, jede auf ihre eigne Weise, dynamisch verstimmen und ihn allmälig so vom gesunden Zustande entfernen, daß die zur Erhaltung der Gesundheit bestimmte, automatische Lebens-Energie, Lebenskraft (Lebensprincip) genannt, ihnen* *beim Anfange, wie bei ihrem Fortgange, nur unvollkommenen, unzweckmäßigen, unnützen Widerstand entgegensetzen, sie aber, durch eigne Kraft, nicht in sich selbst auslöschen kann, sondern unmächtig dieselbe fortwuchern und sich selbst immer innormaler umstimmen lassen muß, bis zur endlichen Zerstörung des Organism; man nennt sie* ***chronische*** *Krankheiten. Sie entstehen von dynamischer Ansteckung durch ein chronisches Miasm."*

Die Verstimmung der Lebenskraft

Die innere Krankheit ist also gemäß homöopathischem Krankheitsbegriff eine dynamische Verstimmung des lebenden Organismus. Es versteht sich, daß diese innere, verborgene Verstimmung nicht mittels üblicher Diagnoseverfahren erfaßt werden kann, sondern sie steht - gleichsam als gedachte Größe - hinter den körperlich faßbaren Veränderungen der Krankheit. In diesem Sinne sind z.B. Laborbefunde oder innere Organbefunde Äußerlichkeiten der Krankheit, d.h. Auswirkungen der inneren dynamischen Verstimmung. Und dies ist ein ganz zentraler Punkt auch für das klinische Denken und Handeln in der Homöopathie; denn es gilt ja nicht, diese feststellbaren (manifesten) Veränderungen anzugehen, sondern dadurch, daß durch die homöopathische Arznei die (innere) Ordnung wiederhergestellt wird, verschwindet in der Folge auch die körperlich faßbare (materielle) Krankheit.

Da die "Lebenskraft" bzw. deren "krankhafte Verstimmung" oder die "innere Ordnung" bzw. das "Walten der Dynamis" gedachte Größen sind *(Analogiebegriffe),* lassen sie sich im naturwissenschaftlichen Experiment nicht nachweisen - die Fragestellung oder Blickrichtung ist ja eine ganz andere. Wie verständlich jedoch diese Begriffe innerhalb der traditionellen, vormodernen Medizin sind, mag das Beispiel des Entdeckers des Blutkreislaufes veranschaulichen. Im 17. Jahrhundert beschrieb HARVEY zum ersten Mal die Herzfunktion mit dem kleinen und dem großen Kreislauf. Seine Erklärung dazu mag uns heute verblüffen: *"Infolgedessen ist es notwendig, daß das unter dem Einfluß der Kälte der Enden (der Peripherie) stockende und seiner Spiritus verlustige Blut neuerlich von seiner Ursprungsquelle aus sowohl seine Wärme als seine Spiritus einholt und durch die Rückkehr zum Herzen wiederhergestellt wird."*

Für HARVEY wie für seine Vorbilder ARISTOTELES und GALEN ist die wärmste Stelle des Körpers das Herz. Und das ist wiederum bildlich zu verstehen; wer mit dem Thermometer den Sachverhalt nachprüfen will (wie das der Physiologe Claude BERNARD getan hat), verliert die vitale Bedeutung dieser Vorstellung aus den Augen. Gemäß überlieferter medizinischer Tradition hat die in den Körper eingepflanzte Lebenswärme ihren Sitz in der Herzgegend, von wo aus sie den ganzen Körper belebt. Der in hippokratischen Bahnen denkende Arzt, für seine genauen klinischen Beobachtungen bekannt, war bei der Beurteilung seiner Patienten immer bestrebt, anhand der äußeren Erscheinungen herauszufinden, wie gut oder wie stark diese eingepflanzte Lebenswärme im "Innern" noch waltete. HIPPOKRATES hatte eine zusammenhängende Lehre der *Prognose* entwickelt und wußte durch seine Einsicht in den (inneren) Krankheitsprozeß, warum dieses oder jenes eintreten wird. Und seine Erklärungen wurden - zumindest teilweise - durch die klinische Erfahrung bestätigt.

Die medizinischen Denkmethoden

Bis ins Ende des 18. Jahrhunderts bewegt sich das medizinische Denken auf zwei Bahnen wissenschaftlicher Erkenntnis. Auf der einen Seite sind es Fakten, experimentelle Versuche und Kausalität im Sinne des Determinismus, auf der anderen Seite sind es Erscheinungen und Phänomene, die in Analogien, d.h. sinngebenden Bildern gedeutet werden. Die Richtigkeit dieser Deutungen wird empirisch nachgeprüft, und man fragt nach dem Zweck der Dinge *(Finalität).* Wir ziehen daraus folgenden Schluß: die damaligen Ärzte sehen, auch wenn sie die gleichen Objekte betrachten, diese mit andern geistigen Augen als wir das mit der modernen Denkweise tun. Es muß also in der Medizingeschichte einen Bruch gegeben haben zwischen dem traditionellen und dem modernen naturwissenschaftlichen Denken, bei dem ein ganz bestimmtes Seins- oder Realitätsverständnis zur Herrschaft gelangt ist, welches alle früheren Vorstellungen, die darin keinen Platz hatten, mit der Zeit verdrängt hat.

Wir können die beiden traditionellen Bahnen wissenschaftlicher Erkenntnis in etwa mit den Namen GALEN bzw. HIPPOKRATES assoziieren. Da die alten Ärzte - möglicherweise gerade wegen der Verquickung der beiden Denkmethoden - es häufig bei allgemeinen Grundsätzen bewenden ließen, fehlte gesichertes Wissen weitgehend, ein Umstand, den neben den Pariser Physiologen (MAGENDIE, Claude BERNARD) ja HAHNEMANN so beklagt hat (er machte sich "ein empfindliches Gewisses daraus, unbekannte Krankheitszustände mit unbekannten Arzneien zu behandeln").

Den Durchbruch brachte das systematische Experiment: auf der einen Seite führten die Pariser Physiologen das naturwissenschaftliche Experiment konsequent in die Medizin ein, auf der anderen Seite steht die Prüfung der Arzneien am Gesunden, die sogenannte Arzneimittelprüfung der Homöopathie. Der große Unterschied liegt bei der Fragestellung: die Physiologen forschten nach den stofflichen Ursache-Wirkungsbeziehungen, HAHNEMANN hingegen erforschte die bildliche Beziehung, die Ähnlichkeit zwischen Arznei und Krankheit.

Zusammenfassung:

Was ist das Innere der Krankheit?

Moderne Medizin	Homöopathie
Von der statistischen Norm abweichende chemisch-physikalische Veränderungen im Stoffwechsel mit den entsprechenden organischen Läsionen sind die Ursache der Krankheit;	Dynamische Veränderungen der zweckgerichteten Lebenskraft, eine krankhafte Verstimmung mit den entsprechenden Auswirkungen auf den Körper sind die Ursache der Krankheit;
▼	▼
diese sind bei vielen Krankheiten bekannt, bei vielen Krankheiten aber (noch) nicht herausgefunden oder in ihrem Zusammenwirken zu komplex.	diese können bei vielen Krankheiten in einem Arzneimittelbild wiedergefunden werden, bei vielen Krankheiten gelingt diese Analogie (noch) nicht.

Das Konzept der Chronischen Krankheiten

Wir sind uns bewußt, daß das Innere, das Verborgene der Krankheit in einer Verstimmung der Lebenskraft liegt, die wir als bildhafte Realität begreifen. HAHNEMANN spricht ja auch vom Lebens **prinzip**, wodurch ausgedrückt wird, daß es dabei um etwas Prinzipielles, Primäres geht, während Gewebsläsionen und Stoffwechselstörungen als materielle Resultate der Krankheit, als Manifestationen sekundärer Natur anzusehen sind. Wer nun diese Krankheitsprodukte als das eigentliche Krankhafte versteht und behandelt, kann sich zwar damit trösten: *"die alte Krankheit habe er glücklich gehoben; es sey zwar schade, daß sich eine neue Krankheit zeige, er hoffe aber, mit deren Beseitigung eben so glücklich fertig zu werden, wie mit der ersten"* - die Krankheit in ihrer ganzen Tiefe wird er aber nicht beeinflussen können. *"Und so geht es dann, unter Abänderung der Formen desselben Übels ... in der Steigerung der Leiden des Kranken fort, bis mit dem letzten Athemzuge auch die Klagen des Bedauernswürdigen auf immer verhallen und die Angehörigen mit der tröstlichen Vorspiegelung beschwichtigt werden: es sey doch nun alles Erdenkliche bei dem Verblichenen gebraucht und angewendet worden. - Nicht so die große Gabe Gottes, die Homöopathie!"* (CK, S. 2)

In Anmerkung 124 des Organon schreibt HAHNEMANN, daß er zwölf Jahre darüber zugebracht hätte, um die Quelle jener unglaublich zahlreichen Menge langwieriger Leiden aufzufinden, und zugleich die vorzüglichsten *Heilmittel* zu entdecken, welche diesem tausendköpfigen Ungeheuer von Krankheit in seinen so sehr verschiedenen Äußerungen und Formen zumeist gewachsen wären. Er stellt fest, daß die Schüler der Homöopathie, obwohl sie bei weitem mehr als die übrigen Behandlungsarten zustande brachten, viele Beschwerden nicht zufriedenstellend auskurieren konnten. Und HAHNEMANN erkannte, daß zur Behandlung dieser chronischen Krankheiten die ganze Grundbefindlichkeit (Disposition, Terrain) des Patienten mitberücksichtigt werden mußte, d.h. daß für die Wahl des homöopathischen Heilmittels nicht einfach nur die augenblicklichen Symptome zu wählen waren, sondern daß für die Auskurierung der Krankheit auch die früheren Leiden zu berücksichtigen waren und daß das Studium der Symptome erweitert werden mußte, sowohl beim Kranken selber als auch bei der Prüfung der Arzneien. Aus den *Chronischen Krankheiten,* ein Buch, dessen Lektüre nur empfohlen werden kann, sollen einige Passagen zur Verdeutlichung der Gedankengänge zitiert werden, die HAHNEMANN zu seiner Einsicht über die Natur der chronischen Krankheiten geführt haben:

Anscheinend geheilte Krankheiten

Bei vielen anscheinend geheilten Krankheiten brachten oft schon etwas widrige Umstände *"bei einem geschwächten Körper, gar bald wieder das eine oder mehre der schon besiegt geschienenen Leiden, auch wohl mit einigen ganz neuen Zufällen verschlimmert, hervor, welche, wo nicht bedenklicher, als die vordem homöopathisch beseitigten, doch oft eben so beschwerlich und nun hartnäckiger waren. In letzterm Falle gab der homöopathische Arzt das nunmehr hier, als gegen eine neue Krankheit gerichtete, unter den gekannten am meisten passende Arzneimittel natürlich wieder mit ziemlichem Erfolge, welcher den Kranken abermal in einen bessern Zustand vor der Hand versetzte. Im erstern Fall hingegen, wo bloß die schon getilgt geschiedenen Beschwerden sich, nach oben erwähnten Veranlassungen, wieder erneuerten, half das zum ersten Male dienlich gewesene Mittel doch weit weniger vollkommen, und bei seiner abermaligen Wiederholung noch weniger. Dann kamen wohl gar unter der Wirkung des angemessenst geschiedenen homöopathischen Arzneimittels, selbst bei untadelhafter Lebensweise des Kranken, neue Krankheits-Smptome hinzu, welche mit andern möglichst passenden Arzneien doch nur dürftig und unvollkommen beseitigt werden konnten - ... Das chronische Siechthum ließ sich im Grunde nur wenig in seinem Fortgange vom homöopathischen Arzte aufhalten und verschlimmerte sich dennoch von Jahr zu Jahre.*

Dies war und blieb der schnellere oder langsamere Vorgang solcher Kuren, ... selbst wenn sie genau nach den Lehren der bis hierher bekannten homöopathischen Kunst geführt zu werden schienen. Ihr Anfang war erfreulich, die Fortsetzung minder günstig, der Ausgang hoffnungslos." (CK, S. 4)

Die tieferliegende Grundkrankheit

Hahnemann stellt sich nun folgende Fragen:

- *"Woher also jener weniger günstige, jener ungünstige Erfolg von fortgesetzter Behandlung der (unvenerischen) chronischen Krankheiten selbst durch die Homöopathie? Woran lag es bei den Tausenden fehlgeschlagener Bemühungen, die übrigen Krankheitsfälle langwieriger Art so zu heilen, daß dauerhafte Genesung davon erwüchse?*
- *Vielleicht an der noch zu geringen Zahl der auf ihre reinen Wirkungen ausgeprüften, homöopathischen Arzneien! Hiermit trösteten sich bisher die Schüler der Homöopathie; aber dem Gründer derselben genügte diese Ausflucht oder dieser sogenannte Trost nie.*
- *Warum kann nun diese, durch homöopathische Arznei wirksam afficierte, zur Herstellung der Integrität des Organism erschaffene, und unermüdet zur Vollendung der Genesung bei selbst schweren akuten Krankheiten thätige, erfolgreiche Lebenskraft in jenen chronischen Übeln, selbst mit Hülfe der die gegenwärtigen Symptome bestens deckenden homöopathischen Arzneien, keine wahre, dauernde Genesung zu Stande bringen? Was hält sie davon ab?*

Dieser so natürlichen Frage Beantwortung mußte mich auf die Natur dieser chronischen Krankheiten führen." (CK, S. 5)

Hahnemann führt aus, daß ihn diese Frage seit den Jahren 1816, 1817 bei Tag und Nacht beschäftigt habe, er aber von allen diesen unsäglichen Bemühungen nichts vor seinen Schülern verlauten ließ, weil er es für unschicklich, ja für schädlich hielt, von unreifen Dingen zu reden oder zu schreiben. Eine der Antworten, die er auf seine Fragen erhielt, war, daß der homöopathische Arzt bei chronischen Krankheitsfällen es nicht allein mit der eben vor Augen liegenden Krankheits-Erscheinung zu tun hat, sondern immer mit einem abgesonderten Teil einer tiefer liegenden Erkrankung. Folglich müsse man den ganzen Umfang aller der der Grundkrankheit zugrunde liegenden Symptome und Eigenheiten erst kennen, bevor man sich Hoffnung machen könne, eine das ganze Grundübel homöopathisch deckende Arznei herauszufinden, durch welche dann die Krankheit in ihrem ganzen Umfang geheilt werden kann. Und das hat zu der uns bekannten ausgedehnten, *vollständigen Anamnese* bei der Behandlung chronischer Krankheiten geführt. Einige Hintergrundinformationen über Hahnemanns Leben mögen für das Verständnis der nun zu besprechenden "miasmatischen" Natur der chronischen Krankheiten von Nutzen sein.

Primär- und Sekundärkrankheit

Nach Aufgabe seiner ersten ärztlichen Tätigkeit 1784 widmete sich Hahnemann intensiven Studien der damaligen medizinischen Literatur. Er kannte natürlich auch die Schriften von HIPPOKRATES und GALEN - und war selbst eine zeitlang schriftstellerisch tätig. Im Jahre 1786, sieben Jahre nach seiner Promotion, erschien beispielsweise eine Schrift über die Arsenikvergiftung, für die er hohes Lob erhielt, trotz seiner scharfen und nachhaltigen Stellungnahme gegen die zeitgenössische Medizin. Er zitierte 389 verschiedene Autoren verschiedener Sprache und verschiedener Jahrhunderte und führte 826 genau nach Band und Seite spezifizierte Seiten an. Drei Jahre später erschien die Arbeit *'Unterricht für Wundärzte über die venerischen Krankheiten',* in der er erstmals die Herstellungsvorschrift seines löslichen Quecksilberpräparates *(Mercurius solubilis)* bekannt gab.

Die venerischen (Geschlechts-) Krankheiten *Syphilis* und *Tripper* waren in der damaligen Medizin als chronische Ansteckungskrankheiten bekannt, auch wenn erst 100 Jahre später die spezifischen Erreger entdeckt wurden. Man diagnostizierte sie aufgrund ihrer charakteristischen Symptomatik, und die Übertragbarkeit dieser als Geschlechtskrankheiten bezeichneten Leiden war aus der Erfahrung bekannt. HAHNEMANN kannte die Syphilis, und was darüber bekannt war, also sehr genau. Die verschiedenen Krankheitsformen vom Schanker bis zur progressiven Paralyse wußte man trotz der Verschiedenartigkeit dieser Leiden als zusammenhängendes Geschehen zu deuten, man sprach von einer *Primärerkrankung,* von einer *Latenzperiode* und von der *Sekundärmanifestation.* Der Verlauf war chronisch und progressiv, und es handelte sich - wie gesagt - um eine Ansteckungskrankheit, also eine miasmatische (griech. *Miasma* = Befleckung, Besudelung) Krankheit, wie man damals sagte. So wird die Syphilis als chronisch-miasmatische Krankheit mit progressivem Verlauf für HAHNEMANN zum Modell-Fall der chronischen Krankheiten: *"Daß aber das gesuchte Ur-Übel noch überdies miasmatisch chronischer Natur seyn müsse, zeigte sich mir klärlich in dem Umstande, weil es nie, sobald es bis zu einiger Höhe gediehen und entwickelt war, durch die Kraft einer robusten Constitution aufgehoben, nie durch die gesundeste Diät und Lebensordnung besiegt wird oder von selbst erlischt, sondern mit den Jahren sich immer mehr, durch Übergang in andere, bedenklichere Symptome, verschlimmert bis ans Ende des Lebens, wie jede chronische, miasmatische Krankheit, zum Beispiel die ... in Lustseuche übergegangene, venerische Schanker-Krankheit, welche ebenfalls nie von selbst erlischt, sondern mit jedem Jahr zunimmt und immer in neuen und schlimmern Symptomen sich entfaltet, ebenfalls bis ans Ende des Lebens."* (CK, S. 7)

Den Ausgangspunkt der übrigen (unvenerischen) chronischen Krankheiten fand HAHNEMANN in einem vormaligen Krätz-Ausschlag als Zeichen der primären Ansteckung, von der aus alle nachgängigen Leiden in einem Leben eines Patienten ihren Ursprung hatten. Dieser Umstand in Verbindung mit der Tatsache, daß unzählige Beobachtungen verschiedenster damaliger Ärzte deutlich machten, daß nach Unterdrückung von Hautausschlägen chronische Leiden entstehen können, ließ keinen Zweifel übrig an einem inneren Zusammenhang von äußerer Hautmanifestation und nachfolgender innerer Krankheit. Für die Praxis bedeutete dies folgendes: *"Nach und nach lernte ich hülfreichere Mittel gegen dieses so viele Leiden erzeugende Ur-Übel, das ist, gegen die mit einem allgemeinen Namen zu benennende* ***Psora*** *(innere Krätzkrankheit mit oder ohne ihren Hautausschlag) finden, und es ward mir dann beim Gebrauche dieser Arzneien in ähnlichen chronischen Krankheiten, welchen der Kranke eine solche Ansteckung auch nicht nachweisen konnte, durch die erfolgende Hülfe einleuchtend, daß auch diese Fälle, wo der Kranke sich keiner Ansteckung dieser Art erinnerte, dennoch von der ihm vielleicht schon in der Wiege oder sonst unerinnerlich mitgeteilten* ***Psora*** *herrühren müßten, was dann auch bei sorgfältigerer Nachforschung bei den Eltern oder alten Verwandten sehr oft seine Bestätigung fand."* (CK, S. 9)

Konsequenzen für die Klinik

Werden alle bei einem Patienten schon aufgetretenen Leiden als derselben Krankheit zugehörig verstanden, hat dies natürlich Auswirkungen auf das klinische Denken und Handeln. Ein kurzer Abschnitt aus den *Chronischen Krankheiten* führt uns da mitten in die Problematik: *"Es ist unglaublich, wie sehr die neuere Arztwelt gewöhnlicher Schule sich an dem Wohle der Menschheit versündigte, indem sie es ... als Regel festsetzte und gleichsam als einen untrüglichen Satz lehrte: daß jeder Krätz-Ausschlag bloß ein lokales, nur auf der Haut sitzendes Übel sey, woran der übrige Organism durchaus keinen Anteil nehme, daß man ihn daher jederzeit und ohne Bedenken durch Schwefelsalbe, durch die noch schärfere Jassersche Salbe, durch Schwefelräucherungen, durch Blei- oder Zink-Auflösungen, am schnellsten aber durch Quecksilberpräcipitate örtlich von der Haut wegschaffen könne und müsse; wäre der Ausschlag nur erst von der Haut weggeschafft, so sey alles gut und der Mensch gesund und alles Übel sey gehoben; freilich, wenn man den Ausschlag vernachlässige und lange Zeit auf der Haut wuchern ließe, dann könne es wohl kommen, daß der böse Stoff endlich Gelegenheit finde, sich durch die einsaugenden Gefäße in die Säftemasse einzuschleichen, und so das Blut, die Säfte und die Gesundheit verderbe; da könne der Mensch wohl endlich Beschwerden von diesen bösen Säften bekommen; aber durch die zeitige Vertreibung von der Haut würden alle etwaigen Nachkrankheiten verhütet und der innere Körper bleibe ganz gesund."* (CK, S. 18)

Die Behandlung von Hautkrankheiten (und ebenso aller übrigen Organerkrankungen) als Lokalgeschehen ist uns natürlich auch heute noch bestens vertraut. Die modernen Methoden sind zwar in vielerlei Hinsicht modifiziert worden, aber vom prinzipiellen Ansatz her sind sie eine Weiterentwicklung der von HAHNEMANN gerügten Auffassung. Wie bekannt ist doch die Ansicht, man müsse ein pathologisches Geschehen bei Zeiten stoppen, um ein Fortschreiten des Prozesses zu verhindern. Und schließlich wird ein chronisches

Leiden als fortgeschrittenes akutes Geschehen verstanden, dem kein Einhalt geboten wurde. Diese Sicht der Dinge wurde von HAHNEMANN scharf verurteilt (...*"diese gräßlichen Unwahrheiten"*...). Der Gerechtigkeit halber muß aber gesagt werden, daß es ebenso eine Vielzahl von klinischen Beobachtungen gibt, die dieses moderne Verständnis untermauern. Es gibt Krankheiten, die in einem Frühstadium erfolgreich behandelt werden können, in einem Spätstadium aber hoffnungslos sind. Viele moderne Therapiemethoden sind zudem ein tatsächlicher Fortschritt.

Interessant für diese Gegenüberstellung ist eine weitere Passage, in der HAHNEMANN auch auf die Vorstellungen der "älteren" Ärzte eingeht, die gewissenhafter und vorurteilsloser beobachtet hätten: *"Diese sahen deutlich und überzeugten sich, daß unzählige Übel und die schwersten chronischen Krankheiten auf die Vertilgung des Krätz-Ausschlags von der Haut erfolgten; ... dieses ihr aufrichtiges Bestreben war dennoch an sich lobenswerth, weil es sich auf die Einsicht eines hinweg zu schaffenden, innern großen Übels beim Krätz-Ausschlage gründete und sie abhielt, sich einzig auf die örtliche Vernichtung des Ausschlags von der Haut zu verlassen, wie die Neuern thun, welche nicht schnell genug mit Vertreibung des Ausschlags von der Haut fertig werden zu können glauben, ohne auf die großen hierauf folgenden Nachtheile zu achten, welche uns die ältern Ärzte in tausend Beispielen warnend in ihren Schriften vor Augen gelegt haben."* Es ist also so, daß die Problematik des Nutzens bzw. Schadens einer lokalen Behandlung schon unter den früheren Ärzten bekannt war. HAHNEMANN führt 97 Beobachtungen (CK, S. 23-40) aus der Literatur an, um seine Sicht zu belegen. Wenn man sich mit ganzer Aufmerksamkeit dieser Auseinandersetzung widmet, fällt aber noch etwas auf. Die hier mit den "neuern" bzw. "ältern" bezeichneten Ärzte verkörpern die zwei Seiten innerhalb der medizinischen Tradition. Wir sind weiter oben kurz auf die medizinischen Denkmethoden eingegangen, die man ganz grob mit den Namen "Galen" und "Hippokrates" verbinden kann. Von HIPPOKRATES kennen wir folgenden Satz: *"Der Arzt muß die Natur in ihrem Bestreben, die Gesundheit wiederherzustellen, unterstützen, und dieses Bestreben drückt sich eben gerade in jenen pathologischen Reaktionen aus, welche wir Krankheit nennen"* (vgl. Kapitel 1, S. 20). Also kann die Unterdrückung eines lokalen Geschehens dem Bestreben der Natur, durch diese lokale Manifestation das Gleichgewicht zur Gesundheit wiederherzustellen, entgegenwirken - eine Art zu denken, welche mit der Verdrängung der hippokratischen Tradition verlorengegangen ist.

Die Hering'sche Regel

Die Vorstellung von der Unterdrückung lokaler Erkrankungen und den daraus folgenden chronischen Leiden spielt für die Beurteilung homöopathischer Behandlungen eine nicht unwichtige Rolle. So unbedeutsam auch die Beschwerden nach einer erfolgreichen Behandlung eines Lokalübels sein können, so bleibt nach der Psoratheorie die innere Psora-Krankheit gleichwohl in ihrem Wesen und in ihrer chronischen Natur als solche weiterbestehen: *"Oft Jahre lang pflegt sie sich nicht in großen Symptomen hervorzuthun, welche man auffallende Krankheiten nennen könnte. Viele hundert Beobachtungen haben mir nach und nach die Zeichen verrathen, an denen die innerlich schlummernde, bisher latent gebliebne* ***Psora*** *auch in den Fällen zu erkennen ist, wo sie noch nicht zur auffallenden Krankheit sich hervorgethan hat"* (CK, S. 57). HAHNEMANN zählt über mehrere Seiten solche Symptome der latenten Psora auf. Seine Beobachtungen sind, auch wenn ich zur Psora-Theorie immer wieder auch kritische Bemerkungen anzubringen habe, wegen ihrer Schärfe und Genauigkeit noch heute lesenswert. Auf die latente Psora folgt naturgemäß die offenbare Krankheit: *Das Erwachen der innern, bisher schlummernden, latenten und gleichsam gebunden gehaltenen* ***Psora*** *und ihr Ausbruch zu ernsthaftern Übeln und Siechthumen kündigt sich durch Erhöhung obiger, die schlummernde* ***Psora*** *andeutenden und durch eine zahllose Menge verschiedner andrer Zeichen und Beschwerden an. Bei sich zur offenbaren, sekundären Krankheit entwickelndem Krätz-Siechthume zeigen sich dann folgende Symptome"* (CK, S. 67). Auf 33 Seiten folgen dann die von HAHNEMANN selbst (aufgrund der Krankengeschichten seiner erfolgreich homöopathisch behandelten Fälle) beobachteten Symptome der manifesten Psora, angefangen von "Schwindel" über die körperlichen (Kopf-zu-Fuß) bis zu den Gemütssymptomen.

Die Dynamik des Fortschreitens chronischer Krankheiten (primär → latent → sekundär) kann nun bei der homöopathischen Behandlung in umgekehrter Reihenfolge oft wieder beobachtet werden: *"Die neuerlichst hinzugekommenen Symptome einer sich selbst überlassen gebliebenen chronischen Krankheit weichen in der antipsorischen Kur am ersten, die ältesten und immer am beständigsten und unverändertsten gebliebenen Übel aber am spätesten und nur, nachdem alle übrigen Beschwerden schon verschwunden und die Gesundheit in jeder andern Rücksicht fast völlig wiedergekehrt ist... Das nicht seltne Verlangen des Kranken, ein ihm vorzüglich lästiges Symptom vor allen andern zuerst getilgt zu sehen, ist unausführbar"* (CK, S. 168). HAHNEMANN hat in den *Chronischen Krankheiten* an mehreren Stellen den Verlauf der Symptome bei einer echten Heilung beschrieben. Grob gesagt läuft die Heilung richtig, wenn die Symptome vom Zentrum zur Peripherie verschwinden, was sowohl in der zeitlichen als auch in der örtlichen Reihenfolge geschehen kann. Constantin HERING hat das in drei kurzen Sätzen zusammengefaßt (**HERING'sche Regel**). Der Patient ist auf dem Wege der Heilung, wenn entweder:

- die Symptome von innen nach außen verschwinden oder
- von oben nach unten oder
- in der umgekehrten Reihenfolge ihres Auftretens.

HAHNEMANN empfiehlt, daß der Patient nach Einnahme des antipsorischen Mittels in einem schriftlichen Tagesbericht jene Symptome, die er nach längerer Zeit wieder an sich spürt, einmal unterstreichen, diejenigen Symptome, die er noch nie hatte, doppelt unterstreichen soll. Die ersteren deuten an, daß die Wirkung der Arznei eine tiefgreifende ist, die letzteren aber geben uns den Wink, daß die Arznei nicht völlig homöopathisch gewählt war und bei Zeiten unterbrochen und durch eine passendere ersetzt werden muß.

Heilung der chronischen Krankheiten

Der entscheidende Fortschritt, den die Psora-Theorie für die Behandlung der chronischen Krankheiten mit sich gebracht hat, liegt in dem Umstand, daß die verschiedenartigsten Leiden bei ein und demselben Patienten als zusammenhängendes Ganzes erkannt werden können. In den *Chronischen Krankheiten* finden sich eine Menge sehr interessanter praktischer Hinweise, die später, wenn auch etwas systematischer dargestellt, in die KENT'schen Vorlesungen eingeflossen sind. Einige bemerkenswerte Stellen werden im folgenden zitiert:

"In ihrem vollkommenen Zustande nämlich, das ist, so lange der das innere Siechthum beschwichtigende, ursprüngliche Ausschlag auf der Haut noch vorhanden ist, läßt sich die ganze Krankheit, die Psora, am leichtesten, schnellsten und sichersten heilen." (CK, S. 120)

"Schon in den ältesten Zeiten ... erkannte man im Schwefel eine Art specifischer Kraft gegen die Krätze; aber man wußte sich dessen ebenfalls nur, wie der größte Theil der neuern Ärzte, als äußeres Vernichtungs-Mittel des Ausschlags zu bedienen" (CK, S. 126). Es folgt eine ganze Abhandlung über den Schwefel, welche wieder einmal von HAHNEMANNS profunder Kenntnis der damaligen medizinischen Literatur zeugt. Seine Schlußfolgerung: *"Nie kann die Heilung einer, ihres Ausschlags beraubten, alten Psora, sie sey nun noch latent und schlummernd, oder schon in chronischen Krankheiten ausgebrochen, mit Schwefel allein vollführet werden. Hier komme ich auf den merkwürdigen Umstand, daß überhaupt ... jede andre Psoraverfassung, d.i. sowohl die im Innern noch schlummernde, als auch die zu irgend einer der unzähligen, aus ihr entsprossenen, chronischen Krankheiten entwickelten Psora sehr selten von einem einzelnen, antipsorischen Mittel geheilt werden kann, sondern die Anwendung mehrer dieser Arzneien, in den schlimmsten Fällen auch wohl vieler nach und nach zur vollständigen Heilung bedürfe."* (CK, S. 129). Siehe dazu Kapitel 21, S. 190 f.

Über mehrere Seiten ist von der Diät und Lebensweise, deren Einfluß auf Krankheit und deren Behandlung die Rede. Aber auch auf *Hindernisse der Heilung* wird im einzelnen eingegangen (vgl. Kapitel 17 u. 21, S. 148, 186).

Zusätzlich zum theoretischen Teil der *Chronischen Krankheiten* liegen vier Materia-Medica-Bände vor, in denen HAHNEMANN alle die von ihm beobachteten Symptome, einzeln numeriert aufführt. *"Ich habe für den in der homöopathischen Heilkunst schon geübten Arzt wenig weiter zur Belehrung zu sagen, wie er in der Kur der chronischen Krankheiten zu handeln habe, als daß ich ihn auf die antipsorischen Arzneien am Ende dieses Werkes hinweise - denn er ist es, der sich derselben zu dieser erhabnen Absicht mit Erfolg zu bedienen wissen wird... Antipsorische Arzneien sind solche, welche bei ihrer Prüfung auf ihre reinen Wirkungen im gesunden menschlichen Körper die meisten Symptome äußern von denen, die bei latenter sowohl als bei entwickelter Psora am häufigsten wahrgenommen werden."* (CK, S. 146)

"Die homöopathische, nach den Krankheits-Symptomen möglichst wohl gewählte, antipsorische Arznei, in dem angemessenen Kraft-Entwicklungs-Präparate (potenzierte Arznei) und in der gehörigen Gabe gereicht, lasse er (der Arzt) in der Regel völlig auswirken, ohne sie durch irgend ein Zwischenmittel zu stören" (CK, S. 147). *"Ich füge bloß hinzu, daß man nichts damit versieht, wenn man die Gaben noch kleiner* (d.h. noch mehr "verdünnt" bzw. noch höher potenziert) *verordnete, als ich selbst sie angegeben habe. Man kann sie fast nicht zu klein geben."* (CK, S. 149)

"Mit dem zweiten Hauptfehler bei der Kur chronischer Krankheiten, mit der unhomöopathischen Wahl der Arznei versündigt sich der angehende Homöopathiker am meisten durch Ungenauigkeit, Leichtsinn und Bequemlichkeit. Mit großer Gewissenhaftigkeit muß der Homöopathiker zuerst den ganzen Zustand des Kranken ... sammt allen Symptomen ausspähen und hierauf ein ... passendes Arzneimittel im Buche von den chronischen Krankheiten selbst, so wie in der reinen Arzneimittellehre u.s.w. aufsuchen sich befleißigen, nicht aber mit den vorhandnen Repertorien zu dieser Absicht sich begnügen - ein sehr häufiger Leichtsinn, indem die letztern Bücher nur leichte Winke auf dies oder jenes, etwa wählbare Mittel zu geben bestimmt sind, nie aber das Nachschlagen in den Quellen entbehrlich machen können" (CK, S. 150). Allerdings gab es das doch recht vollständige *Kent'sche Repertorium* damals noch nicht. Ebenso war die Repertorisations-Kunst als solche noch nicht in dem Maße entwickelt.

"Der dritte Haupt-Fehler ... besteht in der Übereilung und Unbedachtsamkeit, daß, wenn sich einer wohl gewählten, antipsorischen Arznei gehörig gemäßigte Gabe einige Tage über dienlich gezeigt hat, gleich wieder eine andre Arznei gereicht wird, in der irrigen Voraussetzung, jene so kleine Gabe könne unmöglich länger, als 8, 10 Tage wirken und hülfreiche Dienste thun." Eine weitere sehr wichtige Beobachtung bei bestimmten Krankheitszuständen: *"...die bessren Folgen bleiben dennoch nicht aus, zeigen sich aber bei sehr langwierigen Übeln zuweilen erst nach dem 24sten, 30sten Tage in ihrem besten Lichte; die Gabe wird dann etwa beim 40sten, 50sten Tage ge-*

wöhnlich erst ihre gute Wirkung vollends ausgewirkt haben, vor deren Ablauf es unverständig und den Fortschritt der Besserung hindernd seyn würde, schon wieder eine andre Arznei zu reichen." (CK, S. 151)

Sykosis, Syphilis und Psora

Wir wollen uns nochmals die Frage stellen: was ist nun eigentlich die *Psora*? Fragen wir vielleicht zuerst, was ist die *Sykosis* oder was ist die *Syphilis*? Wir haben sie als chronisch-miasmatische Krankheiten kennengelernt, als Ansteckungskrankheiten mit progressivem Verlauf. Was die nosologische Differenzierung der Sykosis betrifft, so sind sich HAHNEMANN, KENT und ALLEN über einen merkwürdigen Tatbestand einig: die Gonorrhoe ist zwar die Primärmanifestation der Sykosis, aber nicht jede Gonorrhoe führt zur Sykosis. ALLEN unterscheidet zwischen einer Gonorrhoea simplex und der eigentlichen Sykose. KENT schreibt, daß es zwei verschiedene Arten von Harnröhrenausfluß gebe. Der eine sei Sykosis, der andere nicht. Letzeren könne man unterdrücken, ohne eine sekundäre Sykose hervorzubringen, während man beim ersten in dem Moment, wo er gestoppt wird, mit Sicherheit ein konstitutionelles Miasma habe. RISCH, ein Homöopath unserer Tage, machte die Erfahrung, daß viele echt-sykotische Patienten zwar eine Urethritis haben, ohne daß aber Gonokokken nachgewiesen werden können, während andere, die eine Gonorrhoe mit Erregernachweis durchmachen, deswegen noch lange nicht sykotisch sein müssen. HAHNEMANN unterscheidet den vom Feigwarzen-Miasma abhängigen Tripper vom Miasma des gemeinen, übrigen Tripper (CK, S. 105).

Auch zur Erforschung der Syphilis haben HAHNEMANNS Nachfolger noch manches beigetragen. KENT, der die akute Syphilis rein homöopathisch behandelte, hat sich ganz besonders dazu geäußert. Es sei wichtig, die Erscheinungsformen zu kennen, die nach einer Unterdrückung auftreten können. Man muß bei der Syphilis nicht unbedingt Zeichen und Symptome an den Geschlechtsorganen haben. Trotzdem kann ein Patient nach homöopathischer Lehre syphilitisch sein, auch ohne positiven Wassermann-Test oder Nachweis der Spirochäte. Affiziert ist die Lebenskraft, was zu spezifischen Erscheinungen, zu einer Destruktion im Organismus führt, die syphilitische Züge trägt.

Die Psora ist nun nach HAHNEMANN diejenige chronische Krankheit, die ihren Ursprung in einem Krätzeausschlag hat, auch wenn es nur ganz wenige, unscheinbare Krätzebläschen gewesen sind. Und wo der Kranke sich keiner Ansteckung dieser Art erinnert, da *muß* die chronische Krankheit dennoch von einer ihm vielleicht schon in der Wiege oder sonst unerinnerlich mitgeteilten Psora herrühren. Diese Argumentation geht mir doch etwas zu weit. Dieser Krätzeausschlag um jeden Preis wirkt zu dogmatisch.

Das Gemeinsame der drei von HAHNEMANN voneinander abgegrenzten chronischen Miasmen ist das Nach-Außen-Schlagen des zur Beschwichtigung des innewohnenden Übels dienenden *Lokal-Symptoms,* die Excoriation, der Ausschlag, der Ausfluß u.s.w.. Diese Betrachtung führte zur Beschreibung der dynamischen Vorgänge im Organismus und dessen Bestreben, innere Leiden zu beschwichtigen, sich zu entlasten, ein äußerliches Gegengewicht gegen innere Störungen zu schaffen. Es ist eine Beschreibung des Wirkens der zur Erhaltung der Gesundheit bestimmten Lebenskraft, die immer wieder versucht, das Übel vom Zentrum an die Peripherie, von oben nach unten zu schaffen. Diese Beobachtung kann man übrigens sehr oft auch bei einem natürlichen Heilungsvorgang machen. HIPPOKRATES hat aufgrund der Vorstellung der "im Innern eingepflanzten Lebenswärme" seine *Prognosenlehre,* die Lehre vom Verlauf der Heilung, errichtet. Diese selbständige Prognosenlehre ist zu Beginn des 19. Jahrhunderts zugunsten einer mit großem Aufwand betriebenen Diagnostik der *organischen Läsion* verlorengegangen. Trotzdem beobachtet der Kliniker nach wie vor bei seinen Patienten irgendwie so etwas wie das Walten der Lebensgeister oder einer Heilkraft (die hippokratische *vis medicatrix naturae*), welche im Organismus wieder Ordnung herzustellen bestrebt ist. HAHNEMANN hat in den *Chronischen Krankheiten* die Auswirkungen dieser Dynamik präzise beschrieben und in einen logischen Zusammenhang gebracht. Die Psora-Theorie ist ein Konzept, welches in einer Krankengeschichte, die bereits von allen Spezialärzten mitgeprägt wurde, auf einen gemeinsamen Nenner führt und die Nutzanwendung homöopathischer Arzneien bei chronischen Zuständen ermöglicht hat.

Bedeutung der Miasmen

Ist es nun aber wirklich so wichtig zu wissen, mit welchem der drei sogenannten chronischen Miasmen man es bei einem Patienten zu tun hat? Leidet der Patient nun an Sykosis, Syphilis oder an der Psora? Sind es nicht einfach die Symptome, die zum richtigen Arzneimittel führen? J.H. ALLEN hat über diese Frage einen kleinen literarischen Disput mit HERING hinterlassen: *"Einige mögen fragen, warum es für einen echten Homöopathen nötig sei, etwas über die chronischen Miasmen zu wissen; solange er dem Ähnlichkeitsgesetz entsprechend seine Rezepte ausstelle, werde er seine Fälle heilen. Es gibt aber viele Gründe, warum er in der Lage sein soll, ihr Vorhandensein im Organismus zu unterscheiden, ob nun Psora, latente Syphilis, besonders die tuberkulinische Form, oder Sycosis vorliegen mag. Dr. Hering jedoch meint in seinen einführenden Bemerkungen zum Organon (3. amerikanische Ausgabe), dies sei nicht von wesentlicher Wichtigkeit: 'Was für einen wichtigen Einfluß kann es ausmachen, ob ein Homöopath sich die theoretischen Meinungen Hahnemanns zu eigen macht oder nicht, solange er die hauptsächlichsten Werkzeuge des Meisters und die Materia Medica unserer Schule festhält? Was für einen Einfluß kann es haben, ob ein Arzt die psorische Theorie annimmt oder verwirft, solange er immer nur die möglichst ähnliche Medizin aussucht?'... Tatsache ist, das wir gar nicht das möglichst ähnliche Mittel aussuchen können, wenn wir nicht die Phänomene des wirkenden und zugrunde liegenden Miasmas verstehen; denn das wahre Simile ist immer gegründet auf die vorhandenen und zugrunde liegenden Miasmen, ob wir uns ihrer bewußt werden oder nicht..."*

Und doch, ich glaube HERING hat nicht ganz unrecht. Es gibt Gründe dafür, die von HAHNEMANN entwickelte und von ALLEN und auch KENT weiter verfochtene nosologische Einteilung nicht mitzumachen. Da ist erstens die Frage, wie diese Krankheiten überhaupt entstehen. Die Bezeichnung *Miasma* weist auf die Vorstellung HAHNEMANNS hin: *"Wie die Syphilis, eben so ist die Psora eine miasmatisch-chronische Krankheit und von ähnlicher anfänglicher Bildung. Die Krätzkrankheit ist jedoch auch die alleransteckenste unter den chronischen Miasmen und bei weitem ansteckender, als die beiden andern chronischen Miasmen, die venerische Schankerkrankheit und die Feigwarzenkrankheit. Zur Ansteckung mit letztern beiden gehört, um sie zu bewirken, schon ein gewisser Grad von Einreibung an den zartesten, nervenreichsten und mit dem dünnsten Epiderm bedeckten Stellen unseres Körpers, dergleichen die Geschlechtstheile sind; das Krätzmiasm aber bedarf nur der Berührung der allgemeinen Oberhaut, am meisten bei zarten Kindern. Die Fähigkeit vom Krätzmiasm angesteckt zu werden, hat fast jeder Mensch und fast unter allen Umständen"* (CK, S. 48). Man möchte fast sagen, es muß eben so sein, weil das Krätzemiasma im Grunde fast alle chronischen Krankheiten abzudecken hat, obwohl es ja Menschen gibt, die gemäß dieser Einteilung nicht psorisch sind, obwohl sie doch in ihrem Leben tausend Male hätten angesteckt werden können.

Die möglichst ähnliche Arznei

Wie dem auch sei. Wenn wir die Arzneien auf ihre Affinität zu den chronischen Krankheiten untersuchen, so zeigt sich, daß z.B. *Sulfur* zwar in hohem Maße ein Homöopsorikum ist, aber auch ein Homöosykotikum. *Thuja* ist das klassische Antisykotikum, aber auch ein Antisyphilitikum und ein Antipsorikum. Auch *Mercurius,* obwohl das Hauptmittel gegen die Syphilis, deckt alle drei Miasmen ab. *Pulsatilla* wiederum ist ein Homöopsorikum und ein Homöosykotikum usf.. Das wirft nochmals die Frage auf nach der Berechtigung der von HAHNEMANN getroffenen Einteilung der chronischen Krankheiten im nosologisch-ontologischen Sinn. Die Einteilung hat wohl deswegen eine gewisse praktische Bedeutung erlangt, weil die Symptomatologie von chronischer Krankheit und Arznei von HAHNEMANN und einigen Nachfolgern eben nach dieser im Grunde genommen willkürlichen (aus ihrer Zeit heraus verständlichen) Einteilung studiert und beschrieben worden ist.

Man könnte, ganz prinzipiell gesehen, aber auch von der chronischen *Sulfur*-Krankheit, von der *Zincum*-Krankheit, von der *Acidum nitricum*-Krankheit usf. sprechen, was sich in gewissem Maße mit HERINGS Meinung deckt, das wichtigste sei, immer nur die möglichst ähnliche Medizin auszusuchen. Interessant ist in diesem Zusammenhang eine Stelle aus dem *'Paramirium'* von PARACELSUS: *"Viel ist über die unheilbaren Krankheiten geredet worden, aber der Grund ist nit berührt worden... Das ist die Unwissenheit der Ärzte... So soll der Arzt auch wissen, daß die Arznei und die Krankheit zusammengehören, nach ihrer Art. Denn weiß der Arzt das, daß die Arznei die Krankheit heilt, so muß er auch wissen, weil der Krankheiten mehr denn eine ist und mehr denn eine Arznei, welche zusammengetan und vermählt werden; das muß durch die Anatomey geschehen."* Und im *'Paragranum'* steht geschrieben: *"Nach Inhalt solcher Anatomey solt ihr wissen zu nehmen die Krankheiten und dieselbigen zu verstehen un zu erkennen, damit ihr wissen, warumb Scorpio, Scorpionisch gifft heilet; darumb, das es des andern Anatomey ist: also der eußer Mensch der innern Anatomey, je eines des andern. Darumb also heilet Arsenicus Arsenicum, also Realgar Realgar ..."*. PARACELSUS macht die Krankheitseinteilung nach ihrer "inneren Anatomie", nach dem Bild, das die Arznei und die Krankheit gemeinsam haben. Aus dem Blickwinkel der Homöopathie erhalten diese Sätze eine ganz besondere Brisanz.

Die nosologische Frage

Die Einteilung der chronischen Krankheiten in die drei Miasmen ist problematisch. Die Syphilis im modernen Sinn ist differentialdiagnostisch definiert durch ihren ganz spezifischen Erreger, unabhängig davon, wie das Krankheitsbild auch aussieht. Sie ist nur bedingt identisch mit dem chronischen Miasma der Syphilis, welches rein nach seinem Erscheinungsbild diagnostiziert wird. In noch größerem Maße trifft diese Unstimmigkeit bei der Sykosis in Bezug zur Gonokokkenätiologie zu. Bei der Psora konnte nie ein Bezug zu einem Erreger festgestellt werden. Sie ist also in höchstem Maße nur phänomenologisch definiert. Damit kommen wir auf die nosologische Frage zurück. Einige Autoren sehen in der Psora-Theorie eine hellseherische Leistung HAHNEMANNS, weil man heute daran ist, gewisse Viren zu entdecken (z.B. Lentiviren), die wir u.U. lebenslang beherbergen und die sich, je nachdem, pathogen gebärden können. Wiederholt begegnen uns in HAHNEMANNS Schriften demgegenüber Ausdrücke wie *dynamische Ansteckung* oder *Affection der Lebenskraft,* Begriffe, die nicht einfach mit einer Infektion im heutigen Sinne (= materielle Ansteckung) gleichgesetzt werden können. Für mich ist die Psora eine für HAHNEMANN notwendig gewesene Hypothese - in Analogie zu der gut bekannten Syphilis, um seine Beobachtungen systematisch vorantreiben zu können. Dabei dürfte er - eine Erscheinung, die bei jedem Forscher zu beobachten ist - einem gewissen Systematisierungszwang zum Opfer gefallen sein. Wohl hatte er damit eine Erklärung für das Entstehen jeglicher Krankheit, aber diese Frage ist ja letztlich so schwierig zu beantworten, wie die Frage nach dem Leben überhaupt. Für die homöopathische Behandlung selbst, für das Verständnis, die Beobachtung, die Zusammenhänge der gemeiniglich unheilbaren chronischen Krankheiten hat er jedoch Unermeßliches beigetragen.

Literatur

ALLEN, J.H. (1921): Die Chronischen Krankheiten - Die Miasmen. Verlag Renée von Schlick, Aachen, 1987.

FREI, W.: Allgemeine Pathologie für Tierärzte. Hrsg: Stünzi H. und Weiss E., 8. Aufl., Parey, Berlin und Hamburg, 1972.

HAHNEMANN, S. (1842): Organon der Heilkunst, 6. Aufl. / herausgegeben von Richard Haehl. Hippokrates-Verlag, Stuttgart, 1982.

HAHNEMANN, S. (1835): Die chronischen Krankheiten - ihre eigenthümliche Natur und homöopathische Heilung, Zweite, viel vermehrte Auflage. Unveränd. Nachdruck, Organon-Verlag, Berg am Starnberger See, 1983.

KÜNZLI, J. : J.T.Kents Vorlesungen über Hahnemanns Organon - zur Theorie der Homöopathie. Verlag Grundlagen und Praxis, Leer/Ostfriesland, 1973.

LICHTENTHAELER, C. : Geschichte der Medizin. 3. verbesserte und ergänzte Aufl., Deutscher Ärzte-Verlag, Köln-Löwenich, 1982.

RISCH, G. : Homöopathik. Pflaum Verlag, München, 1985.

21 Prognose aus der Reaktion auf die 1. Gabe - die 2. Verschreibung (bei chronischen Krankheiten)

Marc Bär

Nach der ersten Verordnung ist ein Fall selten abgeschlossen. Eine homöopathische Therapie chronischer Erkrankungen ist keine Momentaufnahme, immer muß der Verlauf der Therapie im Auge behalten werden. Der Tierarzt muß wissen, wann er wieder mit Arzneien eingreifen darf und ob das Medikament gewechselt werden soll oder nicht. Wenn wir nicht den Regeln gemäß arbeiten, werden wir immer nur Anfangserfolge sehen können und kein Tier jemals als geheilt entlassen.

Um einen Patienten kontinuierlich therapieren zu können, ist es unumgänglich, seine Reaktionen auf unsere Arzneien zu kennen. Das bedeutet, daß die Tierhalter die Veränderungen genauestens festhalten müssen. Weisen Sie also Ihre Klienten darauf hin, sagen Sie ihnen, sie sollten schriftliche Notizen machen. Der Zeitpunkt der Reaktionen, ihre Stärke und etwaige *Modalitäten* gehören alle ins *Krankenjournal.* Die Tierbesitzer sollen vorurteilsfrei beobachten. Sagen Sie ihnen also nicht, was eintreten kann, denn nur ein unvoreingenommener Beobachter beobachtet gut. Eine Ausnahme von dieser Regel gibt es allerdings: daß *Erstverschlimmerungen* eintreten können, das muß der Tierbesitzer wissen.

Vor der zweiten Verschreibung sollten Sie das Tier nach Möglichkeit nochmals sehen. Eine telephonische Konsultation ist meist unzureichend. Hierzu ein Beispiel:
Ein eineinhalbjähriger Labradorrüde wird vorgestellt wegen Hüftgelenksdysplasie, die röntgenologisch nachweisbaren Veränderungen sind katastrophal, eine Lahmheit besteht aber noch nicht, lediglich der Gang ist leicht schwabbelig. Fünf Wochen nach der Arzneigabe erfolgt der Rückruf: keine Veränderung, der Hund gehe noch genau gleich. Während der zweiten Konsultation fällt aber auf, daß der Hund zwar noch den gleichen Gang aufweist, aber mit seinen eineinhalb Jahren nun zum ersten Mal markiert. Der persönliche Augenschein wird in vielen Fällen dem Tierarzt eben wichtige Beobachtungen ermöglichen.

Die zweite Grundlage, um eine Therapie erfolgreich zu Ende zu führen, ist das Aufarbeiten der durch die Tierhalter gemachten Beobachtungen. Schreiben Sie die Veränderungen in Ihren Anamnesebogen ein, Symptom für Symptom an den zugehörigen Platz und mit Datum. Der Übersichtlichkeit halber können Sie für jeden neuen Bericht eine andere Farbe wählen. Diejenigen Symptome, die zwar auf Ihrem Anamnesebogen stehen, über die der Tierbesitzer aber spontan keine Angaben machte, müssen Sie einzeln durchfragen. Nur so werden Sie erkennen, ob eine Besserung *palliativer* Art oder *homöopathischer* Natur ist!

Reaktionen auf die 1. Gabe

Die nachfolgend aufgeführten Reaktionsarten wurden von KENT erarbeitet. Die Praxis zeigt, daß auch in der Tiermedizin ein systematisches Arbeiten damit möglich ist.

1. Keine Veränderung. Solange keine Reaktion erfolgt, sind wir uns nie sicher, ob die gewählte Arznei auch wirklich gut gewählt war. Deshalb müssen wir solche Fälle nochmals sehr genau durchgehen. Oft kommt es aber vor (v.a. nach längeren Vorbehandlungen), daß man kein Ansprechen auf die 1. Gabe des richtigen Mittels hat. *"Keine Reaktion"* heißt deshalb noch lange nicht in jedem Fall, daß die Arznei falsch gewählt war. Es kann auch sein, daß die verabreichte Potenz zu tief war oder daß ein *Störfaktor* vorliegt (vgl. 7. Reaktion, Antidote).

2. Verschlimmerung, die nicht aufhört, Zusammenbruch. Eine Verschlimmerung in den ersten Tagen freut uns meist, denn eine homöopathische Verschlimmerung hat (vgl. Kapitel 5) eine gute Vorbedeutung. Nun hört aber die Verschlimmerung nicht auf, wird immer gravierender. Sie haben einen Patienten vor sich, bei dem lebenswichtige Organe bereits ziemlich stark geschädigt sind. Wenn nach fünf oder noch mehr Wochen keine Besserung eintritt, dann ist die Prognose schlecht, der *Zusammenbruch* nahe. Sollten Sie zu Beginn einer Therapie Bedenken über das Ausmaß der Krankheit haben, untersuchen Sie das Tier klinisch eingehend und benutzen Sie auch alle notwendigen Labormethoden. Die Lebenskraft einzuschätzen ist nicht immer einfach. Anhaltspunkte wie die Stärke der Lautäußerungen, die Kraft der Bewegungen oder der Tonus des Schwanzes können aber immerhin eine Idee geben.

3. Lange anhaltende Verschlimmerung, dann doch Besserung. Ein solcher Patient ist in besserer Verfassung als der oben beschriebene. Aber denken Sie daran, daß auch hier Organe geschädigt sind und der Patient an der Schwelle der Unheilbarkeit stand. Nehmen wir als Beispiel ein Pferd mit Podotrochlose. Nach der 1. Verschreibung folgt eine Aggravation. Wenn diese eine Woche anhält, so sind wir zuversichtlich. Wenn aber nach fünf Wochen die Verschlimmerung immer noch anhält, bleibt uns nichts anderes übrig als den Fall von neuem zu studieren: handelt es sich wirklich um eine Erstverschlimmerung, oder haben wir es mit einer anderen Reaktion zu tun?

Solange keine Gefahr für das Tier besteht, hat man keine andere Wahl als zu warten oder *Placebo* zu verschreiben, bis eine Besserung eintritt. Die Prognose dieser Reaktionsart ist gut. Wohl liegen strukturelle Schädigungen vor, aber der Organismus ist noch in der Lage, auf die Arznei mit einer Heilreaktion zu antworten. Bei Tieren ist diese Reaktion wohl gar nicht so selten, weil die Homöopathie oft erst als letzte Hoffnung des Besitzers zum Einsatz kommt. Bedenken Sie, daß eine homöopathische Verschlimmerung länger als fünf Wochen andauern kann, und analysieren Sie die Fälle genau. Eine zu frühe 2. Verschreibung oder eine zu Unrecht applizierte andere Arznei können einen Fall unheilbar machen oder aber die Therapie beträchtlich komplizieren.

4. Rasch eintretende heftige Verschlimmerung, danach rasche und anhaltende Besserung. Für uns ist diese Reaktionsart die befriedigendste. Wir sehen dank der Aggravation, daß unsere Arznei richtig war, und wissen dank der schnell eingetretenen Besserung, daß die Prognose sehr gut ist. Es waren noch keine schwerwiegenden Gewebsveränderungen vorhanden. Wir müssen uns aber gerade in der Tiermedizin vor Augen halten, daß eine Erstverschlimmerung nicht in jedem Fall eintreten muß. Ihr Fehlen heißt nicht, daß die Arznei nicht richtig war (vgl. Kapitel 5).

5. Keine Erstverschlimmerung, langandauernde Besserung. Ein solcher Patient hatte das Glück, daß wir unsere Gabengröße maßgeschneidert für ihn verordneten. Diese Art der Reaktion tritt ein, wenn keine Gewebsschädigungen vorliegen, die Erkrankung ist bei solchen Patienten funktioneller Natur.

6. Anfängliche Besserung, dann Verschlimmerung. Bei dieser Reaktionsart ist natürlich nicht eine sehr lange Besserung gemeint. Schon nach wenigen Wochen (i.d.R. vor vier Wochen) setzt wieder eine Verschlimmerung ein. Es gibt zwei mögliche Ursachen für diese Reaktion: entweder wurde ein *palliativ* wirkendes Medikament abgegeben oder der Patient ist *unheilbar.*
Beispiel: Eine Katze mit einem Plattenepithelkarzinom in der Maulhöhle und übermäßiger Hornbildung an den Ballen erhielt als Arznei eine Gabe *Ant-c. C 30.* Darauf wurde der Speichelfluß weniger und klar, und die schon lange bestehende Verstopfung verschwand. Das Tier ließ sich zum ersten Mal auf den Schoß des Besitzers nieder. Bereits nach vier Wochen war die Besserung vorbei. Obwohl die Besitzer überglücklich waren, deutete die Reaktion auf eine unheilbare Krankheit hin. Eine Wiederholung der Arzneigabe war ohne Wirkung. So mußte das Tier bald schon eingeschläfert werden. Die Kenntnis der Reaktionsarten hilft uns im Alltag für die Prognose und die genaue Beurteilung der Lage. Dem Tierhalter gegenüber ist sie ein Gebot der Höflichkeit und Ehrlichkeit.

7. Zu kurz andauernde Besserung (weniger als fünf Wochen). Auch in diesem Fall haben wir möglicherweise *palliativ* therapiert, d.h. eine falsche Arznei gewählt. Wir müssen uns aber bei einer derartigen Reaktion sonst noch fragen, ob irgend etwas in der Lebensweise des Patienten das Mittel *stört.* Dazu gehören Antidote (s. Kapitel 23) oder dem Tier nicht angepaßte Lebensumstände (schlechtes Klima, schlechte Haltung, etc.) oder eine traumatische Einwirkung (auch psychisch).

8. Die Symptome werden für die gesamte Wirkungsdauer besser, dem Patienten geht es nicht besser. Gemeint ist hier die Besserung vieler Symptome, ohne daß sich der Patient im Ganzen wohler fühlt. Bei Patienten, denen wichtige Organe fehlen, kann die Arznei unter Umständen nicht mehr ihre volle Wirkung entfalten. Hier kann oft nur Linderung, nicht aber völlige Wiederherstellung erreicht werden. KENT erwähnt als Beispiele dazu Status nach Herzinfakt, Leberzirrhose, abgekapselte Tuberkel, Status nach Nephrektomie. Nach KÜNZLI gehören auch Patienten nach Hysterektomie, Strumektomie und eventuell nach Prostatektomie oder Vasektomie in diese Kategorie. Bis jetzt fehlen jedoch Hinweise beim Menschen, daß die Entfernung von Tonsillen, Gallenblase oder Appendix ebenfalls solche Folgen haben können. In der Tiermedizin sind diese Folgen natürlich noch weniger bekannt. Die Erfahrung zeigt, daß nicht jedes kastrierte Tier nun diesbezüglich Probleme macht, meist wird man einen normalen Verlauf beobachten.

9. Arzneimittelprüfungs-Effekt nach jeder Gabe und bei jeder Arznei. An einem Beispiel soll diese Reaktion verdeutlicht werden. Es handelt sich um einen Hund mit Alopezie. Nach einer Gabe *Psorinum* reagierte er mit großem Hunger und Lebhaftigkeit, die Haut verschlimmerte sich. Dieser Zustand hielt an, auch nachdem einige Wochen verstrichen waren. Als nächstes erhielt er *Graphites.* Darauf sonderte die Haut eine honigartige Flüssigkeit ab. Nach *Hepar sulfuris* stank der Hund so stark, daß er nicht mehr im Wohnzimmer bleiben konnte. Wir haben einen überempfindlichen Patienten vor uns. Nach jeder Gabe einer Arznei traten Symptome der verabreichten Arzneien auf.

10. Auftreten neuer Symptome. Sofern die Arzneiwahl richtig war, werden die neuen Symptome nicht gravierend sein und verschwinden nach einer gewissen Zeit von selbst. Falls neue Symptome aber gravierend sind, muß die Wahl der Arznei neu überdacht werden. Neue gravierende Symptome stellen z.B. Unregelmäßigkeiten beim weiblichen Zyklus dar. Ich erinnere mich an einen Fall mit Epilepsie; der betreffende Hund begann ein Jahr nach Therapiebeginn mit Bluten aus dem Penis, unabhängig vom Harnabsatz. Die Prostata war vergrößert, der Hund wurde kastriert. Die Arzneiwahl war offensichtlich falsch gewesen, was nach sorgfältiger Aufarbeitung der Symptome ebenfalls deutlich wurde.

In der Veterinärmedizin gilt es natürlich besonders vorsichtig zu sein. Denn häufig sind neu auftretende Symptome frühere Symptome, die vom Halter nicht bemerkt wurden, besonders wenn das Tier nicht von jung an beim gleichen Besitzer war.

11. Rückkehr früherer Symptome. Dies ist ein Zeichen, daß die Krankheit auf dem Weg zur Heilung ist (HERING'sche Regel, vgl. Kapitel 20). Die Prognose ist sehr gut, die Symptome werden in der Regel spontan wieder verschwinden.

12. Symptome schlagen falsche Richtung ein. Es handelt sich hier um einen der HERING'schen Regel entgegengesetzten Verlauf, d.h. um eine Fortpflanzung der Krankheit von der Peripherie zum Zentrum, also in lebenswichtigere Organe. Diese Situation tritt vor allem dann ein, wenn man ein Mittel verschreibt, das nur für die Lokalsymptome der Hauptbeschwerden paßt. Wenn man also nicht die *Gesamtheit der Symptome* beachtet, sondern auf Grund der vordergründigen Symptome verschreibt, kann unter Umständen z.B. eine Hautkrankheit unterdrückt werden *(Suppression),* ohne daß der Patient geheilt wird.
Unter diesem Punkt ist auch noch die *Palliation* zu erwähnen: in der Regel handelt es sich dabei um eine temporäre Besserung der Symptome, derentwegen uns der Tierhalter konsultiert hat. Meist haben wir bereits nach der zweiten oder dritten Gabe keine Reaktion mehr (vgl. 6. Reaktion). Die *Besserung* hält nicht lange genug an. Es kann zwar vorkommen, daß eine palliative Besserung ein Jahr anhält, die zweite und dritte Gabe wirken dann nur noch kurz.

Die 2. Verordnung

Machen Sie nie eine 2. Verschreibung ohne sich Rechenschaft zu geben weshalb. Solange der Patient noch in der Phase ist, wo er auf Ihre erste Gabe reagiert, ist eine 2. Verschreibung unvernünftig. Warten Sie, bis ein Stillstand eintritt oder Sie die Reaktion auf Ihre erste Verordnung aus dem Verlauf der Krankheit deuten können.

Für die 2. Gabe stellt sich neben der Frage nach dem richtigen Zeitpunkt die Frage nach dem richtigen Mittel. Im Prinzip gibt es folgende *Möglichkeiten* :

A) dieselbe Arznei in derselben Potenz (Reaktion 1, 3, 4, 5, 8, 11)
B) dieselbe Arznei in einer anderen Potenz (Reaktion 6, 7, Punkt 15)
C) eine andere Arznei: ein Antidot zur 1. Gabe (Reaktion 2)
D) eine andere Arznei: eine besser gewählte (Reaktion 6, 7, 10, 12)
E) eine andere Arznei: ein Komplementärmittel (Punkt 13)
F) eine andere Arznei: gegen ein anderes Miasma (Punkt 13)
G) eine andere Arznei: eine Nosode (Punkt 14)

Zu welchem *Zeitpunkt* nun soll man die 2. Verschreibung machen? Erst dann, wenn eine anhaltende Verschlimmerung wieder zu beobachten ist. Geben Sie keine weitere Arznei während einem Stillstand, vielleicht hält die Besserung noch an. Selten wird ein Fall durch zu langsame Repetition unheilbar, oft aber durch übereiltes Handeln.

Der *Potenzierungsgrad,* den wir bei der zweiten und den weiteren Verschreibungen wählen, hängt von der Reaktion auf die erste Gabe ab. Im allgemeinen aber gehen wir nach der *Kent'schen Skala,* der von J.T. KENT erprobten Stufenleiter, vor: die 2. Gabe wird auf derselben Potenzstufe wiederholt, dann folgt zweimal die nächst höhere Stufe, etc.

Potenz	*Wiederholung*	*Mindestwirkungsdauer*
C 30	2 x	35 Tage
C 200	2 x	35 Tage
C M	2 x	35 Tage
C XM	2 x	35 Tage
C CM	2 x	90 Tage

Nach der C XM beginnt man wieder bei der C 30 oder C 200. Man kann in gewissen Fällen nach der C XM noch zweimal eine C 100'000 verordnen, deren Wirkungsdauer bei drei Monaten liegt.

Die folgenden Ratschläge für die 2. Verschreibung stammen von KÜNZLI.

1. Keine Reaktion nach 35 Tagen. Nach 35 Tagen passiert nichts: zweite Dosis derselben Potenz, eventuell dritte Dosis auf nächst höherer Stufe (KENT'sche Skala). Man könnte einwenden, daß auf diese Weise viel Zeit unnütz verstreicht. Oft (ca. 5-10% der Fälle) hilft aber erst die zweite oder dritte Gabe. Und es ist nichts ärgerlicher, als sich später, nach einer mißglückten Therapie, die Frage stellen zu müssen, ob nicht doch die 1. Arznei die richtige gewesen wäre. So verliert man jedenfalls mehr Zeit und Energie als mit einem systematischen Vorgehen. Erst wenn dann noch immer keine Reaktion eintritt, Arznei wechseln.

2. Andauernde Verschlimmerung. Was man tun kann, ist ein *Antidot* zu verabreichen (vgl. Kapitel 23). Es muß aber gesagt werden, daß ein Antidot desto weniger wirkt, je schlimmer der Zusammenbruch ist. Ein Beispiel dazu: Ein Berner Sennenhund litt an Lymphosarkom. Nach Verabreichnung der Arznei wurden die Lymphknoten immer größer; keine Arznei konnte den Prozeß wirklich umkehren. Es war unmöglich, eine Besserung zu erreichen, die länger als eine Woche andauerte.

In Zweifelsfällen benutze man bei der 1. Gabe bei tierischen oder mineralischen Arzneien eine C 30, bei pflanzlichen Mitteln höchstens eine C 200. Falls nun eine homöopathische Arznei als Antidot angewendet wird, sollte man bezüglich Potenzhöhe ebenfalls diese Regel einhalten und lieber versuchen, mittels pflanzlichen Mitteln den Zusammenbruch zu stoppen als mit tierischen oder mineralischen. Wenn es gelingt, die Aggravation zu stoppen, fahre man zunächst auf *palliativem* Wege fort. Wenn sich die Lebenskraft soweit erholt hat, daß mit dem Simile weitergefahren werden kann, dann wähle man niedrige Potenzen, am besten sogar Q-Potenzen.

3. Lange Verschlimmerung, dann Besserung. Solange die Besserung anhält, keine weitere Gabe. Erst wenn wieder eine anhaltende Verschlimmerung zu beobachten ist, wiederhole man dieselbe Arznei in derselben Potenz. Weiterfahren gemäß KENT'scher Skala. Allerdings muß davon abgewichen werden, wenn die Reaktion auf die 2. Gabe wiederum eine langdauernde Verschlimmerung ist. In diesem Fall wird solange dieselbe Potenz wiederholt, bis keine lange Erstaggravation mehr zu beobachten ist.

4. Kurze Aggravation, dann Besserung
Weiterfahren gemäß KENT'scher Skala.

5. Besserung ohne Aggravation
Weiterfahren gemäß KENT'scher Skala.

6. Anfängliche Besserung, dann Verschlimmerung
- *Falsches Mittel*: warten Sie 35 Tage ab und geben Sie eine besser gewählte Arznei. Es ist wichtig, sich Zeit zu lassen, um wirklich sicher zu sein, daß das Mittel nur palliativ wirkte. Zweitens wird sich nach einer gewissen Zeit der ursprüngliche Krankheitszustand wieder einstellen, so daß die besser gewählte Arznei verabreicht werden kann. Ansonsten muß eine Arznei gesucht werden, welche den neuen Zustand abdeckt.
- *Unheilbar*: nach Möglichkeit 35 Tage abwarten, dann dieselbe Arznei auf tieferer Stufe wiederholen, eventuell palliativ arbeiten.

7. Zu kurzdauernde Besserung:
- *Falsches Mittel*: Wechseln der Arznei
- *Störung* der Wirkung: Grund ausschalten, dann wie üblich nach der KENT'schen Skala arbeiten.
- Schwere *Organschädigungen* (siehe unter 6. Reaktion).

8. Symptome besser, Patient nicht besser. Hier gilt es wiederum abzuwarten, bis die Symptome sich verschlimmern. Dann gibt man das gleiche Mittel in der gleichen Potenz. Dann fährt man weiter gemäß der KENT'schen Skala.

9. Arzneimittelprüfungs-Effekt. Solche Patienten sind mit homöopathischen Arzneien schwierig zu behandeln. Versuchen Sie es mit tiefen Potenzen, d.h. gehen Sie nie über eine C 200 (bei mineralischen Arzneien evtl. nur bis zu einer C 30). Aber auch so werden Sie selten eine Heilung erreichen. Eine Möglichkeit wäre hier eventuell die Anwendung von Methoden der traditionellen chinesischen Medizin. Als weiterer Tip: im *Synthetischen Repertorium* (II/365) findet sich eine Rubrik *Medicaments, oversensitive to high potencies.* Aber wie gesagt, solche Patienten sind homöopathisch oft unheilbar. Sie kommen allerdings auch sehr selten vor.

10. Neue Symptome.

- Unbedeutende Symptome: abwarten, bei Verschlimmerung gleiche Arznei in gleicher Dosis (KENT'sche Skala).
- Gewichtige Symptome: auch hier sollte nicht vor Ablauf von 35 Tagen ein neues Mittel gegeben werden, es sei denn, die neuen Beschwerden sind sehr störend. Wenn Sie nicht bis zum Verschwinden der Symptome warten, dann müßten Sie den momentanen Krankheitszustand therapieren, also neue und alte Symptome gleichermaßen zur Mittelfindung beiziehen.

11. Frühere Symptome kehren zurück und bleiben. Wenn möglich sollte man diese Symptome spontan ablaufen lassen. Nur wenn die wieder aufgetretenen früheren Symptome wirklich sehr lange anhalten (sechs Monate), darf das Mittel wiederholt werden (dieselbe Arznei in derselben Potenz).

12. Falsche Richtung der Symptome. Der Fall muß nochmals gründlich studiert werden. Dann wird ein besser passendes Mittel gegeben (vgl. Punkt 6, S. 189).

Die weitere Behandlung

Der wichtigste Grundsatz - es sei wiederholt - ist der, daß man nie in eine *Besserung* hinein etwas verordnen darf. Es versteht sich von selbst, daß die unter 2. Verordnung angegebenen Richtlinien analog auch auf jede weitere Verschreibung angewandt werden können. Als Spezialfälle seien noch folgende Reaktionen erwähnt:

13. Nicht alle Symptome verschwinden. Die Therapie verläuft gut, aber einige Symptome verschwinden nicht. Erstgewählte Arznei repetieren, bis sie nichts mehr bewirkt. Wenn dann nach zwei Potenzierungsstufen (KENT'sche Skala) nichts mehr geschieht, dann können Sie die Arznei wechseln. Dabei haben Sie zwei Möglichkeiten: Ein passendes *Komplementärmittel* (siehe Kapitel 23), oder eine Arznei gegen eine andere *Diathese* (Psora, Sykose, Syphilis). Überlegen Sie jeweils, ob die verbliebenen Symptome auf eine andere Diathese hinweisen, und geben Sie, wenn ja, ein gegen dieses chronische Miasma gerichtetes Medikament. Ein Beispiel: Ein Deutscher Schäferhund mit Pemphigus, Angst vor Gewitter, wechselndem Durchfall, Warzen und rheumatischen Beschwerden wurde erfolgreich mit *Sepia* behandelt. Auch nach drei Jahren waren aber Warzen und Rheuma noch vorhanden, was als Zeichen für Sykose gedeutet wurde. Mit dem passenden Homöosykotikum *(Thuja)* verschwanden nach einer einzigen Gabe diese Warzen sowie die rheumatischen Beschwerden. Später brauchte das Tier wieder Sepia.

14. Das richtig gewählte Mittel wirkt nicht mehr. In solchen Fällen ist an die Verabreichung einer *Nosode* zu denken. Geben Sie die aufgrund der Symptome am besten passendste.

15. Q-Potenzen werden angewendet, wenn man allopathische Medikamente nicht absetzten kann oder eine Erstaggravation äußerst unangebracht ist. Q-Potenzen werden solange gegeben bis eine Verschlimmerung eintritt, man nennt diese Art der Aggravation *Spätverschlimmerung.* Auch Q-Potenzen werden in einer steigenden Reihe verordnet: Q1 → Q2 → Q3 → Q4 → etc.. Nach einer Spätaggravation wird das Vergehen derselben abgewartet und dann mit Einzelgaben (C-Potenzen) die Therapie weitergeführt. Verabreichung: Siehe Kapitel 10, S. 85.

Ergänzende Bemerkungen (Andreas Schmidt)

Die **2. Verschreibung** wird von erfahrenen Homöopathen als die schwierigste bezeichnet. Ein sehr häufig begangener Fehler ist die zu frühe Wiederholung der Arzneigaben. *Hochpotenzen* haben eine sehr lange Wirkungsdauer (siehe KENT'sche Skala). Wenn ein Mittel hilft, der Patient aber noch nicht ganz beschwerdefrei ist, darf man die Arzneigabe auf keinen Fall wiederholen in der Meinung, die Krankheitssymptome würden dadurch rascher verschwinden. Auch bei einer Verschlimmerung heißt es zuerst, ruhig abzuwarten. Von der Schulmedizin her sind wir gewohnt, in solchen Situationen sogleich wieder mit unserem Medikamentenschatz einzugreifen. In der klassischen Homöopathie ist dies meist grundfalsch (vgl. Kapitel 20, S. 177 f).

Interkurrente Erkrankungen während der chronischen Behandlung: Tritt eine *akute Erkrankung* vor Ablauf der Mindest-Wirkdauer der zuletzt verabreichten Hochpotenz auf, so soll man sich äußerste Zurückhaltung mit der Verordnung eines homöopathischen Mittels auferlegen. Deshalb läßt man leichtere Erkrankungen, die nach wenigen Tagen ohnehin von selbst verschwinden, besser unbehandelt. Nur bei starken Beschwerden gibt man das auf die akuten Symptome passende Mittel. KÜNZLI rät, danach 35 Tage zu warten, bis man mit der Behandlung der chronischen

Krankheit wieder einsetzt. Eine spezielle Situation bietet sich dann, wenn ein Patient an einer chronisch *rezidivierenden* Krankheit (Tonsillitis, Zystitis) leidet. Tritt während der Wirkdauer des chronischen Mittels ein akuter Krankheitsschub oder eine Exazerbation auf, so könnte das ein Hinweis auf eine falsche Mittelwahl sein. Erfolgt der akute Schub jedoch wenige Tage nach der Mittelgabe, und ist dieser besonders heftig, kann es sich auch um eine homöopathische Verschlimmerung mit folglich guter Prognose handeln. Ebenfalls günstig ist es, wenn z.B. das Fieber höher, aber die Beschwerden geringer sind als gewöhnlich.

Nosoden sind Krankheitsprodukte (vgl. Kapitel 10, S. 80). Die Bezeichnung geht auf Hering zurück, der als erster auf den Gedanken kam, Krankheiten mit ihren eigenen (potenzierten) Produkten zu behandeln. Nosoden angewandt im Sinne der *Isopathie* (Gleiches mit Gleichem), also z.B. die Behandlung von Euterentzündungen mit potenziertem Mastitissekret, sind nicht sehr wirksam, auch wenn in Einzelfällen Effekte nachzuweisen sind.
Etwas anderes ist es, wenn mit den Nosoden Arzneimittelprüfungen durchgeführt worden sind und sie dann nach dem Ähnlichkeitsprinzip verordnet werden. So sind verschiedene gut geprüfte Nosoden bekannt *(Psorinum, Lyssinum, Medorrhinum, Tuberculinum* etc.).
Als dritte Möglichkeit werden Nosoden in Fällen gegeben, wo in der Anamnese eines Patienten eine Blockade durch eine entsprechende Krankheit vermutet wird. Im konkreten Fall müßten aber auch einzelne Symptome das Mittel indizieren, da sonst kaum eine tiefgreifende Wirkung erwartet werden kann. Das Ähnlichkeitsprinzip ist in jedem Fall der beste Führer.

Literatur

Barthel, H.: Synthetic repertory. publ. by Horst Barthel. Haug, Heidelberg, 1973 / 3. impr. ed., B. Jain Publishers (P) Ltd., New Delhi, 1987.
Gibson-Miller: Das kleine Buch der Arzneimittelbeziehungen. Barthel & Barthel, Berg am Starnberger See, 1985.
Hahnemann, S. (1842): Organon original, letzte und 6. Auflage. Barthel & Barthel, Berg am Starnberger See, 1985.
Kunzli, J.: J.T. Kents Vorlesungen über Hahnemanns Organon. Zur Theorie der Homöopathie. Leer/Ostfriesland, Verlag Grundlagen und Praxis, 1973.
Künzli, J.: Zürcher Vorlesungen 1983-1986.
Meili, W.: Grundkurs in Klassischer Homöopathie. Sonntag, Regensburg, 1989.

22 Placebo

Hartmut Krüger

Placebo (lat) = "ich werde angenehm sein".

Definition (zit. nach PSCHYREMBEL, 1986):

Scheinmedikament a) um dem subjektiven Bedürfnis nach medikamenteller Therapie zu entsprechen
b) im Rahmen der klinischen Erprobung neuer Medikamente (Doppelblindversuch).

Angaben zum Einsatz von Placebo in der Homöopathie finden sich u.a. in:

- S. HAHNEMANN: *Organon der Heilkunst,* 6. Auflage:
  - § 91: Placebo nach Absetzen anderer Arzneien oder bis zur Aufnahme der vollständigen Symptomatik.
  - § 280-281: Placebo nach Anwendung einer aufsteigenden Reihe von Q-Potenzen zur Kontrolle der Vollständigkeit der Heilung und zur Trennung von Patienten-Symptomen von Arzneimittel-Symptomen.

- S. HAHNEMANN: *Die chronischen Krankheiten*
  - S. 153: eine antipsorische Arznei (d.h. konstitutionelle Behandlung einer chronischen Krankheit) soll man 30, 40, auch wohl 50 und mehr Tage allein wirken lassen, solange sie die Krankheit (dem genauen Beobachter deutlich merkbar) zu bessern scheint.
  - S. 161: Empfehlung regelmäßiger oder einzelner Placebogaben für Patienten bzw. Tierbesitzer, die an konventionelle Therapien und an tägliche Arzneigaben gewohnt sind und nicht verstehen können, daß eine einmalige Gabe so lange zu wirken imstande ist.

Placebo ist also ein psychologisches - weniger ein medizinisches (diese haben zwar auf den Körper meßbare Auswirkungen beim Menschen), und schon gar nicht ein veterinärmedizinisches Problem. Einer der Beteiligten, den dieses "psychologische!" Problem betrifft, ist der Therapeut. In der Homöopathie darf sehr oft nicht einfach die Arznei wiederholt werden. Wenn das nicht möglich ist, so ist Placebo indiziert. Denn die größte Gefahr in der Homöopathie ist: den Fall durch Übertherapieren zu verderben, sei es durch vorschnelle oder durch zu oft wiederholte Anwendung von Mitteln. Hier kann ein Placebo dem Therapeuten helfen, auf dem Weg der sauberen wissenschaftlichen Homöopathie zu bleiben.

Do not spoil your cases - remember PLACEBO

Ergänzende Bemerkungen (Wendelin Gisler)

Haben Sie einfach den Mut, hie und da einmal Placebo zu geben! Es ist besser, als die Fälle zu verderben! Sie müssen bloß überzeugt sein, daß das bereits verabreichte Mittel richtig ist. Das wird ersichtlich aus dem Verlauf: z.B. Besserung des Allgemeinzustandes, Beobachtung der HERING'schen Gesetzmäßigkeiten, Art und Weise der Reaktion auf die 1. Gabe. Und wenn manchmal doch ein Zweifel besteht: Lieber ein Placebo verschreiben und nochmals gut beobachten lassen! Die Indikation für eine Placebogabe ergibt sich in diesem Fall also daraus, daß gewisse Zweifel bestehen, mit was für einer Reaktion auf die Arzneigabe man es zu tun hat.

Eine nicht- (linear) konstante Besserung eines Hautausschlages z.B. ist noch kein Zeichen dafür, daß das Mittel nicht mehr wirkt. Ein wellenförmiges Auf und Ab kann beim *Heilungsverlauf* eines chronischen Falles beobachtet werden. Warten Sie also die minimale Wirkungsdauer eines Mittels ab. Ich gehöre zu denen, die der Meinung sind, daß bei chronischen Fällen beim Tier Hochpotenzen eine ähnlich lange Wirkung haben wie beim Menschen. Man muß von Tierhalter zu Tierhalter selber abschätzen, ob eine Verabreichung eines Placebos nötig ist. So lasse ich bei ungeduldigen Besitzern nach Bedarf ein "Zwischenmittel" (=Placebo) verabreichen. Der Tierbesitzer ist beruhigt und berichtet etwa von beobachteten Wirkungen beim Tier (passend in den wellenförmigen Ablauf der Heilung). Ich kann die Wirkung des Mittels von den Symptomen der Krankheit dadurch besser abgrenzen.

Machen Sie es sich aber nicht zur Gewohnheit, Placebo der Bequemlichkeit halber häufig einzusetzen, sondern versuchen Sie, den Tierbesitzer von der noch anhaltenden Wirkung des wirklichen Mittels zu überzeugen. Das gelingt natürlich um so einfacher, je mehr Erfahrungen mit der homöopathischen Therapie man schon gemacht hat.

Literatur

HAHNEMANN, S. (1842): Organon der Heilkunst, 6. Aufl. / herausgegeben von Richard Haehl. Hippokrates-Verlag, Stuttgart, 1982.

HAHNEMANN, S. (1835): Die chronischen Krankheiten, zweite viel vermehrte Auflage. Unveränd. Nachdruck, Organon-Yerlag, Berg am Starnberger See, 1983.

PSCHYREMBEL, W.: Klinisches Wörterbuch, 255. Aufl., de Gruyter, Berlin, New York, 1986.

23 Arzneimittelbeziehungen nach Gibson-Miller

Ulrike Schnurrenberger, Marc Bär

Wenn wir einen Patienten homöopathisch behandeln wollen, kann es vorkommen, daß wir uns nicht spontan für ein Mittel entscheiden können. Unter Umständen müssen wir die in Frage kommenden Mittel nacheinander ausprobieren. Oder aber ein Patient braucht in einer komplizierten chronischen Krankheit nacheinander mehrere Medikamente, ehe er geheilt ist (siehe dazu Organon, § 171). In der Reihenfolge der Heilmittelgabe müssen, nach Aussage berühmter Homöopathen, unbedingt gewisse Regeln beachtet werden. BOENNINGHAUSEN, HERING, CLARKE, GIBSON-MILLER, ALLEN, KENT, GUERNSEY und LIPPE haben die Beziehungen der homöopathischen Arzneimittel untereinander beschrieben und z.T. in Form von Tabellen festgehalten.

Die bekannteste Schrift ist die von GIBSON-MILLER: *The Relationship of Remedies with Duration of Action*, die wir hier kurz vorstellen und besprechen wollen. J.H. CLARKE hat in seinem *Clinical Repertory* die Liste von GIBSON-MILLER weiter ausgebaut und ergänzt. Er betont, daß die Verwandschaftsbeziehungen der Arzneimittel durch Beobachtungen festgestellt wurden. Wie zuverlässig die Zusammenstellung und die Angaben sind, wissen wir nicht genau. Unserer Ansicht nach wäre es dringend nötig, die Aussagen nachzuprüfen und Erfahrungen, die in dieser Hinsicht von heutigen Homöopathen gemacht werden, zusammenzutragen. Trotz gewisser Ungereimtheiten möchten wir Sie auf das Thema aufmerksam machen und es für die zukünftige Arbeit zur Diskussion stellen.

Nun zur Tabelle der Arzneimittelbeziehungen von R. GIBSON-MILLER:

- **Spalte 1: Remedy**
  Hier sind die wichtigsten homöopathischen Arzneimittel in alphabetischer Reihenfolge aufgeführt.

- **Spalte 2: Complements**
  Komplementärmittel sind ergänzende Mittel. Ein solches Mittel führt definitionsgemäß eine Heilung eines vorherigen Mittels fort. Dieses Mittel sollte auf Grund der Gesamtheit der Symptome ausgewählt werden.

  Ein einfaches Komplementärmittel ist verwandt durch die **Symptomatologie** wie z.B. *Ars. / Phos.; Bry. / Rhus-t.; Op. / Plb.*

Das kleine Buch der Arzneimittelbeziehungen (Gibson-Miller), Seite 28 als Beispiel

Remedy	Complements	Remedies that follow well	Incompatibles	Antidoted by	Collaterals
Kali-s.	Puls.	Acet-ac., Ars., Calc., Hep., Kali-c., Nat-p., Puls., Rhus-t., Sep., Sil., Sulph.	..	..	Puls.
Kalm.	Benz-ac., Spig.	Calc., Lith., Lyc., Nat-m., Puls., Spig.	..	Acon., Bell., Spig.	Acon., Dig., Rhus-t., Spig.
Kreos.	Ars., Phos., Sulph., Tub.	Ars., Bell., Calc., Kali-c., Lyc., Nit-ac., Nux-v., Phos., Rhus-t., Sep., Sulph.	Carb-v., Chin.	Acon., Ars., Ferr., Ip., Nux-v.	Ars., Arum-t., *Carb-ac.,* Graph., Nit-ac., Psor.
Lac-c.	..	..	..	..	Lach., Lyss., Puls.
Lac-d.	..	..	..	..	Nat-m.
Lach.	Ars., Calc., *Carb-v., Crot-c.,* Crot-h., Hep., Iod. Kali-i., Lyc., Nit-ac., Phos., Salam., Zinc-i.	Acon., Alum., Ars., Bell., Brom., Cact., Calc., Carb-v., Caust., Chin., Cic., Con., Euph., Hep., Hyos., Kali-bi., Lac-c., Lyc., Meny., Merc., Merc-i-f., Nat-m., Nit-ac., Nux-v., Olnd., Phos., Puls., Pyrog., Rhus-t., Sil., Sulph., Tarent., Thyr.	Acet-ac.,Am-c., *Carb-ac.,* Dulc., Psor., Sep.	Alum., Ars., Bell., Calc., *Caps.,* Carb-v., Cedr., Cham., Cocc., Coff., Hep., Led., Merc., Nat-m., Nit-ac., Nux-v., Op., Ph-ac., Rhus-t., Samb., Sep., Tarent.	Caust., All-c., Zinc.
Lac-ac.	Psor.	Psor.	Coff.	Bry.	..

28

Eine speziellere Art komplementärer Arzneimittel sind die **akuten Ergänzungen** chronischer Arzneimittel oder die chronischen Ergänzungsmittel akuter Mittel. Oft wird man z.B. feststellen können, daß ein Patient, der im akuten Fall *Bell.* brauchte, als chronisches Ergänzungsmittel *Calc.* benötigt. Oder ein chronischer *Nat-m.*-Patient kann eine akute Erkältung bekommen, bei der das akute Ergänzungsmittel *Bry.* gebraucht wird. Ein chronisches Arzneimittel kann mehrere akute Ergänzungsmittel haben.

Die dritte Art von Komplementärmitteln sind **Arzneimittel in Serien**. Kent nennt in seiner Materia medica Mittel, die in einer ganz bestimmten Reihenfolge und niemals in der entgegengesetzten angewendet werden sollen, z.B.:

→ *Calc.* → *Lyc.* → *Sulph.*
→ *Ign.* → *Nat-m.* → *Sep.*
→ *All-c.* → *Phos.* → *Sulph.*
→ *Acon.* → *Spong.* → *Hep.*

- **Spalte 3: Remedies that follow well**
  Diese Spalte gibt Arzneimittel an, die gut auf das erste folgen.

- **Spalte 4: Inimicals**
  sind feindliche Mittel, also Mittel die nicht unmittelbar nacheinander verschrieben werden dürfen. Sie verderben die Wirkung des vorhergehenden Mittels. Gibson-Miller bemerkt dazu, daß diese Regel nur gilt, wenn das erste gegebene Mittel eine Wirkung zeigte. Hatte es jedoch keinen Effekt, so kann auch sein feindliches Mittel bedenkenlos gegeben werden. Als Feinde bekannt sind z.B.:
  - *Phos.* und *Caust.*
  - *Apis* und *Rhus-t.*
  - *Lyc.* nach *Sulph.*

- **Spalte 5: Antidots**
  Clarke bemerkt, daß ein Homöopath, der eine Arzneiwirkung nicht antidotieren kann, wie ein Autofahrer sei, der die Bremse nicht bedienen kann. Hahnemann lehrt aber nirgends, was wir *gegen* eingenommene Medikamente verschreiben sollen, sondern nur *für* den Patienten. Die Anwendungsregel für Antidote ist eigentlich das Ähnlichkeitsgesetz. Die Ähnlichkeit mit den Krankheitssymptomen muß also entscheiden (Organon, §§ 249, 250). Es gibt allerdings eine weitere Möglichkeit, eine falsche oder überenergetische Wirkung eines Medikaments zu vermindern. Dazu verwendet man Substanzen, die nicht auf dem Weg des Gegensatzes, aber auch nicht auf Grund der Ähnlichkeitsregel wirken. Sie verhindern die Wirkung des Medikamentes und sollten vielleicht nicht "Anti-",

sondern "Diadot" (die Silbe "Dia-" bedeutet abschneiden) genannt werden. *Diadote* sollten Substanzen sein, die keine lange Wirkungsdauer haben, wie z.B. *Kampfer, Essig, Äther* (vgl. nachfolgende Ausführungen).

- **Spalte 6: Duration**
  Die Angaben über die *Dauer* der Arzneimittelwirkungen beziehen sich auf die Arzneimittelprüfungen und haben keine Bedeutung für die Therapie.

Antidote

Die Wirksamkeit der Antidote ist je nach Fall unterschiedlich. Genaue Regeln existieren nicht, was deren Anwendung nicht erleichtert. Folgende Beobachtungen seinen erwähnt: eine einmalige Olfaktion von Kampferöl hat in einem Fall die unerwünschte Wirkung von *Mercurius XM* auf das Rückenmark eines Pferdes definitiv unterbunden; bei einer Katze, die nach einer Gabe von *Hyoscyamus* starke Aggressionen entwickelte, konnte mit Zitronensäure jeweils kurz eine Besserung erreicht werden; gleichzeitig traten die Anfälle wieder auf. In anderen Fällen wiederum löst die Verwendung eines Antidots gar keine Reaktion aus.

Dynamische Antidote sind homöopathische Arzneien, die nach dem Ähnlichkeitsprinzip verordnet werden. Sie bilden eigentlich das *Simile* für den Aggravationszustand und sind, wie besprochen, in der Liste von GIBSON-MILLER aufgeführt. Es ist allerdings wichtig zu wissen, daß auch solche Arzneien vorkommen können, die auf der Liste nicht verzeichnet sind. In der Liste findet sich eine Auswahl der von GIBSON-MILLER zusammengetragenen homöopathischen Arzneien. Für die Veterinärmedizin müssen wir ohnehin alle Angaben mit Vorsicht behandeln, weil sie eben beim Menschen erhoben worden sind. Was uns in erster Linie leiten muß, ist das Prinzip der möglichst ähnlichen Arznei.

Chemische Antidote können im Prinzip bei allen Arzneien wirken oder die Arzneiwirkung auch stören (vgl. Kapitel 10, S. 86 und Kapitel 21, S. 186). Erwähnt seien *Kampferöl, Spiritus nitri dulcis* und *chemische Dämpfe.* Mögli cherweise gehören auch gewisse *Impfungen* dazu. Auch eine *Narkose* kann die Mittelwirkung unterbrechen. Es ist deshalb ratsam, Impfungen oder Operationen nicht in eine homöopathische Behandlung hinein vorzunehmen. Physikalische Antidote wie Bäder, Massagen, Umschläge sind in der Tiermedizin von untergeordneter Bedeutung.

Literatur

BRAUN, A.: Methodik der Homöopathie. 5. Aufl., Sonntag, Stuttgart, 1995.
CLARKE, J.H.: A Clinical Repertory to the Dictionary of Materia Medica. B. Jain Publishers Ltd, New Delhi, 1987.
GIBSON-MILLER, R.: Relationship of Remedies with Duration of Action. Boericke & Tafel, Philadelphia.
Deutsche Fassung des Gibson-Miller:
SEIDER, I.: Das kleine Buch der Arzneimittelbeziehungen. Barthel & Barthel, Berg am Starnberger See, 1985.
HAHNEMANN, S. (1842): Organon der Heilkunst. 6. Aufl. / herausgegeben von Richard Haehl. Stuttgart, Hippokrates-Verlag, 1982.
WRIGHT-HUBBARD, E: Kurzlehrgang der Homöopathie, Bd. 1., Barthel & Barthel Verlag, 1983.

24 Die homöopathische Notfalltherapie

Marc Bär

Im Volksmund hört man oft, die Homöopathie sei schon recht, bei Notfällen allerdings sei sie zu langsam und wirke nicht rasch. Ich kann Ihnen hier auf dem Papier das Gegenteil nicht beweisen, wenn Sie selber aber einmal einen Notfall mit der richtig gewählten Arznei therapieren, werden Sie sehen, daß diese Behauptung unwahr ist. Je kürzer eine Krankheit dauert, desto kürzer geht in der Regel auch die Heilung vor sich.
Die Grundlage dieses Themas bilden die Vorlesungen von KÜNZLI in Zürich, deren Kapitel *Notfalltherapie* (*) ich Ihnen praktisch unverändert wiedergebe. Natürlich stammen die folgenden Angaben alle vom Menschen; die Übertragung auf das Tier erfolgt sinngemäß.

Frische *Apoplexie* ohne auffallende Symptome:	Bell 30
bewußtlos, puffende Atmung, roter Kopf, greift an den Kopf	Op 30 / 200 / M
bewußtlos, greift an die Genitale	Hyos 200
andere Mittel (gen. apoplexia RG 1110):	
aufgeregt, blaß	Nux-v
weitere Mittel	Arn, Cocc

Asphyxie: je nach Symptomatologie (resp. asphyxia RG 650)	
Narkoseatemstillstand (Mittel vor Nase halten)	Camph 200
Asphyxie der Neugeborenen: bläuliche Haut, Rasseln, Zunge weiß, Nasenflügelatmung, durstlos, Abneigung gegen Berührung, Zittern (Kopf, Hände) (resp. asphyxia newborn infants RG 650):	Ant-t
CO-Vergiftung: resp. asphyxia coal gas RG 650	Carb-s

(*) Die homöopathische Notfalltherapie ist eine wirkungsvolle arzneiliche Ergänzung zu den je nach Fall natürlich trotzdem noch nötigen chirurgischen Maßnahmen. Die Aufzählung mag vielleicht den Anschein eines Indikationenverzeichnisses erwecken und somit im Widerspruch zu der in diesem Grundkurs zum Ausdruck kommenden Absicht stehen, die Homöopathie von Grund auf und gerade nicht rezepthaft zu vermitteln. Doch die Anwendung dieser Notfallmittel braucht schon einige Kenntnisse der Homöopathie (Mittelwahl und Beurteilung der Wirkung), zum andern soll diese Aufzählung auch etwas das Bild über die Homöopathie abrunden. Bei akuten Zuständen genügen oft wenige Symptome für die Mittelwahl; und dann gibt es auch so etwas wie eine klinische Erfahrung oder bewährte Anwendung.

Auge: Fremdkörper im Auge: alle 3 Stunden	Acon 30
Schlag ins Auge mit Schmerz (eye, injuries from RG 105):	Symph 30
Ecchymose ohne Schmerz: alle 10 h 10 Tropfen	Hamamelis Tinktur
und / oder (eye, ecchymosis RG 200)	Led M
Bursitis acuta: z.B.nach Schlag:	Ruta XM
wenn keine Besserung:	Apis M
Commotio: zuerst	Arn XM
dann beobachten; wenn bewußtlos, puffende Atmung, roter Kopf (head pain after mech. injuries	Op 200 / M
RG 117, head concussion of brain RG 91) ev.	Cic / Hell
postcommotionelle Beschwerden, z.B:	
- Ohrenbluten	Hyper M / XM
- Kopfweh	Cic / Nat-s
- Depression (mind, sadness from injuries of head RG 61)	Cic / Nat-s
- Schwindel (vertigo, injuries on head RG 82)	Cic/ Nat-s
- Konfusion (mind, confusion after injuries on head RG 12)	Nat-s
weitere postcommotionelle Beschwerden finden sich im Repertorium	
Geburten: ohne klare Indikation bei Schwierigkeiten bezüglich Geburtshilfe und Aborte gibt es unter (genitalia female, pain, labor pains RG 628 ff) einige sehr hilfreiche Rubriken.	Caul 200 / M
Gebärmuttervorfall: nach Pressen (genit. female, prolapsus uterus from straining RG 631)	Aur M
Kollaps: (gen. collapse RG 1114) Patient kalt, Atem kalt: alle 15 Min	Carb-v 200
Erbrechen, Schweiß (auf Stirn), Stuhl geht ab, auch Kollaps nach Erbrechen:	Verat 200 / M
nach Blutverlust:	Chin XM
Koliken: mit zusammengekrümmtem Bauch (abd. pain, bend double, must, RG 474)	Coloc M
Nierenkoliken: Steine rechts	Lyc
Steine links (Q-Potenzen alle 15 Min.)	Berb / Lyc
Gallenkolik: heiße Kamillenwickel und (abd. pain, liver, colic gall stones RG 483) falls nicht Simile, C-Potenz nehmen, sonst Q-Potenzen	Cham XM, ev. Bell

Empyem: nach der Entleerung	Pyrog 200
Erfrierung: Akren (Nase, Ohren, Hahnenkamm) (nose frostbitten RG 285)	Agar M
wenn Pulsatilla indiziert (Typ)	Puls
Fersenabsatz (extr. chillblains feet heel RG 801)	Petr M
Schmerz beim Auftauen: alle 2 h bis Schmerz weg	Carb-v 200
stechende Kopfschmerzen nach Unterkühlung: alle 2 h	Acon 30
Herz: Wie ist unser Patient?	
• blaß	Ars / Lach / Carb-v
• blau	Ant-t / Ox-ac
• kalt	Ars / Carb-v / Ox-ac
• Kollaps	Carb-v 200
• unruhig, durstig	Ars / Carb-v / Ox-ac
Insektenstiche: ev. lokal Calendulatinktur,	Led M
Stiche im Rachen: lokal Salzwasser oder innerlich	Nat-m M
bei Kollaps	Carb-ac 200
wenn Sepia = Konstitutionsmittel	Sep
Hornissenstich: alle 2 Std. lokal	Lavendelöl
Skorpione	Led M / XM
Stiche allgemein: s. generalities wounds bites of ... oder skin stings of insects	
Wie hält man Mücken ab? (Sommerekzem der Isländer z.B.): Nelkenöl / Zitronenöl / Apfelessig auf betroffene Stellen. Auch Zwiebeln, Zitronensäure, Molkosan sollen wirken	
Mückenstich: 1:10 verdünnt 3 mal täglich lokal	Arn-Tinktur
Knochenbrüche: sobald geschient oder operiert:	Symph 30
komplizierte (Splitter) -frakturen (gen. injuries bone RG 1129)	Hyper XM
Lumbalpunktion: danach lokale Schmerzen	Hyper 200 / M
danach Kopfweh	Nat-s M
Lungenödem: siehe (chest oedema pulmonary RG 708), Atemnot (Resp. difficult oed. pul. RG 655) selbstverständlich geht es aber nicht darum, bei lebensbedrohlichen Situationen um jeden Preis ein homöopathisches Mittel zu geben	Am-c / Carb-s / Ferr-i

Operationen: Angst vor OP	
(mind, complaints from anticipation RG 3)	Gels 200
Äthernarkosevorbereitung	Phos
vorbeugend vor Darmatonie	Staph 200 / M
vor Tonsillektomie und anderen OP	Arn M
nach Tonsillektomie	Rhus-t 200
- mit schlechtem Mundgeruch	Merc 200
nach Gastro-/ Enterotomie alle 2 Std	Carb-v 200
Blähungen nach OP	Raph-s 200 / M
Verstopfung (constipation after OP RG 520)	Op XM
Quetschungen : Auge (eye, injuries RG 205)	Bell-p 30/Symph 30
drüsige Organe (Mamma etc.)	Bell-p 30 / Con XM
Steißbein (gen. injuries bone RG 1129)	Hyper XM
Knochenhaut (gen. injuries periosteum RG 1129)	Ruta XM
Sehnen (gen. injuries tendons RG 1129)	Rhus-t XM/Anac XM
Bißwunden: Hunde / Katzenbiß (extr. injuries thumb cat's bite RG 851):	Lach M / Led M
Zeckenbiß: 1. Zecke entfernen, dann (gen. wounds, bites of poisonous animals RG 1172):	Led M
Schnittwunden : nur sauberer Schnitt zu Beginn (gen. wounds cuts RG 1172)	Staph 200
Schnitt mit Quetschung / Lazeration	Calend 30
Sektionsverletzung: (wounds dissecting RG 1172)	Ars
Fieber hoch, Puls fallend	Pyrog
Nadelstiche: Huftritte, rostige Nägel etc.	Led M
Glasscherbe: in Pfote, Wunde kalt (gen. wounds become cold, RG 1172)	Led M
Wunde nicht kalt	Hyper M
mit "Knopflochabszeß" (extr. injuries finger, splinters of glass, RG 851)	Sil 200
Holzsplitter : den man nicht rauskriegt	Hep 200 / Sil 200
stark blutende Wunden: Blutung mechanisch stoppen	Phos / Lach
Unfälle: kalte Extremitäten, heißer Kopf, Schmerzen	Arn
bewußtlos, roter Kopf, Delirium, Schnarchen	Op
Rißquetschwunden lokal	Calend.tinktur
(1 Tropfen auf 1 Liter abgekochtes Wasser, Cave: *Urtinkturen* sind nur 1 Jahr lagerfähig !)	
Rißquetschwunden der Finger (extr. injuries fingers RG 851)	
nach Verletzungen (lacerations RG 851)	Hyper M
bei Glassplittern (splinters of glass RG 851)	Sil 200 / M
nach Katzenbissen (cat's bite)	Lach / Led

Schock: z.B.nach Autounfall	Acon XM
mit hauptsächlich psychischen Symptomen	Nat-m XM
nach einer Weile noch Furcht, Verstopfung	Op XM
Verbrennungen: sofort eine Gabe	Canth C 30
2 bis 3 Tropfen	Canth.tinktur
(auf ein mit Wasser und Weingeist gefülltes Glas	
geben und Umschläge machen) oder	Caust C 1
(flüssig, bei größeren Verbrennungen unverdünnt)	
leichte Verbrennungen: Salben von	Calend- / Ham-
bei Blasen	Canth 200
bei Verbrennungen 3. Grades	Caust M
Zerrungen:	Rhus-t
Verheben:	Rhus-t M / XM
Tennisellbogen:	Rhus-t XM

Wechseln der Arznei - Beobachtung des Patienten

Nach Verabreichung einer Arznei müssen Sie abschätzen können, wie lange man abwarten darf, bis eine andere Arznei gegeben werden kann. Diese Zeit richtet sich natürlich nach der Dringlichkeit des Falles und kann zwei Tage, aber auch nur eine Stunde oder im Extremfall noch weniger betragen. Wenn eine Besserung in der von Ihnen gewählten Zeit nicht eintritt, dürfen Sie allerdings keine Zeit mehr verlieren. Beobachten Sie deshalb jeden Notfallpatienten intensiv, behalten Sie das Tier eventuell stationär oder bleiben Sie bei ihm. Nehmen Sie in der Beobachtungszeit das Repertorium in die Hand und entscheiden Sie, welche Arznei Sie allenfalls noch geben könnten, noch bevor Sie wissen, ob Ihre erste Gabe richtig war oder nicht.

In Fällen, wo eine Erstverschlimmerung den Tod des Tieres bedeuten kann, (Blasen- und andere Steine z.B.) überlegen Sie sich, ob Sie nicht am besten Q-Potenzen geben sollten. Sie haben den Vorteil, daß diese

1. weniger Erstverschlimmerungen verursachen
2. dem Tier deshalb weniger Schmerzen zugefügt werden.

Literatur

KÜNZLI, J.: Zürcher Vorlesungen, 1983-1986.

KÜNZLI, J.: Kent's Repertorium Generale, Barthel & Barthel Publishing / B. Jain Publisher, New Delhi, 1987.

25 Primäre Sozialisierungs- und Verhaltensstörungen beim Hund

Edina Mikuschka, nach C. De Buyser, Brüssel

Die Homöopathie kann unseren Patienten bei Verhaltensstörungen infolge einer fehlerhaften primären Sozialisierung oft helfen, in manchen Fällen wird sie vielleicht sogar die einzige medizinische Therapie sein, die zum Ziel führt. Dabei sind folgende Fragen zu überlegen:

- Was ist ein normales und was ist ein abnormales Verhalten beim Hund?
- Ab wann können wir von einer Abweichung vom normalen Verhalten sprechen?
- Können gewisse Charakterzüge von prä- und postnatalen Einflüssen fehlgesteuert werden?
- Wo finden wir die Verhaltensentgleisungen beim Hund im Repertorium von KENT?
- Wie müssen wir die Materia Medica (ohne Anthropomorphismus) interpretieren, damit sie unseren Patienten entspricht?

Primäre Sozialisierungsperiode bei Welpen (bis 14 Wochen)

a) nur im Kontakt mit Hunden erzogen, kann der Welpe sich später nur schwer an Menschen adaptieren.
b) mit Hunden und Menschen erzogen, sozialisiert sich der Welpe mit beiden Arten.
c) nur unter Menschen erzogen, identifiziert sich der Welpe als Mensch.

Ein Hund wird **extrovertiert** sein, wenn er die primäre Sozialisierungsperiode in einem idealen Gleichgewicht mit seiner Umwelt erlebt hat. Dies äußert sich später in Selbstvertrauen und Lebensfreude: *positiveness K85; mood agreeable K67; mirth K65; obstinate K69; courageous K17; audacity K9.*

Ein Hund wird **introvertiert** sein, wenn er während der primären Sozialisierungsperiode Frustrationen und Disharmonien erlebt hat. Dies äußert sich durch Mißtrauen: *suspicious K85; cautious K10; morose K68; play, indisposition to K69; reserved K72; frightened easily K49; taciturn K86.*

Verarmung und **Isolierung** der Welpen in den ersten Lebenswochen führen zu Atonie, Apathie, Scheu, Angstzuständen, Aggressivität: *rudeness K75; indisposition to play, in children K69; escape, attempts to K39; quarrelsome K70; indifference when in society K55; forsaken, feeling K49; fear of being alone K43; indolence children K56; hide, desire to K51; gestures,* *makes K50; darkness agg. K17; indifference, relations to K55; company aversion to K12; etc.*

Einige Rubriken zu Angstbeißern: *aversion being approached K9; fear approaching him of others K43; fear approaching him of others lest he be touched K43; anger when touched K2; fear of touch K47; touched aversion to being K89; frightened from touch K49; insanity, will not be touched K57; rage, renewed by touch K71; etc.*

Rubriken zu gestörtem Sexualverhalten: *indifference to opposite sex K55; jealousy K60; love with jealousy K63; dictatorial K36; haughty K51; timidity, bashful K89; religious affections, horror of the opposite sex K71; etc.*

Sozialkontakt und **Stimulation** der Welpen während der frühen Sozialisierungsperiode führt zu aktiven und unternehmenden Individuen ohne Soziabilitätsprobleme: *impetuous K54; insolent K57; audacity K9; inquisitive K56; high-spirited K51; etc.*

Die homöopathische Therapie

Die homöopathische Therapie wirkt auf die emotionelle Sphäre des Tieres und wird es ausgeglichener und aufnahmefähiger machen für einen Lernprozeß in der sekundären Sozialisierungsphase.

Gleichzeitig wird der Besitzer, gemäß unseren Anweisungen, mit richtigen, korrektiven Erziehungsmaßnahmen einwirken.

Wie in einem Kreisprozeß wird die positive Reaktion des Hundes wiederum die Haltung seines Herrn positiv beeinflussen.

Dieser positive "feed-back" wiederum führt schließlich den Hund zu einem neuen, harmonischen Gleichgewicht mit seinem Herrn und auch mit seinen Artgenossen, das heißt, zur Heilung.

Fallbeispiel

Tier: Zita, Cocker Spaniel, weiblich, dreifarbig, 14 Monate alt, lebt in einer Familie bestehend aus Eltern und 3 Kindern und einer 5jährigen Cocker Spaniel Hündin (Leika).

Grund der Konsultation: allgemeine Scheu und Angst vor Kindern, keine Anzeichen von Aggressivität, Angst bei Ausstellungen *(fear in a crowd).*

Befragung: Angst vor fremden und bekannten Kindern, vor Erwachsenen mit Kindern, in der Menschenmenge (Markt, Bahnhof, Ausstellung), Angst vor Lärm, in fremder Umgebung, vor fremden Leuten (am Anfang). Dies manifestiert sich durch Fluchtversuche, durch Vermeiden von Futter- und Wasseraufnahme in Anwesenheit von Kindern (der Familie oder fremde). Teilnahmslos, solange die Kinder nicht schlafen: bleibt in der Nähe, muß eine Fluchtmöglichkeit haben. Erst am Abend, wenn die Kinder schlafen, beginnt Zita aufzuleben. Vor Gewitter hat sie keine Angst. Sie setzt etwas Harn ab, wenn man sie schimpft.

Zita wurde im Alter von 4 Wochen zusammen mit den Kindern ausgesucht und reserviert und im Alter von 12 Wochen beim Züchter abgeholt. Bis dahin hat sie mit ihrem Wurfgeschwister (ein männlicher Welpe) gelebt und hatte keinen Kontakt mit Kindern. Da sie im Winter geboren wurde, konnte sie nie in den Garten. Als Zita an ihrem neuen Heim ankam, zeigte sie ein normales Verhalten gegenüber den Erwachsenen und Leika. Erst als sie die Kinder sah, bekam sie Angst und zog sich in eine Ecke zurück, bereit zur Flucht.

Überlegungen / Erklärungen

Die Sozialisationsphase war in den zwei kritischen Perioden gestört:
1. zwischen 5 - 7 Wochen, wenn die Welpen sich annähern und sozialisieren
2. gegen 12 Wochen, wenn das Fluchtverhalten geprägt wird.
Zita ist arm an sozialen Kontakten aufgewachsen, zwar mit einem Wurfgeschwister, aber ohne große weitere Kontakte und ohne Kontakt mit Kindern. Die Angstäußerungen, der Mangel an Selbstvertrauen, die Scheu sind dadurch mitverursacht.

Therapie:
Nat-m. (2 x 15 CH), zugleich allmähliches Angewöhnen an Kinder und Menschenmenge.

Verlauf:
Nach 3 Monaten deutliche Besserung: keine Angst mehr vor Kindern, fast keine Angst mehr in einer Menschenmenge. Hätte die Besserung nicht angehalten, wäre die Verabreichung einer höheren Potenz noch indiziert gewesen, was bei diesem Fall aber nicht nötig war.

Repertorisation:
Folgende Rubriken wurden berücksichtigt
- Confidence, want of self K 13
- Fear people of K 46
- Fear crowd, in a K 43
- Grief silent K 51
- Sensitive rudeness, to K 79

Kommentar (Bettina Keller)

Verhaltensstörungen stellen an sich ein riesiges Fachgebiet dar und sind nicht immer ganz einfach zu interpretieren. Nicht immer ist bekannt, wie der Hund aufgewachsen ist, ob es wirklich am Mangel von Eindrücken liegt, oder ob er später, nach der primären Sozialisierungsperiode, ein einschneidendes Erlebnis gehabt hat.

Es fragt sich auch, wie gut solchen sogenannt "wesensschwachen" Hunden mit homöopathischen Mitteln überhaupt geholfen werden kann. Gerade die Behandlung von Angstbeißern ist nicht unproblematisch, wie das folgende Fallbeispiel zeigt:

Es handelt sich um eine **3 Jahre alte Münsterländer-Labrador Hündin**, die eine zunehmende Aggressivität gegenüber fremden Leuten, fremden Hunden und vor allem gegenüber dem jüngsten Kind der Besitzerin zeigt. Die Hündin kam mit 3 Monaten in diese Familie zu zwei kleinen Kindern und hat sich ohne Probleme ein- und untergeordnet. Als vor einem halben Jahr das dritte Kind zur Welt kam, begann sie sich zu ändern. Sobald sich jemand dem Kinderwagen näherte, begann sie laut zu knurren und die Zähne zu zeigen. Sie begann fremde Hunde, die an ihrem Grundstück vorbeispazierten, anzugreifen. Mit der Zeit ging sie auch auf Spaziergänger los, aber nur, wenn diese alleine waren. Bei Gruppen getraute sie sich nie ganz heran; wenn die Leute ihr drohten, kehrte sie sofort um. Unsichere, ängstliche Wanderer wurden gebissen. Auch den Esel, mit dem sie früher gespielt hatte, packt sie nun gerne in die Hinterbeine. Seit das Baby auf dem Boden kriecht, knurrt sie es an.
Aus der Anamnese zeigte sich außerdem, daß sie nachts ängstlich ist, daß sie seit einem halben Jahr den Kindern das Essen aus dem Teller stiehlt, daß sie immer um die Essenszeit und um die Spaziergangszeit winselt, egal ob sie gerade gegessen hat oder ob der Spaziergang schon vorgezogen worden war, und daß sie nie ins Wasser geht, nicht einmal mit den Pfoten.

Aufgrund der folgenden Rubriken bekam sie *Pulsatilla M*:

Jealousy 674 SR I
ailments jealuosy 20 SR I
cowardice 188 SR I
anxiety dark 72 SR I
conscientious about trifles 180 SR I
kleptomania 687 SR I
aversion to bathing 41 SR II.

Zwei Monate später erzählt die Besitzerin, daß die Hündin zunehmend ruhiger wird, das Baby kann ihr mittlerweile ihren Lieblingsballen wegnehmen, ohne daß sie knurrt. Fremde Leute müssen jedoch immer noch Abstand halten.
Zwei Monate später kommt der nächste Bericht: Der Hund wurde eingeschläfert, da er eine Spaziergängerin, die Angst vor Hunden hat, gebissen hatte.

Mit diesem Fall zeigen sich auch gewisse Grenzen bei der Behandlung von aggressiven Hunden, die sich oft schon aus der Wohnsituation der Besitzer ergeben. Innerhalb der Familie vermochte *Pulsatilla* dem Hund das nötige Gleichgewicht zu geben, außerhalb blieb er aggressiv, das Risiko noch jemanden zu verletzen, war zu groß. Die nötige Zeit für eine Stabilisierung gegenüber Fremden konnte dem Hund nicht eingeräumt werden.

Literatur

BARTHEL, H.: Synthetic Repertory: psychic and general symptoms of the homoeopathic materia medica / publ. by Horst Barthel. Haug, Heidelberg, 1973 / 3. impr. ed., B. Jain Publishers (P) Ltd., New Delhi, 1987.

De BUYSER, C.: Les Troubles de comportement resultant de la période de socialisation et d'évitement et leurs critères homéopathiques chez le chien (et quelques comparaisons avec l'enfant). Cahiers du Groupement Hahnemannien du Docteur P. Schmidt.

KENT, J.T.: Repertory of the Homoeopathic Materia Medica. World Homoeopathic Links, New Delhi, 1982.

26 Die Behandlung des Katzenschnupfens

Piero Godenzi

Einleitung

Der Sinn diese Beitrages ist es nicht, damit schnell und ohne viel Nachdenken eine zwar eher unbedeutende, aber nichtsdestotrotz kniffelige Krankheit rasch zum Verschwinden zu bringen. Vielmehr liegt mir daran, daß der Katzenschnupfen ein einmalig schönes Beispiel dafür ist, daß die Homöopathie nicht nach "Kochbuchschema" betrieben werden sollte. Mit einer rein symptomatischen und organotropen Verabreichung von *Kali-bi.* z.B. hat man sich nur selten rasch aus der Affäre gezogen.

Als ausgesprochen "undankbare" Krankheit ist der Katzenschnupfen bestens geeignet zu zeigen, daß man für die Homöopathie neben einem wachen Geist, guter Beobachtungsgabe, geduldigem Zuhören, Kenntnis der Materie und Flexibilität vor allem Geduld braucht. Dieser Beitrag möchte eine Anregung sein, den Versuch in der Praxis zu wagen und unter erschwerten Bedingungen zu guten Resultaten zu gelangen. Es ist kein Leitfaden zur homöopathischen Therapie des Katzenschnupfens in dem Sinne, daß damit das Thema abschließend behandelt worden wäre.

Klinik des Katzenschnupfens

Neben einer guten homöopathischen Anamnese gehört auch eine sorgfältige klinische Untersuchung zum vollständigen Erfassen eines Patienten. Welches sind die am häufigsten anzutreffenden klinischen Symptome?

- Konjunktivitis, Rhinitis, Sinusitis
- vergrößerte Mandibularlymphknoten
- geröteter Rachen
- Nasenausfluß: wäßrig, reichlich, über gelb mukös bis verstopft trocken
- Augenausfluß: wäßrig bis gelblich mukös
- Körpertemperatur: normal bis hochfiebrig
- allgemeines Verhalten: ungestört bis hochgradig apathisch
Freßverhalten normal bis sistiert
desgleichen das Trinkverhalten
- Verlauf: akut, subakut bis chronisch
- Konstitution: schwächlich bis robust

Für die Homöopathie wichtige Symptome

Bei der homöopathischen Anamnese geht es vielfach darum, den Tierbesitzer zu animieren, neben den für die Klinik relevanten Symptomen die für die Homöopathie wichtigen Beobachtungen preiszugeben. Zuerst soll man den Besitzer von sich aus erzählen lassen, dann wird versucht, das noch unfertige Bild durch vorsichtiges Fragen abzurunden. Man hüte sich vor Suggestiv-Fragen. Dem Katzenbesitzer soll erklärt werden, wozu wir diese teilweise eigenartigen Informationen brauchen. Gerade beim Katzenschnupfen sollte man versuchen, ein einmaliges, besonderes und auffallendes Symptom zu finden.

Wichtige Informationen sind:
- Sozialverhalten (sondert sich ab, ist anhänglich ...)
- Schlafverhalten (träumt viel, Zeiten ...)
- Trink-/Eßverhalten (vermehrter Appetit trotz Fieber, trinkt nur warm...)
- Temperaturverhalten (sucht Wärme, möchte an frische Luft ...)
- Was hat sich seit der Krankheit verändert (möchte gestreichelt werden...)
- Tageszeiten (morgens schlimmer, Husten nur nachts ...)
- was war, als die Katze krank wurde (Durchnässung, Besitzer gestorben ...)
- Nässe, Kälte (Schnupfen jeweils im Winter, besser bei feuchtem Wetter...)
- Aufenthalt im Katzenheim (war nachher eine Woche lang beleidigt ...)
- Futterumstellung (Abneigungen, Verlangen ...)
- Änderung in der Katzenfamilie (seit zusätzlich andere Katze im Haus ...)
- andere erkrankte Katzen (Symptome ähnlich oder sehr individuell ...)
- Jahreszeiten (immer im Sommer ...)
- verschlechtert/verbessert (beim ins Haus kommen, Wärme, Trockenheit ...)
- vorausgegangene Erkrankung (nach Verschwinden von Hautleiden ...)
- Rezidiv: in welchen Abständen, Periodizität (alle 7, 14, 30 Tage ...)

In der Sprechstunde selbst lassen sich dann nochmals einige gute und wichtige Symptome erkennen. Hier sollte man sich Zeit lassen, die Katze im Korb zu betrachten, sehen, ob sie freiwillig auf den Tisch kommt, wie sie auf Fremde (den Tierarzt) reagiert.

Mit etwas Geduld und Zeit, z.T. auch während der Untersuchung, lassen sich noch einige richtungsweisende Auskünfte finden:
- Sitz- und Liegepositionen: ausgestreckt, zusammengerollt
- Wahrnehmung der Umgebung: geschlossene Augen oder hektisches Suchen nach Fluchtmöglichkeiten
- Beziehung zum Besitzer: schlüpft in diesen hinein, meidet ihn
- Schmerzempfindlichkeit: beim Fiebermessen, bei der Untersuchung
- Handling: läßt sich berühren, kosen; reagiert abwehrend; faßt schnell Vertrauen

- Erscheinungsbild: elegant, untersetzt, geschmeidig, plump, ungepflegt, struppig
- Gefühlsmäßiger Eindruck (wie wirkt die Katze auf den Tierarzt): sympathisch, abstoßend, weckt Beschützerinstinkt, originell, faszinierend.

Auch wenn die letzten zwei Punkte sich nur zum Teil in Repertoriumsrubriken fassen lassen, notiere ich sie mir besonders gerne, da sie sich gut eignen, im Zweifelsfall zwischen mehreren Mitteln zu entscheiden. Sie eignen sich alleine kaum zur Arzneimittelwahl, formen aber unser "Gespühr" für die Arzneimittel.

Repertoriums-Rubriken

Dem erfahrenen Homöopathen muß ich nicht angeben, wo und unter welchen Symptom-Begriffen nachgesehen werden sollte. Der Anfänger wiederum wäre mit einer vollständigen Liste überfordert. Daher stelle ich im folgenden nur einige häufig benutzte und interessante Rubriken zusammen:

NOSE	Coryza	right / left	S. 274 f
		chronic	
		without discharge	
		with fever	
		inflammation larynx	
		weather changeable	
		weather dry cold	
		weather wet	
		weather windy	
	Discharge	crusts	S. 277
		excoriating	
		watery	
	Obstruction		S. 286
	Sneezing		S. 294
	Ulcers		S. 296
EYE	Cataract		S. 198
	cracks canthi		S. 199
	excoriation of lids		S. 201
	inflammation infants		S. 203
THROAT	Discoloration	Redness Tonsils	S. 383
MOUTH	Bleeding gums		S. 337
LARYNX/ TRACHEA	voice	hoarseness during coryza	S. 645

COUGH	v.a. Zeiten wichtig		S. 661
STOMACH	Appetite Thirst	increased during fever with inability to swallow for large quantities for small quantities	S. 408 S. 451
MIND	affectionate cheerful company fright grief homesickness indifference quiet restlessness sadness touched	 during chill aversion to, during heat desires for, while alone agg. complaints from ailments from during chill during fever wants to be, during chill during chill at the beginning of during chill aversion of being S. 71	S. 1 S. 9 S. 10 S. 39 S. 40 S. 41 S. 43 S. 56 S. 59 S. 61

Häufig gebrauchte Arzneien

Die folgende Liste soll als Anstoß, als Tip verstanden werden, womit auch gesagt ist, daß sie keinen Anspruch auf Vollständigkeit erheben kann. Falls nach dem Durchlesen der Kurzbeschriebe der Arzneien der Eindruck entstehen sollte, man könne mit Hilfe der Liste wie mit einem Rezeptbuch mit wenig Information und zeitsparend das richtige Mittel finden, so sieht man sich getäuscht und wird auch bei der Behandlung enttäuscht werden. Das Studium der Arzneimittel (vgl. Kapitel 6 bis 9) setzt eine eingehende Auseinandersetzung mit der Homöopathie voraus.

ACONITUM

ÄNGSTLICH, UNRUHIG, FURCHTSAM, PLÖTZLICH
durch kalten, trockenen Wind
nachts schlechter
frische Luft besser

ALLIUM CEPA

TRÄNENFLUß REICHLICH, ABER MILD
NASENAUSFLUß SCHARF
schlechter abends, im warmen Zimmer besser in frischer Luft
durstig

BELLADONNA

ROT, HEIß
Rachen roh, wund, Neigung zum BEIßEN
verschlechtert durch Berührung, Geräusche,
durch feuchte Kälte

BRYONIA

REIZBAR, DURSTIG, MÖCHTE RUHIG LIEGEN
durch kaltes, trockenes Wetter
Husten
Tendenz zum Absteigen

EUPHRASIA

NASENAUSFLUß MILD
TRÄNENFLUß SCHARF (Gegenteil von Allium cepa)
schlechter nachts
Lidränder geschwollen
heftiger Fließschnupfen

HEPAR SULFURIS

ABSONDERUNGEN DICK, GELB, ÜBELRIECHEND
überempfindlich auf Berührung, Luftzug, kalte Luft, Schmerz
selten am Anfang einer Erkrankung
schlechter bei feucht-nassem Wetter

NUX VOMICA

FRÖSTELN, ÜBEREMPFINDLICH (wie Hepar)
Nase zuerst verstopft
Fließschnupfen in warmem Raum und am Tag
reizbar
durch trockenes kaltes Wetter

DULCAMARA

DOMINANT, RUHELOS, REIZBAR
durch naßkaltes Wetter und Schnee
trockener Schnupfen
Rötung und Wundheit der Augen
steifer Hals

MERCURIUS

SPEICHELFLUß ÜBELRIECHEND
Niesen, wäßrige Absonderungen, welche wundmachend sind, Eiter
Nase rot geschwollen
Stirnhöhle mitbetroffen
heiser

	Folge von	Verlauf	Absonderung	besser durch	schlimmer durch	Gemüt	Trinken	Besonderes
MERC.	Frost Feucht	langsam	wundmachend, grünlich, stinkend	Ruhe	Wärme Kälte nachts	langsam mißtrauisch	Durst auf Kaltes	Speichelfluß Stirnhöhle mitbetroffen
ARS.	Kälte	von Nasenhöhle aus brustwärts	wäßrig dünn verstopfte Nase	Wärme	nach 24 h Kälte (kalte Getränke)	ruhelos ängstlich mürrisch	Durst auf kleine Mengen	Niesen bei Wetterwechsel
PHOS.	Wetterwechsel zu kalt oder zu warm	beginnend in Brust und Larynx	trocken Krusten blutschneuzend	im Dunkeln	abends bei Gewitter	temperamentvoll liebenswürdig	durstig	Nase einseitig verstopft fließend
KALI-BI.	heißes Wetter	tiefgreifend (psorisch)	dick, gelb, zäh, klebrig, fadenziehend	warmes Wetter	kalt-feucht schlimmer nachts / morgens			adipöser Typ Schnupfen und Kopfschmerzen
NAT-M.	Kränkung Kummer Ärger	langsam	wäßrig od. wie Eiweiß	frische Luft (Ruhe)	10 - 11 h Emotionen	verschlossen pflichtbewußt	vermehrt, auf kaltes Wasser	mager heiser nach Trennung
PULS.	kühle Luft	langsam	alte Katarrhe, dick, gelb, mild	frische Luft Bewegung	Wärme abends geschlossene Räume	anhänglich egoistisch	durstlos im Fieber	durstlos
RHUS-TOX.	kalt-feuchtes Wetter		wundmachend	Wärme Bewegung	Kälte nachts Feuchte	ruhelos "steif"	durstig Trinken schmerzhaft	Durchnässung
GELS.	warmes, feuchtes, mildes Wetter	sehr langsam	wundmachend	Trinken	feuchtes Wetter Tabaksrauch	nervös hysterisch	durstlos	Schwäche
ACON.	kalter, trockener Wind	plötzlich	trockener Schnupfen klar	frische Luft	nachts durch Berührung	Unruhe furchtsam ängstlich	durstig	plötzlich Furcht
BELL.	Luftzug	plötzlich	wenig	Ruhe warmes Zimmer	nachts Bewegung	sensibel nervös heftig (Beißen)		rot heiß Schnarchen
ALL-C.	feuchte Nordwestwinde	schnell	reichlich	frische Luft	abends warmer Raum		durstig	Nase scharf, Augen mild
EUPHR.	Südwinde	schnell	reichlich dick	frische Luft	abends Wärme Feuchte			Nase mild, Augen scharf
BRY.	Kälte nach Wetterwechsel	absteigend Pneumonie	wenig kurzfristig	Ruhe Alleinsein	nachts Essen Trinken Bewegung	reizbar	Durst auf große Mengen	Durst
HEP.	kaltes, trockenes Wetter	langsam nicht im Anfangsstadium	dick übelriechend	feuchtes Wetter	kalte Luft Berührung	reizbar launig		Niesen schmerzüberempfindlich
NUX-V.	kaltes, trockenes Wetter		trocken, dann Fließschnupfen	kalte Luft Ruhe	warmes Zimmer morgens Zugluft	reizbar überempfindlich		Frösteln sucht Wärme (Decke)
DULC.	kaltes, feuchtes Wetter		reichlich wäßrig	Bewegung	kalt feucht frische Luft	ruhelos reizbar		dominantes Verhalten Schwäche

GELSEMIUM

NERVÖS BIS HYSTERISCH, ERREGBAR
langsamer Verlauf
wunde Nasenlöcher
durch warmes, feuchtmildes Wetter
Kopfschmerzen, Jungtiere

ARSENICUM

RUHELOS, ÄNGSTLICH
wäßrig, scharfe Absonderungen aus verstopfter Nase
heftiges Niesen
rasche Entkräftung
kann kein Essen riechen oder sehen

NATRIUM MURIATICUM

NIEDERGESCHLAGEN, BEDRÜCKT
heiser
wäßrige bis dicke weißliche Katarrhe
Verlangen nach Salz

PULSATILLA

ALTE KATARRHE MIT GERUCHSVERLUST
DICKE GELBE ABSONDERUNGEN
Nase verstopft innen, fließend an frischer Luft (Gegenteil: Nux-v.)
Blutschneuzen

RHUS TOXICODENDRON

RUHELOSIGKEIT
durch kaltes, feuchtes Wetter
heftiger Schnupfen
Rötung und Schwellung des Rachens
dicker, gelber, übelriechender Schleim

PHOSPHORUS

BLUTSCHNEUZEN (wie Pulsatilla)
Absonderungen trocken, Krusten lassen sich schwer ablösen
Bronchialkatarrh
ein Nasenloch verstopft, anderes Nasenloch fließt
ERKÄLTUNG BEGINNT IN DER BRUST ODER IM KEHLKOPF

KALIUM BICHROMICUM

KATARRHE DICK, GELB, GRÜNLICH, FADENZIEHEND, KLEBRIG, GALLERTIG
adipös
durch heißes Wetter ausgelöst.

Abschließende Bemerkungen

1. Nicht nur Lokalsymptome, sondern möglichst Gesamtheit des Tieres erfassen (nachfragen, "erspühren").

2. Sich mit einer Arzneimittelverabreichung allein nicht zufrieden geben, sondern in der Folgekonsultation nachfragen, ob Veränderungen stattgefunden haben. Allenfalls weiteres Vorgehen festlegen, das heißt: Arzneimittel wechseln, Potenz ändern, gleiches Mittel wiederholen oder konventionell weiterbehandeln.

3. Nach der Spontananamnese unbedingt sorgfältiges Weiterfragen.

4. Schwere der Erkrankung gut abklären. Bei einer schweren Pneumonie z.B. muß man seiner Sache sicher sein.

5. Systematisch vorgehen, d.h. Schemata anlegen, in der Praxis überprüfen und erweitern.

6. Repertorium nach KENT zuhilfe nehmen.

7. Schwierige Fälle klassisch aufarbeiten, d.h.
   - vollständige Anamnese
   - Hierarchisation
   - Repertorisation.

Literatur

ALLEN, H.C.: Leitsymptome wichtiger Mittel der homöopathischen Materia Medica. Ulrich Burgdorf, Göttingen, 1990.

CANDEGABE, E.F.: Vergleichende Arzneimittellehre. Ulrich Burgdorf, Göttingen, 1990.

KENT, J.T.: Arzneimittelbilder. 6. Aufl., Karl F. Haug Verlag, Heidelberg, 1986.

KÜNZLI, J.: Kent's Repertorium Generale. Barthel & Barthel Publishing Corp., Germany, Berg am Starnberger See, 1987.

TYLER, M.L.: Wichtige Krankheitszustände und ihre homöopathischen Mittel. Verlag für homöopathische Literatur, Bielefeld, 1991.

VERMEULEN, F., ZIMMERMANN, B.: Kindertypen in der Homöopathie. 3. Aufl., Johannes Sonntag, Stuttgart, 1994.

Weiter- und Fortbildungsmöglichkeiten in der Veterinärhomöopathie

Bezüglich Weiterbildung (Zusatzausbildung zum abgeschlossenen Studium) in Homöopathie ist es empfehlenswert - dies gilt sicher für die Schweiz, einen Grundkurs in Homöopathie bei den Humanmedizinern zu besuchen. Die Grundlagen sind im Prinzip dieselben, auch wenn spezifische tiermedizinische Fragestellungen dann natürlich unter Veterinärmedizinern besonders besprochen werden müssen. Dies sind insbesondere folgende Probleme:

- Fehlende Arzneimittelprüfungen beim Tier: es müssen die Arzneimittelbilder des Menschen auf das Tier übertragen werden (s. Kapitel 4, S. 39f).
- Die beim Menschen beobachteten und klinisch verifizierten Symptome sind noch nicht systematisch beim Tier überprüft (s. Kapitel 6, S. 56). Die IAVH (s. unten) hat sich zum Ziel gesetzt, eigens eine *"Materia Medica Homoeopathica Veterinaria"* herauszugeben. Der 1. Band (ca. 700 Seiten; 70 AMB) erscheint Ende 1995 bis Anfang 1996 im Sonntag-Verlag.
- Die Verhaltensweisen der Tiere ersetzen uns bis zu einem gewissen Grade die gegenüber dem Menschen fehlende sprachliche Auskunft. Man muß art- und rassebedingte Besonderheiten verschiedenster Tierarten jedoch sehr genau kennen (s. Kapitel 12, S. 105).
- wenn eine gute Beobachtung des einzelnen Tieres jedoch fehlt, ist eine homöopathische Verschreibung oft nur partiell möglich (s. Kapitel 14, S. 121). Hier liegt auch die Bedeutung der auf nur wenige Organsymptome ausgerichteten, jedoch meist nur oberflächlich wirkenden biotherapeutischen Verfahren (vgl. Vorwort, S. 12).

Bislang haben sich die Universitäten höchstens marginal mit komplementärmedizinischen Methoden befaßt, wenn nicht sogar diese offen abgelehnt. Für Forschungsvorhaben und die Lehrtätigkeit stehen kaum öffentliche Gelder zur Verfügung. Somit hängt der größte Teil der Förderungsarbeit an den entsprechenden Fachvereinigungen und natürlich an den engagierten Praktikern. Dies ist mit gewissen Problemen verbunden: der Erfolgsdruck in der Praxis läßt wenig Raum für eine erfolgsunabhängige Forschung; die beschränkte Zeit erlaubt oft keine systematischen Dokumentationen, die die einzelnen Erkenntnisschritte immer präzis voneinander trennen. Trotz diesem Mangel - die Zukunft könnte hier schon bald eine Änderung bringen - wurde auch in der Veterinärhomöopathie schon viel erreicht.

Bezüglich Fortbildung (d.h. fortwährende Erweiterung der Kenntnisse) besteht ein Angebot verschiedenster Veranstaltungen im deutschsprachigen Raum nebst einigen Fachzeitschriften (s. Kapitel 6, S. 57). Dieses besteht neben grundsätzlichen Diskussionen zur homöopathischen Therapie hauptsächlich aus Praxisberichten und der dazu erarbeiteten Symptomatologie. Daneben gibt es Ansätze zu einer systematischen Erfassung ganzer klinischer Komplexe oder Syndrome. Die untenstehenden tierärztlichen Fachvereinigungen können Auskunft geben über geeignete Grundkurse und über das Angebot veterinärmedizinischer Fortbildungsveranstaltungen sowie über Kontakte zu Tierärzten, welche die Homöopathie praktizieren.

Europa: International Association for Veterinary Homoeopathy (IAVH). Gibt die Zeitschrift *'Dynamis' (International Journal of Veterinary Homoeopathy)* heraus und veranstaltet ca. alle 2 Jahre einen Weltkongreß. Präsident: Dr. E.-P. ANDRESEN, Zeisigstraße 20, D-33775 Versmold; Generalsekretär: Dr. A. SCHMIDT, Sonnhaldenstr. 24, CH-8370 Sirnach.

Schweiz: Hier besteht ein sehr gutes Angebot an Grundkursen in klassischer Homöopathie bei den Humanmedizinern (Zürich, Bern, Genf u.a.). Eigentliche veterinärmedizinische Ergänzungskurse dazu fehlen noch. Fachvereinigung: Schweizerische Tierärztliche Vereinigung für Akupunktur und Homöopathie (STVAH), Fachsektion der Gesellschaft Schweizerischer Tierärzte. Führt jährlich eine Fortbildungstagung durch. Einzelne Tierärzte treffen sich regelmäßig in Regionalgruppen. Präsident: Dr. W. GISLER, Obriedenstrasse 23, CH-6463 Bürglen.

Österreich: Hier wurde kürzlich die Österreichische Gesellschaft für Veterinärhomöopathie (ÖGVH) als eigenständige Fachgruppe gegründet (Adresse: A-1130 Wien, St.Veitgasse 56). Führt jährlich ein Wochenendseminar durch. Die Österreichische Gesellschaft der Tierärzte, Sektion Akupunktur, Neuraltherapie und Homöopathie hat ihr Domizil an der veterinärmedizinischen Universität Wien, A-1030, Linke Bahngasse 11. National-Sekretär der IAVH: Dr. Michael FISCHER, Trazerberggasse 89/3/1, A-1130 Wien.

Deutschland: Hier gibt es als Spezialisierungstitel die offizielle Zusatzbezeichnung "Homöopathie" für Tierärzte. Die Weiterbildungs-Kurse werden von der *Akademie für tierärztliche Fortbildung (ATF)* speziell anerkannt. Das Kursangebot in Veterinärhomöopathie ist recht umfangreich; Termine und Kursinhalte werden im Deutschen Tierärzteblatt angekündigt. Fachvereinigungen: **(1)** Deutsche Veterinärmedizinische Gesellschaft (DVG), Fachgruppe "Naturheilverfahren", Vorsitzender: Dr. Walter GREIFF, Donaustr. 39, D-87700 Memmingen. **(2)** Deutsche Gesellschaft für ganzheitliche Tiermedizin, Vorsitz: Dr. Michael WOLTERS, Kampsweg 6, D-53332 Bornheim-Waldorf. **(3)** Nationalsekretärin der IAVH: Dr. Cornelia MOREAU, Röthgener Str. 73a, D-52249 Eschweiler. Eine Auswahl spezieller Kurse in klassischer Homöopathie findet man in der Zeitschrift *'Homoeopathic Links'* (s. Kapitel 6, S. 57).

Sachverzeichnis

Anschriften der Verfasser

Dr. Marc Bär
Freiestr. 148a
CH-8032 Zürich

Dr. Renée Devaux
Solothurnstr. 3
CH-3294 Büren an der Aare

Dr. Wendelin Gisler
Obriedenstr. 23
CH-6463 Bürglen

Dr. Olivier Glardon
21, rue du midi
CH-1400 Yverdon

Piero Godenzi
Stimmerstr. 15
CH-8200 Schaffhausen

Dr. Bettina Keller
Schützenhausstr. 3
CH-8610 Uster

Dr. Hartmut Krüger
Darmstädterstr. 109A
D-64625 Bensheim

Dr. Oskar Luder
Staatsstrasse 96
CH-3044 Säriswil

Dr. Edina Mikuschka
Rue de l'Industrie 5
CH-1020 Renens

Dr. Andreas Schmidt
Sonnhaldenstr. 24
CH-8370 Sirnach

Dr. Ulrike Schnurrenberger
Rheintalweg 87
CH-4125 Riehen